（典藏版）

百部国学传世经典

中华国学经典盛宴／获取先贤核心智慧

# 孝经

【春秋】孔　子／著
史靖妍／主编

漓江出版社

**图书在版编目（CIP）数据**

孝经／(春秋)孔子著；史靖妍主编. --桂林：
漓江出版社，2017.7
(百部国学传世经典)
ISBN 978-7-5407-8184-2
Ⅰ. ①孝… Ⅱ. ①孔… ②史… Ⅲ. ①家庭道德-中国-古代
Ⅳ. ①B823.1
中国版本图书馆 CIP 数据核字(2017)第 178254 号

# 孝 经

作　　者　【春秋】孔子　著
主　　编　史靖妍

策划统筹　陈植武　林晓鸿
责任编辑　李淑娟

出 版 人　刘迪才
出版发行　漓江出版社
社　　址　广西桂林市南环路 22 号
邮　　编　541002
网　　址　www.lijiangbooks.com
印　　制　北京飞达印刷有限责任公司
开　　本　710 mm×1000 mm　1/16
印　　张　28
字　　数　426 千字
版　　次　2017 年 8 月第 1 版
印　　次　2022 年 9 月第 3 次印刷
书　　号　ISBN 978-7-5407-8184-2
定　　价　45.00 元

# 前言

中华民族有着数千年的文明历史，创造了光辉灿烂的古代文化，其中中国传统国学是我国辉煌灿烂的文化典籍的核心部分，它博大精深、源远流长，显示出中华文化的深厚根基，给人类留下了丰富的精神财富。它是我们炎黄子孙的文化精髓，它塑造了我们中华民族的民族精神，是培育民族精神的重要资源。它开启心智，滋润生命，陶冶人格，塑造灵魂。

开卷有益，忙碌的人们闲暇之时，应该用传统国学来陶冶自己的情操，开阔自己的心胸，提高自己的人文修养，用先人的哲思来涤荡自己忙碌的心灵。我们应该坚持阅读的爱好，在潮流文化的强大攻势下，让传统文化永驻我们的心田。“复兴国学，从根本上讲，是复兴中华民族的自尊心、自信心。”我们要甄选传世经典著作中最经典的部分来读，要以开放的胸襟和燃烧的激情去承接古人的经典大论与哲思华章，以自豪而不狂妄、执着而不僵化的精神风貌来直面当今社会的竞争与挑战。

为了弘扬中国传统文化，帮助读者深刻了解我们的历史与文化，用经典历史文学知识陶冶情操、提高文化修养，同时使国学得到承传，得以弘扬光大，我们精心编排了本书。为了便于读者理解和领会古代先贤的思想与精神，我们在文章中选取了与正文相契合的插画，将插画与正文有机地结合在一起，可大大增加读者的阅读趣味。

本书选取了国学经典著作中很多优秀的作品及资料，博采各类经典作品的长处，并有所创新，以使得本书风格迥异、卓然超群，相信会给读者带来全新感受。

由于时间仓促，书中难免有不尽之处，恳请读者朋友们提出宝贵意见，在此深表谢意。

# 目录

## 孝经

## 二十四孝

## 附录一 文昌孝经



## 附录二 劝孝歌

# 孝经

## 开宗明义章第一①

原文

**仲尼居②，曾子侍③。子曰："先王有至德要道④，以顺天下⑤，民用和睦，上下无怨。汝知之乎？"曾子避席曰："参不敏⑥，何足以知之？"子曰："夫孝，德之本也，教之所由生也。复坐，吾语汝。身体发肤，受之父母，不敢毁伤，孝之始也。立身行道，扬名于后世，以显父母，孝之终也。夫孝，始于事亲，中于事君，终于立身。《大雅》云：'无念尔祖，聿修厥德⑦。'"**

注释

①开宗明义：揭示全书的宗旨。邢昺疏："开，张也。宗，本也。明，显也。义，理也。言此章开张一经之宗本，显明五孝之义理，故曰开宗明义章也。"所谓"五孝"，乃指天子、诸侯、卿大夫、士、庶人之孝。

②仲尼：孔子的字。孔子（公元前551~公元前479年），名丘，字仲尼，春秋时鲁国陬邑（今山东曲阜东南）人。我国古代伟大的思想家和教育家，儒家学派的创始人。他对我国思想文化的发展有巨大贡献，影响极其深远。《论语》是研究孔子的最主要的资料。

③曾子：即曾参（公元前505~公元前434年），字子舆。孔子的弟子。

④先王：先代盛德之王。

⑤顺：通“训”。引申为治理。

⑥参（cān）：即曾参。按照礼节，卑者在尊者面前，如果需要自称，不可使用“我”“吾”一类人称代词，而应自呼其名。王引之《春秋名字解诂》说：曾参，字子舆。参，“骖”的假借字。骖是驾车的三匹马，舆是车。按照名字相应的规律，名骖字子舆，就是驾马用来拉车的意思。方以智《通雅·姓名》、王夫之《礼记章句》卷三、卢文弨《经典释文考证》、朱骏声《说文通训定声》等，持说皆与王引之同。

⑦《大雅》云二句：见《诗经·大雅·文王》。无：语首助词，无义。聿：述，遵循。



## 古文今译

孔子在家闲坐，曾子在旁边陪坐。孔子说：“先王有一种至高无上的德和非常重要的道，用它来治理天下，以至于百姓和睦，上下无怨。你知道它是什么吗？”曾子连忙离席起立回答说：“参资质驽钝，怎么能知道呢？”孔子说：“孝这个东西，它是一切道德的根本，各种教化都是由它而生。你坐下，我来慢慢地给你讲。一个人的身躯、四肢、毛发、皮肤等等，都是从父母那里得到的，不敢使它们受到毁伤，这可以说是孝的开始。如果能够建功立业，实现圣人的主张，不但使自己扬名于后世，而且也为父母脸上增光，这可以说是孝的最终目标。孝，开始于侍奉双亲，中间经过侍奉国君，最后达到建功立业。《大雅》上说：‘牢记你的先祖，继承并发扬他们的美德。’”

## 名篇仿作

# 《女孝经》开宗明义章第一

### 原文

曹大家闲居，诸女侍坐。大家曰:“昔者圣帝二女有孝道，降于妫汭。卑让恭俭，思尽妇道。贤明多智，免人之难。汝闻之乎?”诸女退位而辞曰:“女子愚昧，未尝接大人余论，曷得以闻之?”大家曰:“夫学以聚之，问以辨之。多闻阙疑，可以为人之宗矣。汝能听其言，行其事，吾为汝陈之。夫孝者，广天地，厚人伦，动鬼神，感禽兽。恭近于礼，三思后行；无施其劳，不伐其善；和柔贞顺，仁明孝慈；德行有成，可以无咎。《书》云:‘孝乎唯孝，友于兄弟。’此之谓也。”

### 古文今译

曹大姑（即班昭，班固的妹妹）坐在一边，其他女子坐在曹大姑的身边。曹大姑教导大家说:“远古的时候，尧帝的两个女儿娥皇与女英都有孝道，一同嫁给了舜帝。娥皇、女英两人，谦卑而节俭，尽到了妇人之道。

两人都很聪慧，为舜帝分担了许多困难。你们都听说过吗？”诸女起身行礼说：“我们都很愚昧，连一般的道理都没有听说过，哪里听说过这些呢？”曹大姑就接着说道：“学问的目的就是要积累和辨别问题的是非。只有多听不同的见解，才能变得谦虚，这也是做人的宗旨。你们认真地听着，我来为你们讲解。孝道充满了天地间，能够和睦人伦关系，能够让鬼怪和禽兽感动。对人恭敬就是合乎礼节，做事情要三思而后行；要是自己没有功劳，就不要夸耀自己；作为一个女子，在家里要做到温柔贞顺，充满慈爱；只有自己的德行修成了，才能做到没有过失。《尚书·君陈篇》中‘只有孝道，才能够做到对兄弟的友爱’，说的就是这个意思。”



## 《忠经》天地神明章第一

### 原文

**昔在至理，上下一德，以征天休，忠之道也。天之所覆，地之所载，人之所覆，人之所履，莫大乎忠。忠者，中也，至公无私。天无私，四时行；地无私，万物生；人无私，大亨贞。忠也**

**者，一其心之谓也。为国之本，何莫由衷？忠能固君臣，安社稷，感天地，动神明，而况于人乎？夫忠兴于身，着于家，成于国，其行一焉。是故一于其身，忠之始也；一于其家，忠之中也；一于其国，忠之终也。身一则百禄至，家一则六亲和，国一则万人理。《书》云:“惟精惟一，允执厥中。”**

## 古文今译

天下的真理，就在于君臣上下一心，以求得上天的恩赐，这就是作为忠臣的为臣之道。在天地之间，没有什么比忠更为重要的了。所谓的“忠”，就是“中”的意思，至公无私。作为上天，要是能够做到公正无私的话，那么一年四季就会风调雨顺；大地要是能够做到公正无私的话，那么万物生长就会茂盛；作为人，要是能够做到公正无私的话，那么他的人格就会亨通中正。忠，说的也是忠心。为国家效命，哪能不出于忠心？忠能够巩固君臣之间的关系，稳定国家，感动天地和神明，更何况是对于人呢？具有忠诚之心的人，平时会想着自己的家庭，在国家就会忠于君王，对个人、家庭和国家之间的言行是一致的。忠从一个人身上开始，首先落实于自己的家庭，最终体现在对国家的忠诚上。一个人的人格高尚，就会有福气，家庭和睦，就会带来家族和顺；国家上下一心的话，就便于治理。《尚书·大禹谟》中是这样说的:“精诚专一，言行要合于不偏不倚的中正之道。”

## 故事

### 韩伯瑜泣笞伤老

汉朝时，有个叫韩伯瑜的人，他自小与母亲相依为命，母亲对他的管教一直很严厉。韩伯瑜生性孝顺，很小就知道帮母亲拾柴做饭，破了的衣服也知道自己缝补，尽量减少母亲的负担。

可是小伯瑜毕竟还是个孩子，难免会有做错事的时候，但就算只是小过失，韩母也会严厉责罚他。母亲打他，他就跪在地上，虽然受了打，但却一点怨言也没有。等到母亲打完了，他再低声向母亲谢罪，哄母亲高兴。

多年来，韩母对韩伯瑜的教育一直没有松懈，尽管孩子已经长大了，已经很优秀很懂事了，但母亲还是一如既往地对他严格要求。

有一天，韩母又因故生气，责打儿子，不料一向甘愿受罚的韩伯瑜忽然大哭了起来。

韩母很惊讶，问:“从前打你的时候，你总是心悦诚服地接受，没有怨言，也没有流过眼泪。可是，为什么今天打你，你就哭起来了呢?”

韩伯瑜擦了擦眼泪说:“以前儿子犯了错，有了过失，母亲杖责我的时候是很痛的，所以儿子知道母亲的身体还很康健。今日母亲打我时，儿子感觉不痛了。可见，母亲的身体不如从前了，精力已衰，日渐老迈，所以我就不自觉地悲泣起来了。”

韩母听了这番话，便放下拐杖，伸手抚摸着韩伯瑜的脸，也感动得哭了。

## 孙思邈孝亲从医

孙思邈是唐朝著名的医药学家，他擅长治疗各种疑难杂症，救治过许多垂危的病人。他曾经用针灸救活了一个已被装进棺材的孕妇，并使这位妇女顺利地产下了一个胖娃娃，一针救活了两条性命。在长期行医的过程中，孙思邈还总结出治疗甲状腺肿大和脚气等疑难杂症的良方。在医学实践上，他收集整理了很多药方，写成了《千金要方》《千金翼方》两部著作，共记载了六千多个药方。为纪念他在医药学上的成就，后人尊称他为“药王”。其实，这位药王学医的最初动机是为了给自己的父母治病。

隋朝末年，孙思邈出生于京兆华原（今陕西耀州区）一个贫苦人家，他的父亲是一名木匠。孙思邈很小的时候就开始跟着父亲走家串户做木工活儿，帮父亲打打下手。耳濡目染之下，小思邈也会点木工，时常雕一些小动物哄

爹娘开心。邻里们都说，小思邈长大后肯定比他爹的手艺还好。长此以往，小思邈也一直认为自己将来会是个出色的木匠。

在孙思邈七岁的时候，父亲得了雀目病（即夜盲症），而母亲患了粗脖子病。有一次，父亲在锯木时，看到他在一旁看着自己发呆，便问他："孩子，你长大了也要做木匠？"孙思邈回答说："不，我要做一名大夫，那样就可以给你们治病了。"父亲见他小小年纪便有一片孝心，心里十分感动，第二天就带着孙思邈去城外上学。孙思邈在那里知道了扁鹊，也懂得了圣贤之道以及"行医者，兼济天下"的道理。这些先人之道也让他确立了以后行医的操守：不论富贵贫贱，不论男女老幼，皆一视同仁且尽心尽力！

当孙思邈十二岁时，父亲送他到了附近的药农张七伯家去当学徒。孙思邈走进张七伯家，只见院子里里外外都堆满了草药，十分高兴，心想：这些草药里也许有能治父母亲病的药，太好了，我一定要认真学习！在张七伯家当学徒的三年里，孙思邈经常向张七伯询问药理知识，常常令张七伯难以回答。后来，他才知道原来张七伯只会用一些土方治病，根本不懂药理。张七伯也懂得孙思邈的心思，就对他说："你很聪明，又很好学，我不能耽误你的前程，从我这里出发北去四十里的铜官县，那里有位名医，是我的舅舅，你到他那里去学医吧！"临走前，他还送给孙思邈一本《黄帝内经》，希望他学有所成，有朝一日成为名医。孙思邈到了铜官县，四方打听找到了这位名医，在他那里潜心学习了一年，又钻心研究《黄帝内经》，医学知识长进了很多。但这位名医也不知道如何治雀目病和粗脖子病，这使孙思邈十分失望。

第二年，孙思邈便回到了家乡开始给乡亲们治病。在行医时，他不贪图财物，对病人一视同仁，爱护有加，渐渐地在家乡有了点名气。有一次，他治好了一位病人的病，病人到他家来答谢，得知孙思邈父母身患痼疾，就对孙思邈说："我听说太白山麓有一位叫陈元的老大夫能治你母亲的病，你可以去那儿看看。"孙思邈听了非常高兴，第二天就出发赶往太白山。从家乡陕西耀县到秦岭太白山有四百里的路程，孙思邈走了半个月才到，并沿路打听陈元大夫。寻到陈元后，孙思邈表明了来意并想拜他为师，陈元被他的孝心打动了，便收他为徒。在陈元那里，孙思邈终于学到了治粗脖子病的祖传秘法，可是如何治雀目病却仍然毫无头绪。一天，孙思邈问师父："为什么患雀目病的大多是贫苦人家的人，而有钱人是很少有人患这种病呢？"陈元听后思索片刻，说："说不定是贫穷人家很少吃肉的原因，你可以给病人多吃点肉试试。"孙思邈遵照师父的话，他让一位病人每天吃几两肉，但试了一个月仍毫不见效。不过他并不气馁，再次翻遍大量医书，偶然间在一本书上看到"肝开窍于目"的解释。于是，他就试着给那位病人改吃牛羊肝，不到半个月，果然见到了期望的疗效。欣喜若狂的孙思邈立刻赶回家，用在太白山学到的方法给父母亲治病。不久，父亲的雀目病和母亲的粗脖子病都痊愈了。

孙思邈不仅重视对医术的研究，还注重对诊病方法的总结，他说："胆欲大而心欲小，智欲圆而行欲方。""胆大"是要自信而有气质；"心小"是要小心谨慎；"智圆"是指遇事圆活机变，不得拘泥，须有制敌先机的能力；"行方"是指不贪名、不夺利，心中自有坦荡天地。这就是孙思邈对于良医的要求。何止于医者，做人也当如此！

## 狄仁杰望云思亲

狄仁杰，字怀英，唐朝太原人，武则天执政时期的宰相。他为官刚正廉明，执法严正，兢兢业业。他曾在一年中判明了大量的积压案件，涉及一万七千人，无冤诉者，一时名声大振，成为朝野推崇备至的断案如神、除恶如疾的大法官。武则天非常赏识他的才能与人品，两次任命他为宰相，成为辅佐武则天掌握国家大权的助手。他的形象不仅是在政治舞台上被树为楷模，在家庭生活中，他更是一位孝子。他的一个同僚，奉诏出使边疆之际，母亲得了重病，如果这时候离开，就无法再侍候母亲，因此心中非常痛苦。狄仁杰知道他的痛苦心情之后，专门奏请皇上改派别人。有一天他出外巡视，途中经过太行山。望着天上的白云，不由得思念起家乡的父母来。他对随从说："我的亲人就住在那白云之下。"说着，他伤感的眼泪流了出来。直到天上的白云散去，他才离去。

## 父忠子孝

王纲，字性常，明朝余姚（今浙江余姚）人。他文武双全，擅长鉴别和占卜。和宰相刘伯温关系很好，刘伯温把他举荐给朱元璋。他七十岁的时候，牙齿还没掉，面色如少年，于是被朱元璋任命为兵部郎中。有一次，广东潮州少数民族造反起义，朝廷任命王纲为广东参议，去平乱安民，他带着儿子彦达一同前往。平定潮州之乱后的归程途中，遇到海寇曹真。曹真先请王纲当他的统帅，王纲拒绝，并劝曹真归顺朝廷，曹真不听，王纲就狂骂不休。多次劝说无效，曹真就把王纲杀了。王纲死后，只有十六岁的彦达，也大骂海盗并求死。当海盗的刀正要砍向彦达时，曹真慨叹道："父忠子孝，杀了不祥。"于是，彦达用羊皮包着王纲的尸体回了家。

## 抱衣思母

陶季直，南北朝时期丹阳秣陵（今江苏省）人，祖父是广州刺史陶愍祖，父亲是中散大夫陶景仁。陶季直小时候很聪明，祖父非常喜欢他。有一天，祖父把一些银子放在桌子上，让孙子们各拿一份。大家都拿了，唯独陶季直一直没有动。祖父问他为什么不拿，他说："祖父赏赐东西，应该先给父亲和伯伯，轮不到我们做孙子的，所以，我不能拿。"祖父听后，简直不敢相信一个小孩子能说出这么深刻的话。一年后，他的母亲去世了，小季直十分伤心。母亲生前，曾在外面染有衣物，母亲去世后，家人想办法把这些衣物拿了回来。小季直成天抱着这些衣物痛哭流涕，让周围的人听了都跟着伤感。长大后，他勤奋攻读，先后做过县令、太守和太中大夫，他两袖清风、一心为百姓谋福利，去世时家里什么财物都没有，空空如也。

## 赵五娘

东汉末年，河南陈留人赵五娘，嫁与寒儒蔡邕（字伯喈）为妻。五娘本意甘贫守份，只求夫妻相敬如宾，白头偕老，侍奉年迈公婆。婚后不久，适逢科期，蔡父不愿伯喈老死林泉，迫其上京赴试。五娘本欲阻拦，恐被公婆误为迷恋丈夫，责之不贤。

伯喈赴试之后，名标金榜。当朝牛丞相慕其才华，强招为婿，迫伯喈与其女儿成婚。伯喈无力抗拒强权，以致被拘三载无法归家。

三年间，五娘以一弱女子独自负担合家生计及照顾公婆，任劳任怨，辛苦操持。其间又逢饥荒岁月，哀鸿遍野。五娘尽典家中衣物，落得四壁萧然，依旧三餐难度。时幸族中太公张广才仗义扶危，经常送些稻谷救济蔡家，但也杯水车薪，难解燃眉之急。因为人多谷少，五娘常将稻谷磨成白米之后，煮成稀粥分与公婆果腹，而自己却暗自咬紧牙关，强忍悲泪，痛苦地吞下糟糠充饥。

正如戏曲中唱道：

真是呕得肚肠痛，苦泪垂，咽喉兀自牢梗住。悄似奴家身狼狈，千辛万苦皆经历。苦人吃苦味，两苦相连，可知道欲吞不下。糠和米，本是两相依，谁人簸扬你作两处飞？一贵与一贱，好似奴家共夫婿，终无见期。夫啊！你便是米么？米在他方没寻处。奴便是糠么？怎的把糠救得人饿饥？好似儿夫出去，怎的教奴，供给得公婆甘旨。

一次，公婆嫌粥稀少，怀疑五娘暗中偷吃米饭，便稍然跟踪，乘五娘不备，抢过饭碗，见是糟糠，恍然大悟，对孝媳怜惜有加，对自身愧疚无比。蔡公一时性起，强行抢过糟糠咽下，结果卡在喉咙，痛苦倒地。

不久，公婆相继饿死。五娘带泪挖掘墓穴，裙裾包土，筑坟营葬公婆。弄得十指磨破，血迹斑斑。

后来，伯喈终得脱身回乡，夫妻团聚。但五娘也只好接受与牛小姐共侍一夫的现实，未有半句怨言。

# 天子章第二

## 原文

**子曰:“爱亲者，不敢恶于人；敬亲者，不敢慢于人①。爱敬尽于事亲，而德教加于百姓，刑于四海②。盖天子之孝也。《甫刑》云:‘一人有庆，兆民赖之③。’”**

## 注释

①爱亲者四句：邢昺（xì）说:“所谓爱亲者，是天子身行爱敬也；不敢恶于人、不敢慢于人者，是天子施化，使天下之人皆行爱敬，不敢慢恶于其亲也。”

②刑：效法。

③《甫刑》云二句:《甫刑》是《尚书》篇名，亦称《吕刑》。一人：指天子。庆：善。兆：十亿曰兆。

## 古文今译

孔子说:“作为天子，不但要热爱自己的父母，而且要教育天下臣民都不敢厌恶自己的父母；不但要尊敬自己的父母，而且要教育天下臣民都不敢慢待自己的父母。天子首先对自己的父母极尽热爱、尊敬之能事，然后把这种德教加于百姓，使普天之下都向自己学习。这就是天子之孝的内容。《甫刑》上说:‘天子一人做了好事，亿万臣民都跟着得到好处。’”

## 名篇仿作

# 《女孝经》后妃章第二

## 原文

**大家曰:“《关雎》《麟趾》,后妃之德。忧在进贤,不淫其色;朝夕思念,至于忧勤;而德教加于百姓,刑于四海,盖后妃之孝也;诗云:‘鼓钟于宫,声闻于外。’”**

## 古文今译

曹大姑说:“《诗经》中的名篇《关雎》和《麟趾》,描述的是后妃的高尚品德。作为后妃应当做到的孝道是,要向君王积极推荐贤能的人,不要让君王终日迷恋于美色,要朝夕帮助君王考虑问题,勤于家事,辅助君王以德来教化天下的百姓。《诗经·小雅·白华》:‘在宫内敲钟,声音会传到外面。’”

# 《忠经》圣君章第二

## 原文

**惟君以圣德，监于万邦。自下至上，各有尊也。故王者，上事于天，下事于地，中事于宗庙，以临于人。则人化之，天下尽忠，以奉上也。是以兢兢戒慎，日增其明，禄贤官能，式敷大化，惠泽长久，万民咸怀。故得皇猷丕丕，行于四方，扬于后代，以保社稷，以光祖考，尽圣君之忠也。《诗》云:“昭事上帝，聿怀多福。”**

## 古文今译

君王只有以高尚的道德，才能够治理国家。自下到上，各自遵循自己的规范。作为君王，对上要侍奉于上天，对下则要侍奉于地，平时还得祭祀自己的祖先，治理人民。人民被教化了，就会对君王尽忠，侍奉自己的君王。所以，君王要谨慎小心地告诫自己，每日都有进步，任用贤能，教化百姓，将恩泽布施于天下，百姓就会对君王怀有感激之情。帝王的道德教化施行于天下，扬名于后世，保护国家，光宗耀祖，这样就尽到了作为君王的孝道。《诗经·大雅·大明》说:“一心一意地遵从天帝，以自己的诚信来求得天地的恩赐。”

故事

## 忠孝两全的赵一德

至元十二年（1275 年），也就是元朝初年的时候，赵一德被蒙古人俘获并送到了燕京，之后，他就做了郑留守家里的奴仆。他在郑留守家里一待就是好多年，中间经历了世祖忽必烈、成宗铁穆耳和武宗海山三个皇帝。等到武宗即位做皇帝的时候，赵一德才突然想到时间真是快，掐指一算，竟然已经过去了 34 个年头，掩埋心中多年的思乡之情，突然涌上来。眼看着皇帝都换了四个，主人郑家也有了两代主人，赵一德就向主人郑阿思耳兰请求回家省亲，说道："一德自去父母，得全身依门下者，三十余年矣，故乡万里，未获归省，虽思慕刻骨，未尝敢言。今父母已老，脱有不幸，则永为天地间罪人矣。" 主人郑阿思耳兰母子二人听了赵一德的话后，非常感动，就给了他一年的假期，叫赵一德在一年之内返回元大都（北京）。

赵一德从元大都出发，向南到南昌。等到赵一德到了在南昌附近的建昌家里时，得知父亲和兄长都已经去世，家里只有八十岁的老母亲还在世。于是，赵一德就为父亲和兄长挑选了一个风水较好的地方，将他们重新安葬。赵一德在家里待了些时日，本想多留些日子侍候母亲，但因为担心超过了一年的期限，就只有急匆匆地如期返回了元大都。郑阿思耳兰母子见赵一德按时回来了，又听说了他家里的情况后，深受感动，就废除了赵一德的奴隶身份，叫他回原籍侍候自己的母亲。

赵一德非常高兴。但就在他正准备回老家的时候，出了一件意外的事，当时的尚书省内有人告发郑阿思耳兰和他的兄长等共十七人企图谋反。当时的朝廷内外虽然都觉得郑阿思耳兰是冤枉的，就是没有人敢于出来替他们申冤。郑阿思耳兰家里的财产全被没收，仆人各自逃走了，只有赵一德等少数人留了下来，替主人申冤。经过赵一德的努力，朝廷终于为郑阿思耳兰家昭雪平反了。等到郑家平反之后，太夫人对赵一德非常感激，对赵一德说：“当吏籍吾家时，亲戚不相顾，汝独冒险以白吾枉，疾风劲草，于汝见之。令吾家业既丧而复存者，皆汝力也，吾何以报汝？”郑家准备送给赵一德田产和房屋，作为对他的报答，但是，赵一德婉言谢绝了。等到这一切都结束之后，赵一德就回原籍去侍候自己八十多岁的老母亲了。等到又一个新皇帝仁宗爱育黎拔力八达即位，即皇庆元年（1312 年）的时候，朝廷特下诏书，旌表赵一德的家门。

# 顾子通跪读父书

顾氏是三国时期江南的名门望族，素来门风醇厚，重视德义。作为汉晋间江东大族的代表，顾氏家族的人多数都有良好的修养。

三国时期吴国人顾悌正是在这样的家学背景下接受了良好的教育。加上其从小聪明机灵，又肯发奋学习，所以，十五岁的时候就因为孝廉闻名，当上了吴国的郡吏，后又晋升为偏将军。因为他性情刚毅，做事耿直无私，所以总会招致同僚的妒忌，他不屑与这些人为伍，便辞官回乡了。

他的父亲在别的地方任县令。顾悌非常挂念父亲，所以经常去信问候。

顾悌每次接到父亲的回信，都先沐浴并整理衣帽，摆放好桌子，放置好家信，然后才跪下来恭敬地阅读，而且还逐句地应诺，回答父亲在信中的问话；若是父亲生病了，顾悌就会对着父亲的信哭泣，伤心得话都说不出来！读完后再对着书信叩拜一次。

后来，父亲去世了，顾悌哀恸欲绝。丧事结束后，顾悌还在墙壁上悬挂起父亲的遗像，下设神座，供奉果品，从未间断，并且早晚跪拜追思。

在这种门风的熏陶下，顾氏子弟多践守道德，颇有厚道的君子风格，以至于从三国时期一直到唐代，顾氏家族一直是江东四大望族之一。

# 上书赎父

缇萦（女），西汉山东人，上面有四个姐姐。父亲淳于意弃官从医，由于他精通医术，因此几乎没有他治不好的病。有一次，面对一位病入膏肓的贵妇却自知无力回天，为了满足贵妇家人的希望，他只好象征性地给她开了几副草药。不久，贵妇逝世。这时，贵妇的家人却一口咬定是淳于意开错了药方所致，因此他被判罪，即将施行肉刑。那时的肉刑有三种：脸上刺字，割去鼻子，砍去左足或右足。当过官的淳于意按规定要被押到都城长安去受刑。

淳于意离家那天，感慨自己没有儿子，所以遇到了困难，女儿们帮不上忙。缇萦听了，暗下决心一定要救出父亲，于是决定陪父亲上都城长安，替父申冤。

历尽艰辛，缇萦终于到了长安。她听说汉文帝曾下旨准许百姓直接向他申诉冤情，因此请人写了奏章，向文帝陈述了父亲的冤情："我叫缇萦，是太仓令淳于意的小女儿。我父亲做官的时候，齐地的人都说他是个清官，现在他受冤枉要被处以肉刑。肉刑太残酷了，我不但为父亲难过，也为所有受肉刑的人忧虑。刑罚的目的是为了让犯人能够改过自新，一个人受了肉刑以后，失去的肢体不能复生，即使悔过自新也无济于事。所以我情愿被官府收为奴婢，替父亲赎罪，好让他有个改过自新的机会。"

汉文帝读完奏章后，对缇萦深表同情，又召集了一些近臣，针对肉刑的弊端提出了新的处罚方案。就这样，文帝废除了不合理的肉刑，改为打板子了。

## 子孝妻烈

徐允让，元末浙江山阴（今浙江绍兴）人。妻子潘氏，名妙圆，也是山阴人。至正年间，战乱四起，他带着父亲和妻子到山谷中避难。途中遇到了乱兵，其中一个头目抽出刀要杀徐允让的父亲。徐允让大声吼道："宁愿你们杀了我，也不要杀害我的父亲！"于是徐允让惨遭杀害。惨无人道的乱兵还要侮辱徐允让的妻子潘氏。潘氏是一个刚烈的女子，但是由于丈夫刚死，尸体还没有火化，所以强颜欢笑地说："我丈夫既然已经死了，那我一定会顺从你们的。如果能让我先把丈夫的尸体焚烧掉。那我就没有任何遗憾了。"乱兵相信了她的话，并找来许多柴火，焚烧她丈夫的尸体。火越烧越旺，潘氏边哭边说着什么，义无反顾地跳入了熊熊烈火中，与丈夫一同死去了。她的这一举动吓坏了乱兵，于是，乱兵也就没有再去为难徐允让的父亲。明太祖时期，朝廷为徐允让夫妇立了孝烈碑，宣扬他们的孝道。

# 代父受刑

周琬，明朝江宁（今江苏南京）人。他的父亲做滁州牧的时候，因为犯了罪而被判死罪。十六岁的周琬，来到官府门前，跪下叩头，请求代父受刑。明太祖知道后，怀疑是别人教他这么做的，就想试一试他。于是明太祖下令立即将周琬斩首，周琬知道后，面不改色，神态从容不迫。太祖很是惊讶，认为他小小年纪竟能有如此孝心，实属难得，就免除了他父亲的死罪，改判戍边。周琬继续请求用自己的死来免除他父亲戍边，太祖大怒，又命令将其处死，但最后还是被他的孝心所感动，赦免了他们父子俩。太祖还亲题“孝子周琬”四个字嘉奖他。此事一时被传为佳话。



# 劝女孝公婆

李晟是唐德宗时期著名的大将，他当过太尉，掌管着全国的军队，还当过中书令，协助皇帝处理国家大事，可谓是位高权重。李晟虽是武将出身，却从未忽视对子女的教育。

李晟的一个女儿，许配给吏部尚书崔枢为妻。一次李晟做寿，女儿也从婆家赶来为父亲庆贺。酒宴中，一个侍女来到女儿身旁耳语了几句，女儿听后似乎极不耐烦，依旧与客人们推杯换盏，谈笑自若。后来在侍女的再三催促下，女儿才被迫退席。可是，女儿很快就又回到了宴席上。这一幕被李晟看到了，他觉得其中必有缘故，便叫来女儿问个明白。

女儿答道：“刚才侍女来报，昨晚我婆婆得了一场小病，我看也没有什么大不了的，便派人回婆家代我去看望婆婆了。”

李晟一听，忙说：“既然如此，何不早说，快回去服侍左右。”

女儿分辩说：“今日是爹爹六十大寿，非寻常事，女儿若是来而复去，有失孝道。”

李晟听后不禁大怒，对女儿说道："你丈夫不在家中，怎能让老人家独卧病榻？女孩出嫁以后，要像对待自己父母一样孝敬公婆，不孝公婆，终为不孝，我曾与你讲过多次，却为什么总是忘得一干二净，还不赶快回去！"

于是，女儿听从了父亲的训教，羞愧难当，便急忙赶回婆家照料婆婆去了。李晟也在宴会结束后，亲自来到崔家看望亲家，同时对自己疏于管教女儿而向亲家表达了深深的歉意。

李晟教女的故事在当时被传为美谈，由于李晟曾被封为西平郡王，因此李家的家法也被时人称为"西平礼法"，成为一时的表率。

# 诸侯章第三

## 原文

**“在上不骄[①]，高而不危。制节谨度[②]，满而不溢[③]。高而不危，所以长守贵也；满而不溢，所以长守富也。富贵不离其身，然后能保其社稷[④]，而和其民人。盖诸侯之孝也。《诗》云：‘战战兢兢，如临深渊，如履薄冰[⑤]。’”**

## 注释

①骄：唐玄宗注，“无礼为骄。”

②制节谨度：唐玄宗注，“费用约俭，谓之制节；慎行礼法，谓之谨度。”

③溢：唐玄宗注，“奢泰为溢。”

④社稷：社是土神，稷是谷神。社稷合在一起，常用作国家的代称。

⑤《诗》云三句：见《诗经·小雅·小旻》。引用这三句诗的用意在于说明为君恒须戒慎。

## 古文今译

孔子说:“贵为一国之君而不为无礼之事，那就能够身居高位而不倾危。节约费用，慎行礼法，虽然拥有一国之财富，但也不大手大脚。身居高位而不倾危，就可以长期保住高贵；拥有倾国的财富却不大手大脚，就可以长期保住财富。富与贵都能够长期保持，国家才不致覆灭，而百姓也乐于服从。这就是诸侯之孝的内容。《诗经》上说:‘诚惶诚恐，提心吊胆，就像面临深渊，就像脚踩薄冰。’”

名篇仿作

## 《女孝经》夫人章第三

原文

**居尊能约，守位无私。审其勤劳，明其视听。诗书之府，可以习之；礼乐之道，可以行之。故无贤而名昌，是谓积殃；德小而位大，是谓婴害，岂不诫欤？静专动直，不失其仪，然后能和其子孙，保其宗庙，盖夫人之孝也。《易》曰："闲邪存其诚，德博而化。"**

古文今译

所谓女人，即使身处尊位也应当节俭，大公无私；在家里要辛勤劳作，明辨是非；要熟读诗书，懂得礼貌。不贤惠的女人要是名气很大的话，那就是积累灾害；无德却身处高位的话，就是祸害，这样的事情难道不该引起人们的警戒吗？在待人接物上要是能够做到动静结合，不失仪表，在家里能够和睦家人，保护好自家的祖庙，这就是所谓的夫人之孝道。《周易》说："保有自己的真诚，美好的德行能够让天下感化。"

# 《忠经》冢臣章第三

## 原文

**为臣事君，忠之本也，本立而化成。冢臣于君，可谓一体，下行而上信，故能成其忠。夫忠者，岂惟奉君忘身，殉国忘家，正色直辞，临难死节而已矣！在乎沉谋潜运，正己安人，任贤以为理，端委而自化。尊其君，有天地之大，日月之明，阴阳之和，四时之信，圣德洋溢，颂声作焉。《书》云："元首明哉，股肱良哉，庶事康哉。"**

## 古文今译

做臣子的侍奉君王，这是忠的本质，只有忠于君王，一切才会游刃有余。臣子与君王之间，实际上是一个整体，上下一心，才能称得上忠诚。臣下对君王的忠诚，难道只是为君赴难、殉国忘家、直谏君王、临难殉节这些吗？臣子对君王的忠诚，更在于辅助君王周密计划，端正自己，安抚别人，任用贤能，能够自始至终都这样。只要忠臣对自己的君王充满诚信，那么就能够做到天地广大，日月光明，阴阳调和，四时顺畅，圣德扬溢，歌颂君王之声就会充满人间。《尚书·虞书·益稷》说："做君王的能够做到明察秋毫，做臣子的能够忠于职守，这样就会万事如意啊！"

故事

## 救君还是救父

曹操本是个雄才大略的人，无论是军事、政治还是文学，都有着突出的才华，他通常是不将别人放在眼中的，但是，曹操在生前对他即将继位的儿子曹丕却这样说，要是有什么事情的话，一定得问一下这两个人——张范和邴原。既然连曹操都看得上的人，那一定不是一般的人。那邴原到底是什么样的一个人呢？邴原在年仅十二岁的时候，就死了父亲，这就使得他没有机会读书。偏偏有书塾就在他的邻里，邴原想读书，但却交不起学费。有一次，邴原在经过这个书塾的时候，哭了起来。一旁的老师见到了，就问邴原为什么要哭，邴原回答说："没有父亲的人，一定会悲伤；贫穷的人，一定会伤感。那些读书的人，必定都是有父亲和兄长的，我既羡慕他们有父亲送他们读书，又羡慕他们有机会学习，想到这些，想到我自己没有父亲，我就哭了起来。"老师听说了之后，就对邴原说，可以免去他的学费，教他读书。于是，邴原就开始了他的读书生涯，仅仅一个冬天，他就将《孝经》《论语》给读完了，在几个学生之中，他表现得最为突出。

虽然曹操非常看重邴原，但是，邴原始终与曹操保持着一定的距离，这里有两件事情可以说明这一点。一件事情是，由于邴原的女儿已经夭折，而曹操的儿子仓舒也死了，曹操就请求邴原将这两个死去的孩子合葬在一起，也就是给他们举行阴婚，但遭到了邴原的婉拒。邴原认为，这种合葬的做法，是不符合礼制的。他堂而皇之地对曹操说，自己这样拒绝是遵守训典的。还有一件事情是，曹丕做上了五官中郎将，别人都纷纷巴结他，只有邴原不为所动，始终与曹丕保持着一定的距离。曹操得知此事之后，实在是沉不住气了，觉得有必要在自己还活着的时候就建立起儿子曹丕的威信，否则的话，自己死了，谁还会服从曹丕，于是就派人来问邴原这样做是为什么。邴原的回答又是拿那个所谓的典制来对付曹操，他说："吾闻国危不事冢宰，君老不奉世子，此典制也。"但是，这次曹操也觉得邴原过分了一些，就当面责怪了他，并将他贬了官。

有一次，太子曹丕宴请了一百多个客人。在筵席上，曹丕突然提出了一个忠孝冲突的命题。曹丕的意思是说，国君和父亲都得了重病，但是，这时只有一颗药丸，只能够救一个人，这颗药丸是救君王呢，还是救父亲。在座的客人议论纷纷，有的说救父亲，有的说救君王。邴原坐在一旁，不发表任何言论。由于邴原的地位和声望，曹丕希望他能做一个令自己满意的回答，就是将这颗仅有的药丸拿来救君王。当曹丕问邴原的时候，邴原虽然也知道曹丕的意思，但他就是不买曹丕的账，勃然回答说："父也。"曹丕也就不再勉强邴原了。

## 辞官敬老

东汉末年，天下大乱，群雄争霸，形成了魏蜀吴三国鼎立的局面，天下总算稍稍安定下来。后来，魏国经过几十年的稳定发展，实力强大起来，而蜀国因为内外交困而日渐衰弱，后来被魏国所灭。灭掉蜀国之后，魏国内部也出现了权力纷争，最后，司马家族取代了曹氏皇族，建立了新的王朝，这就是西晋。

西晋的第一个皇帝是晋武帝司马炎，他听说有一个叫李密的人，很有才学，又很孝顺，曾经得到诸葛亮的器重，在蜀国担任过官职，现在闲居家中，不愿意出来做官。为了笼络蜀国旧臣，晋武帝特别下了诏书，让李密出来做官，可是却被李密拒绝了。诏书接连下了几道，都被李密拒绝，这下惹怒了晋武帝。

于是，李密恭恭敬敬地给晋武帝写了一篇《陈情表》，诉说他不能到任就职的原因。

原来，李密从小是个孤儿，在他刚生下六个月时，父亲病死。在他四岁时，母亲何氏被逼改嫁。于是，抚养他的责任就落到年老多病的祖母身上。祖母刘氏是个有志气、十分刚强的女人，拖着孱弱的身体，独自将李密抚养成人。

李密小时体弱多病，九岁时还不会走路，但他非常聪明，读书过目不忘，并且从小就知道孝顺祖母。他和祖母形影不离，从不惹祖母生气。自己长大，能干活了，就帮祖母做家务。祖母病了，他就衣不解带地在祖母身边伺候。李密与祖母两个人相依为命，从不分离。如今，祖母已经九十六岁了，正如日落西山，气息微弱，生命垂危，朝不保夕，祖母正是需要人照顾的时候，李密怎么可能离开她去做官呢？

李密恳求晋武帝能够成全他的孝心，陪伴祖母安度晚年。《陈情表》言语恳切，委婉动人。晋武帝看了，为李密的一片孝心所感动。他不仅同意李密暂不赴任，还嘉奖他的孝心，赏赐给他奴婢和赡养祖母的费用。

直到祖母去世，服丧期满后李密才出仕。他为官一方，造福百姓，政绩显著，以刚正见称。



## 和谐二母

陈武，字子烈，三国时庐江松滋（今湖北松滋市）人。他在担任偏将军的时候，与儿子陈修奋勇杀敌，一同战死沙场，朝廷因此追封他为乡亭侯。他的另一个儿子陈表，是他小妾生的孩子，也做了督尉。父亲和哥哥死后，陈表的母亲不愿与陈修的母亲和睦相处。于是，陈表劝说母亲说："哥哥本来想成就一番事业，但英年早逝，无奈只能由我来当家。我心里其实是很难受的。这一大家子，事务繁多，担子沉重，家庭的和睦是很重要的。因此，敬奉哥哥的母亲也是我必须做的，而且要做好，否则，别人就会说闲话。如果您希望儿子能成大事的话，就和嫡母好好相处吧。如果您做不到，那我只好搬出去住了，请原谅儿子不孝！"母亲听后，深受启发，于是主动与陈修的生母示好。后来，陈表为国家立功，被任命为偏将军，死后也被追封为乡亭侯。

## 谏母护兄

王览，字符通，是前面《二十四孝》故事中王祥的异母弟弟。他的生母朱氏对王览的哥哥王祥非常刻薄，总是寻衅迫害。王览生性善良，同情哥哥，每当母亲毒打哥哥时，他都要拦着母亲。如果母亲让哥哥做那些为难的事情，他总是帮着哥哥去做，为哥哥分担忧虑。哥哥王祥成家之后，王览的母亲对王祥的妻子也是百般刁难。后来王览也娶妻成家，他向妻子说明了情况，于是王览的妻子也像王览帮哥哥一样，主动帮助嫂嫂干活。后来王祥努力攻读，声名远扬。王览的母亲心生嫉妒，就让人偷偷地给王祥的酒中下毒。王览得知后，毅然端起酒杯要先喝下去。母亲怕自己的儿子被毒死，赶紧夺下酒杯。从此，只要王览的母亲让王祥吃什么，王览就先尝一口，这样，就消除了母亲毒死哥哥的念头。王览对哥哥有情有义，名声仅次于王祥。后来。继哥哥做官之后，王览也做了清河太守。

## 为佣悟兄

郑均，字仲虞，东汉河北任县人，少年时喜欢黄、老学说，仗义而诚实。他的哥哥是县衙里的官吏，经常接受他人的贿赂。郑均多次劝阻兄长，丝毫不起作用，于是他就到外地去给别人做佣工。

一年之后，他把挣来的钱带回家全部交给哥哥，并对哥哥说:“财物用完了，可以再挣回来；名声失去了，是永远也找不回来的。你做官吏却贪赃枉法，是被人一辈子都瞧不起的行为，更为后世人所唾骂。哥哥你好好想想我的话有没有道理?”

哥哥听了，很受感动，终于醒悟，放弃了以前的不齿行为，重新做人，后来竟然以廉洁著称于世。哥哥去世后，郑均又悉心照顾嫂子和侄子，没有一点怠慢。人们对他的品行都称赞不已，官府知道后也特召其为官。到建初年间，他担任了尚书一职。汉章帝非常敬重他，他因病告归后，章帝东巡专门到他家，赐他终身享受尚书俸禄，当时人称他为“白衣尚书”。

# 孝亲感火

元朝的时候，有一位姓赵的孝顺媳妇。她为人忠厚老实，又很勤劳朴实，侍奉长辈尽心周到，是一位难得的好媳妇。

赵氏的丈夫很早过世，只留下她一个人，上要奉养婆婆，下要抚育孩子，生活很是拮据。为了能更好地奉养婆婆，赵氏便去别人家做工，用帮工赚来的钱，来养活婆婆和孩子们。

为了让婆婆能够吃饱穿暖，赵氏做工时很是卖力，因此深得主人家的喜欢。大家看到她做事踏实肯干，有什么需要帮忙的，也很愿意雇她来做。虽然帮工很辛苦，而且赚来的钱也不多，但赵氏还是尽力让婆婆吃得好一点。

因此，赵氏出去做工，主人家给她一点好吃的东西时，或是遇上什么节日，有人送给她一些食物，哪怕只是一小块糕点、几个包子、喜饼，赵氏都不舍得吃上一点，她总是恭敬地将食物接过来，小心翼翼地包好，带回家给婆婆吃。

赵氏将这些食物送到婆婆面前，给婆婆吃时，婆婆也总要说:“你也吃一点吧。”赵氏便跟婆婆说自己做工时吃过了，或者说自己不爱吃。婆婆若要分一点给孩子吃，赵氏又说孩子已经吃了，或是预先将孩子们支开，总是不忍心从那一点食物中再分出来些，为的是婆婆能安心享用。

后来，婆婆的年纪大了，身体越来越衰弱，看着年老多病的婆婆，赵氏心想，婆婆百年后，家里根本没有钱去给她置办棺木。这可怎么办呢？面对这样窘困的境地，赵妇根本想不出什么办法，最后，只得忍痛将次子卖给富人家，用这钱来为婆婆购置棺木。哪个孩子不是娘的心头肉呢？赵妇卖掉了孩子，内心万般不舍。为了不让婆婆担心，她并没有表现出不舍的样子来，等为婆婆购置好棺木后，便将棺木摆放在家中。

有一天，邻居家失火，火借风势越烧越旺，越烧越猛，很快就扑向了赵家，赵氏见火势猛烈，连忙搀扶着婆婆逃了出来。

将婆婆安顿好，赵妇又赶快冲进屋里，想要乘着大火烧来前，把棺木移出去。可是，棺木实在是太重了，赵妇使尽了全身的力气，也没有办法移动它。眼看火势越来越猛，马上就要烧到赵家了，此时，赵妇心急如焚，却又无可奈何，不由得放声大哭起来，抽泣着说："可怜我卖去了儿子，才买来这口棺木啊，哪一位好心的人来帮我抬出去啊……"

赵妇这话还没说完，天上的风忽然转了向，火也随之转向其他地方了，赵家竟然因此避免了灾难，不仅棺木得以保存，赵家也安然无恙。看到赵家转危为安，村人不禁啧啧称奇！

# 卿大夫章第四

## 原文

**“非先王之法服不敢服[①]，非先王之法言不敢道，非先王之德行不敢行。是故非法不言，非道不行，口无择言[②]，身无择行。言满天下无口过，行满天下无怨恶。三者备矣，然后能守其宗庙。盖卿大夫之孝也。《诗》云：‘夙夜匪懈，以事一人[③]。’”**

## 注释

①法服：先王制定礼服五等，即天子之服、诸侯之服、卿之服、大夫之服、士之服。五等礼服的主要区别在于衣裳上面所装饰的章数（花纹图案的多少）不同。卿大夫只能穿卿大夫之服，既不得僭上，也不得逼下。

②择言：旧注解作选择之言，非是。今按：择言，即“殬言”。择，通“殬”。殬，败也，不合礼法也。

③《诗》云二句：见《诗经·大雅·荡之什·烝民》。匪：通“非”。

## 古文今译

孔子说："作为卿大夫，不是符合先王礼法规定的衣服就不敢穿，不是符合先王礼法的言论就不敢说，不是符合先王礼法的行为就不敢做。所以不合礼法的话不说，不合礼法的道不行，那就会口无失礼之言，身无失礼之行。话说得再多也挑不出什么毛病，事做得再多也不会招致怨恶。只有在穿衣、说话、做事这三方面都做得无懈可击，然后才能使自己的宗庙永远有人祭祀。这就是卿大夫之孝的内容。《诗经》上说'早早晚晚都不敢懈怠，全心全意地侍奉天子。'"

## 名篇仿作



# 《女孝经》邦君章第四

## 原文

**非礼教之法服，不敢服；非诗书之法言，不敢道；非信义之德行，不敢行。欲人不闻，勿若勿言；欲人不知，勿若勿为；欲人勿传，勿若勿行；三者备矣，然后能守其祭祀，盖邦君之孝也。《诗》云："于以采蘩，于沼于止；于以用之，公侯之事。"**

## 古文今译

作为一个女人，要是礼教没有规定的服饰，就不要去穿；诗书中没有说过的话，也不要去说；不守信用的事，就不要去做。要是别人听不到的话，自己就不要去说；要想别人不知的事，自己就不要去做；要想别人不传播的话，自己就不要去做；只有具备了这三个方面，才能够守好自己的宗庙，这就是诸侯君王的孝道啊！《诗经·国风·召南·采蘩》是这样说的："在哪里能够采到白蒿？要到小洲和池塘中。采了白蒿做什么用？到公侯的寺庙中去祭祀。"

# 《忠经》百工章第四

## 原文

**有国之建，百工惟才，守位谨常，非忠之道。故君子之事上也，入则献其谋，出则行其政，居则思其道，动则有仪。秉职不回，言事无惮，苟利社稷，则不顾其身。上下用成，故昭君德，盖百工之忠也。《诗》云："靖共尔位，好事正直。"**

## 古文今译

国家人才建设，要做到百官唯才是举，只是谨慎地司守自己的职位，这并不是忠诚之道。君子侍奉君王，对内能够出谋划策；对外则能够做到处理政务！空闲的时候，要认真思考为臣应做的事；办理政事的时候，要有礼节。要忠于自己的职守，敢于进谏，为了国家的利益，不要吝惜自己的生命。上下一心，才能够做到彰显君王的道德，这就是百官的孝道啊！《诗经·小雅·谷风之什·小明》中有："谨慎地守好你的职位，不要失去你的忠诚和正直。"

## 故事



# 房景伯教孝

历史上，在地方官中，因以教孝而著名的人，恐怕就是北魏时期的房景伯了。房景伯（公元478~527年）是北魏时期的人，家境比较贫寒，靠替人抄书来供养母亲。后来他做了清河太守，在清河郡下有个贝丘，贝丘靠近房景伯的家乡绎幕，有个妇女向郡守房景伯控告自己的儿子不孝养自己，叫房景伯来治理一下自己这个不孝子。房景伯最初本来想将这个不孝子带到官府教训一下的，但他没有这样做，而是先将此事告诉了自己的母亲崔氏。他的母亲倒是一个知书达理的人，对房景伯说，这些山民不知礼节，不要过于责怪这个不孝子。房景伯就将这个不孝子叫到了官府，不过不是治罪，而是让他们母子住在房景伯的府上，观看房景伯如何孝敬母亲的。房景伯的母亲崔氏就和这位贝丘女人同一桌吃饭，由房景伯按照日常的礼节来侍候她们两人，叫这个贝丘女人的儿子在一旁观摩。几天之后，这位不孝子就感到非常惭愧，要求回家。但是，房景伯没有同意，认为仅仅是表面上表示悔改是不行的，必须是心诚才行。于是，他又将这贝丘母子两人留了一些日子，让这个不孝子继续观看房景伯是如何孝敬母亲的。最后，这位不孝子叩头认错，直至头破血流，他的母亲也是哭泣着同意回家，房景伯才送走了他们母子俩。

后来，这位不孝子终于改了过来，对自己的母亲非常孝顺，成为当地一个著名的孝子。房景伯虽说政绩并不突出，但他的示范教孝一事，对后世的影响是很深远的，宋朝有人写诗歌颂这位孝子说：

亲见房太守，殷勤奉旨甘。

哪能不心愧，岂止是颜惭。

## 徐庶失母心乱

徐庶，字符直，东汉末年颍川阳翟（今河南省禹州市）人，汉末颍川一代名士。事曹后，在魏官至右中郎将，御史中丞。对于徐庶，因中国古典名著《三国演义》对其有精彩的描写，中国人对他可谓家喻户晓，妇孺皆知。书中许多情节虽与正史有所出入，但他至孝侍母，力荐诸葛，史籍却有详细的记载。

徐庶在少年时代，是一名远近闻名的少年侠士。

他曾经杀死了当地一个豪门恶霸，为一位朋友报了家仇，自己却不幸失手被擒。官府对徐庶进行了严酷审讯，徐庶出于江湖道义，始终不肯说出事情真相。又怕因此株连母亲，尽管受尽酷刑，也不肯说出自己的姓名身份。百姓们感于徐庶至孝仗义，没有一个人出面揭穿他的身份。后经徐庶的朋友上下打点，费尽周折，终于将其营救出狱。

徐庶为人忠厚至诚、豁达大度，才识广博、思虑独到，具有卓越的军事才能，很受刘备赏识，并委以重任。后来一次战斗，刘备战败，徐庶的母亲不幸被曹军掳获，曹操派人伪造其母书信召其去许都。徐庶得知此讯，痛不欲生，含泪向刘备辞行。他用手抚着自己的胸口说：“本打算与您共图王霸大业，但不幸老母被掳，方寸已乱，即使我留在将军身边也无济于事，请将军允许我辞别，北上侍养老母！”刘备虽然舍不得让徐庶离开自己，但他知道徐庶是有名的孝子，不忍看其母子分离，更怕万一徐母被害，自己会落下离人骨肉的恶名，只好与徐庶挥泪而别。

## 母子相依为命

沈周，字启南，号石田，晚年自称白石翁，明代长洲人。他学识渊博，诗文书画均享盛名，是著名的江南四大才子（另三人为文徵明、唐寅、仇英）之一，人称江南“吴门画派”的班首，在画史上影响深远。他从小就博览群书，文章、诗赋、书法、绘画样样精通。他心地也非常善良，非常孝顺父母。相传有个家境贫寒之人，为了挣钱给母亲治病，模仿了一幅沈周的画。为卖得高价，请求沈周在画上题字。沈周看他是孝子，十分同情，就在画上稍事修改，然后落款、盖章。结果那幅画果然卖了很高的价钱，那个人为母亲治好了病，对沈周感激不尽。沈周的父亲去世后，朋友劝他去做官，他回答说：“现在母亲只能依靠我照顾，我怎么能离开她去做官呢？”很多官员都对他十分敬重，多次邀请他到自己手下工作，他都以照顾老母亲为由拒绝了邀请。他从来不出去游玩，整天陪伴在母亲身边。当母亲活到九十九岁时，他也已经八十岁了，可谓母子相依为命，福寿同享。

## 兄弟共被

姜肱，字伯淮，东汉彭城人。他学术广博，不但通达五经，而且晓达命相占术。四方学士闻风远来求学于门下者，多达三千余人，许多王侯公卿恭请他为官，他一概婉辞，不愿就任。

他有两个弟弟，一个叫仲海，另一个叫季江。兄弟三人非常的友爱，整天形影不离：在一起读书，一起温习功课、玩耍，还一起帮家里干活。他们缝了一床大棉被，每天都睡在一起。长大之后，他们的感情依旧非常的好，即使各自成家立业，也没有破坏兄弟间的情谊。

一次，姜肱跟弟弟季江外出，夜晚行路遇上了强盗，强盗要杀他们。姜肱心疼弟弟，抢着要替弟弟死；弟弟担心哥哥，不让强盗伤害哥哥，也主动要替哥哥死。就这样兄弟俩相持不下，都争着让对方活着。盗贼看到这个情景，被兄弟俩的手足之情深深地感动了，只抢了一些财物，未伤及他们性命。

姜肱他们到了目的地，官吏问他们为什么如此狼狈，为了给强盗一个改过的机会，他们并未说出原委。后来盗贼知道了，感激加悔恨，又把他们所有抢来的财物如数奉还给了姜肱。

# 退敌救父

晋朝愍帝建兴元年，襄阳太守荀崧升调为平南将军，领兵驻守宛城（今河南省南阳市）。荀崧膝下有一个女儿，叫灌娘，此时虽然才十三岁，却武艺出众，舞枪如游龙戏水，射箭能百步穿杨。南阳城外是一片平原，灌娘整天驰骋在这广漠原野之中，猎射飞禽走兽，常常满载而归。她是父母的掌上明珠，满城军民更对她称赞有加。

有一年的春末夏初，匪首杜曾带领几万贼兵由西域流窜到宛城。当时宛城守军仅有千余人，又值青黄不接的季节，贮存的粮草有限，很难长期坚守，情况十分危急。

匪首杜曾原是官家子弟，因全家遭奸所害，含冤莫白，便招亡纳叛落草为寇。起初只想为父报仇雪恨，怎奈招募的匪徒成分复杂，到处奸淫掳掠骚扰州县，危害很大。经朝廷派兵连番围剿，流窜到了宛城，想占领这个富庶之地作为根据地，修养整备，以图一逞。

荀崧自忖城中兵微将寡，倘若长此困守，待到粮尽援绝之时，后果不堪设想！思前想后，只有派遣一个智勇双全之人突围出城，驰往临近的襄阳城求救。因襄阳太守石览，原为荀崧的旧部，此时他兵精粮足，雄踞一方，只要能发兵前来必可解救宛城之围。满城文武官员十分赞同荀崧的计划，但没有一人愿意担当突围求救的任务。

正当荀崧感叹不已、一筹莫展之际，蓦然间，荀灌娘从屏风后转出，朗声对父亲说道："女儿愿往襄阳投书请援！"荀崧闻言大惊，即时拒绝道："你才这么小的年龄，怎能突出重围抵挡贼兵的追杀！"不料灌娘却回答说："女儿虽小，但已练就一身武艺，出其不意，攻其不备，必可突围。与其坐以待毙，不如冒险一试。倘能如愿，则可保全城池和拯救黎民百姓的生命财产。如果不幸事败，不过一死而已。同是一死，何不死里求生冒险一行呢？"

事已至此，荀崧考虑良久终于同意了女儿的请求。于是，便选派了壮士十多人，组成了一支闪电突击队，借着夜幕作掩护，一拥而出，向襄阳城飞奔而去。情急马快，穿垒而过，贼兵一时措手不及，眼睁睁地看着一队人马消失在夜幕之中。

一路奔波，于第三天的午后抵达襄阳，襄阳太守石览看到老上司的求救信，又听到灌娘的慷慨陈词，对一个十三岁的女孩子敢于冒险，突破千军万马包围的精神和胆识，不禁大为感动。当即发兵，同时修书一封派人昼夜飞驰荆州请太守周仿协同出兵解救宛城之围。

两路大军赶到宛城，与杜曾之贼兵展开激战，荀菘也率兵从城里杀出，三路夹攻，荀灌娘亦挥舞银枪左冲右突，奋勇杀敌。杜曾抵挡不住，顿时兵败如山倒，只得率领剩余的残兵败卒溃退逃窜，宛城之围遂解。

# 士章第五

## 原文

**“资于事父以事母①，而爱同；资于事父以事君，而敬同。故母取其爱，而君取其敬，兼之者父也。故以孝事君则忠，以敬事长则顺。忠顺不失，以事其上，然后能保其禄位，而守其祭祀。盖士之孝也。《诗》云：‘夙兴夜寐，无忝尔所生②。’”**

## 注释

①资：取，拿过来。

②《诗》云二句：见《诗经·小雅·节南山之什·小宛》。忝（tiǎn）：通“舔”，辱，辱没。

## 古文今译

孔子说：“把侍奉父亲的态度拿过来事奉母亲，那么对父亲的爱和对母亲的爱就是一样的；把侍奉父亲的态度拿过来侍奉君主，那么对父亲的尊敬和对君主的尊敬就是一样的。对母亲主要是个热爱的问题，对君主主要是个尊敬的问题，而对父亲则是热爱与尊敬兼而有之。把对父亲的那份孝心挪过来侍奉君主就是忠心，把对兄长的那份敬心挪过来侍奉君长就是听话。既有忠心，又能听话，用这样的态度来侍奉国君和君主，然后才能保住自己的禄位，守住自己宗庙的祭祀。这就是士之孝的内容。《诗经》上说：'早起晚睡忙不停，不要辱没父母的名声。'"

名篇仿作

# 《女孝经》庶人章第五

原文

**为妇之道，分义之利；先人后己，以事舅姑；纺绩裳衣，社赋蒸献，此庶人妻之孝也。《诗》云："妇无公事，休其蚕织。"**

古文今译

做妇人之道，要能够分清义利之间的关系；要做到先人后己，侍奉自己的公公婆婆；认真纺纱织布，祭祀祖先，这就是一般妇人之家的孝道。《诗经·大雅·荡之什·瞻卬》说："妇人本来就有纺纱织布的事情，为什么不去纺纱织布而做些干预朝政的事呢？"

# 《忠经》守宰章第五

## 原文

**在官惟明，莅事惟平，立身惟清。清则无欲，平则不曲，明能正俗，三者备矣，然后可以理人。君子尽其忠能，以行其政令，而不理者，未之闻也。夫人莫不欲安，君子顺而安之，莫不欲富，君子教以富之。笃之以仁义，以固其心，道之以礼乐，以和其气。宣君德，以弘其大化，明国法，以至于无刑。视君之人，如观乎子，则人爱之，如爱其亲，盖守宰之忠也。《诗》云："恺悌君子。民之父母。"**

## 古文今译

做官在于光明，办理政事在于公平，立身在于清廉。一个人清廉的话，就会没有欲望；处事公平的话，就不会歪曲事实；做事要是能够光明正大的话，就能够匡正风俗，只有具备这三个方面，道德的人才能够治理别人。君子只能做到尽忠，认真地执行政令，而不能够治理国家，这样的事情是没有听说过的。百姓没有不希望安定的，君子就能够做到让他们安定；百姓没有谁不希望富裕的，君子就能够让他们富有。仁义之道，能够巩固人心，礼乐之道，能够做到气氛和睦。宣扬君王的德行，弘扬教化，阐明国法，就能够维护好安定；对待君子所治理的子民，就如同看待自己的儿子，这样的君子，人人都会爱护他，这就是所谓的地方官的忠诚。《诗经》说:“和乐愉快的君子，是百姓的父母亲。”

## 故事

### 雷诛不孝

中国人要是骂某一个人，希望某个人倒霉的话，有很多种说法，较常见的就有希望这个人遭到雷劈，实际上就是遭到天谴，即遭到天罚。对于中国人来说，遭天罚的事，是人世间最为符合天理的事，符合天理的事，当然就是真理了。

在文献中记载的中国古代因为不孝而遭到雷劈的有好几起，这里先说一下南宋时期的兴国军（今湖北阳新）人熊二因为不孝而遭到雷劈的典型故事。熊二的父亲熊明在军队中服役，年老之后就除了兵籍，因体弱多病而不能够谋生，其妻早年已死，熊明只能够将全部的希望寄托在儿子熊二身上。但熊二的脾气很坏，看待父亲就如同路人一般，致使熊明不得不外出乞讨。熊明多次含着眼泪找到这个不孝的儿子，恳求他收留自己，但熊二每次都是大骂一通，叫父亲滚。熊明几次都想将儿子告到官府那里去，但又不忍心，只能是每天晚上在家里烧香祷告，希望儿子能够回心转意。就这样过了两年，有一天，长空无云，熊二在外喝酒赌博，突然天空就暗了下来，暴雨突至，雷电交加，即使有人站在自己面前，也看不清楚。就在这时，有人在呼喊“熊二”，过了一会儿，天气又晴朗了，但大家就是没有见到熊二。于是，大家分头去寻找熊二，最后在城门之外找到了熊二的尸体。只见熊二的两只眼睛爆出，舌头也断了一截，背上有红字“不孝之子”，历历在目。

想不到的是，这种雷诛不孝子的事情，在时隔三百多年后的明朝，在广西又发生了一次。庆远府有个叫曾蛮的人，他对待自己的母亲是非常不孝的，每次吃饭的时候，总是给母亲很少的食物，他的母亲总是吃不饱。每年祭祀的时候，虽然留下了许多的肉食，曾蛮就是不给他的母亲吃。并且他还经常与妻子一同骂母亲，这还嫌不够，甚至有时还要打自己的母亲，他的母亲只能忍耐着。就在嘉靖年间的一天，突然风雨大作，雷电交加，电击打中了曾蛮住的房子，奇怪的是，左邻右舍的房子都安然无恙。打雷的时候，曾蛮的母亲在发髻上挂了一个竹筐，虽然竹筐给火烧着了，但是，她的发髻则好好的。曾蛮夫妇两个则是悬在了半空中，头发直直向上。曾蛮所住的房子的地下有一个裂缝，像猪一样形状的雷电，就从缝隙中钻入地下，很快，雨就停了下来。曾蛮夫妇两人从空中摔了下来，晕倒在地，几天之后，就死掉了。

## 鲍出笼负母归

鲍出是后汉时京兆新丰人，天生魁伟，生性至孝。

鲍出家里很穷，常常吃不上东西。一次，鲍出摘得几个莲蓬，便叫弟弟全部送回去给母亲吃，自己却舍不得吃一颗。

有一天，母亲待在家里，有几十个强盗冲入他家，见找不到什么值钱的东西，便用绳子绑住母亲的手，劫掠而去。

弟弟非常害怕，急忙跑去把情况告诉鲍出。鲍出听了大怒，抓起一把刀就去追赶，跑了很远，终于追上了劫掠他母亲的强盗。远远看见母亲和邻居老妪被绑在一起，他大吼一声，冲上前去。众贼见他来势凶猛，锐不可当，吓得四散逃命。鲍出顾不上追敌，径直跑上前来，叩头请罪，跪着给母亲和邻居老人解开绑绳，将她们搀扶回家。

后来战乱又起，他就带母亲到南阳避难。贼乱平定后，母亲不禁想起老家来。可是道路崎岖坎坷，连步行都很困难，更别说抬轿子了。鲍出左思右想，就编了一个竹笼，让母亲坐在笼中，将她背回家乡。

乡里的士大夫很欣赏鲍出，举荐他去州郡当官，但鲍出都拒绝了，他想继续待在家里，以便能时时照顾母亲。

鲍出对母亲的照料可谓无微不至，天冷加衣，天热摇扇，母亲生病便寸步不离、衣不解带；母亲心情不好，就想方设法逗母亲开心。总之，事事按照母亲的意愿行事，从来不敢怠慢。在鲍出的悉心照料下，母亲活到了一百多岁才辞世，当时鲍出已经七十多岁，仍然依丧礼仪式亲自为母亲办后事。

## 君良出妻

刘君良，唐朝瀛洲饶阳（今河北省）人。他们家好几代人都同在一个大家庭居住，和和美美，从没产生过矛盾。隋朝末年，发生大饥荒，强盗贼寇也特别多。刘君良的妻子想要分家自己单住，可又怕丈夫不同意，就想出了一个办法。她将院子里的两只小鸟换了鸟巢，这样两个鸟巢内部就分别打起架来。家人都觉得很奇怪，于是她趁机对丈夫说:“现在天下大乱，连鸟儿都互相争斗。更何况人呢？所以，还是分家吧，自己过自己的小日子，免得起争端。”刘君良不明实情，就听信了妻子的话，与兄弟们分了家。一个月之后，刘君良醒悟过来，知道中了妻子的计，便在当天晚上大骂妻子破坏了家庭和睦，是真正的祸首，第二天就把妻子休了。于是，兄弟们又像以前那样一起生活。当时，盗贼经常在他们乡里出没，他们家在乡里很有威信，乡亲们都主动投奔，寻求保护，并把他们家叫做“义成堡”。刘君良的大家庭，不论男女老少，都能以礼相待，和睦相处。唐太宗贞观六年，颁布诏令，旌表刘家。

## 刘沨孝母

刘沨，字处和，南朝齐南阳人。父亲刘绍为南朝宋中书郎。刘沨小的时候，母亲就去世了，刘绍又续娶了路太后哥哥的女儿。继母是皇亲国戚，自然目中无人、骄横跋扈，对待下人非常严苛，全家上下都很惧怕她。虽然刘沨当时年纪很小，可继母看待他就像奴隶一样，加上刘沨又是丈夫的前妻所生，更加看不顺眼，经常毒打他。但是即使如此，刘沨也从不记恨。路氏又生了一个儿子，长相俊秀，灵气十足，刘沨特别喜欢这个小弟弟。后来路氏生病一年多，还不见好转。善良的刘沨每天都守候在继母身边，照顾饮食起居。他也经常为继母的病情担忧，哭泣厌食。一旦继母病情有所好转，他就开心至极。他这样心诚所至，继母的病竟然好了。而路氏也深深被感动了，对刘沨的态度也转变过来。她让自己的儿子和刘沨一块吃饭，一块睡觉，一块玩耍，一块学习，最后还把家产分了一半给刘沨。

## 回家见佛

杨黼，宋朝人，为人善良，性情温和，非常崇拜蜀中（今四川）的无际大师（即唐朝的得道高僧希迁和尚），并专程去拜访。在半路上，他遇见一位年纪很大的和尚，他就向其打听无际大师的情况。并告诉他自己要拜访的原因。老和尚听完，很认真地说:“见无际还不如见佛呢!”杨黼没有理解他的意思，就问:“佛在哪里？我怎么才能见到佛呢？”老和尚回答说:“你赶快回家，见到披着衣服、倒着穿鞋的人，那就是佛了。”杨黼听从老和尚的指点，立即返回，深夜才到家。这时，母亲听到儿子的敲门声，高兴地随手拿了一件衣服披上，踏上鞋子就出来了，竟然没意识到鞋子穿反了。杨黼见到这种情景，心中颇有感悟。从此以后，他竭力孝养双亲。

# 孝妇奇冤三载旱

汉朝年间，山东琅琊郡东海县（今之临沂市郯城县）有个贤淑善良、孝义双全的女子，名叫周青。她对婆婆十分孝顺，对丈夫情深意笃，深受邻里称赞。

谁知婚后不久，丈夫不幸病故，唯一的儿子也夭折了。周青强忍丧夫之痛，立志守节，侍奉年迈的婆婆。婆婆是个胸怀豁达、深明大义之人，不忍周青芳龄守寡，贻误终身，便苦口婆心地劝说周青改嫁。周青对婆婆说："丈夫去世，姑姐远嫁外地，家中唯剩婆媳相依为命，我应责无旁贷地侍奉婆婆终生。"从此以后，周青更加无微不至地孝敬婆婆。婆婆见对媳妇苦劝无效，便常对邻居叹道："孝妇事我勤苦，哀其亡子守寡。我老，久累丁壮，奈何？"后来，婆婆见媳妇决意守寡，为了不再拖累于她，便索性自缢身亡。

周青的姑姐是个极其自私狠毒的泼妇，弟弟刚死，她便存心想占其家产，碍于弟媳妇决不改嫁，成了绊脚石，遂对弟媳妇嫉恨在心。后见母亲自缢身亡，便诬为弟妇所害，一纸诉状把弟妇告上衙门。

东海县令是一个草菅人命的糊涂官，受案之后，竟然不查实情，便将周青拘禁衙门，酷刑逼供。周青终因受刑不得，屈打成招，落得个"蓄意改嫁，图谋家产，杀害婆婆"的罪名，被判斩刑。

当时衙中有一小吏，人称于公，秉性刚直。他深知周青孝敬婆婆十多年，芳名美誉远近传颂，岂有谋杀婆婆之理，此案分明错漏百出，便不顾职微言轻，竭力为周青鸣冤翻案，向县令苦谏、跪谏、哭谏。莫奈县令坚执己见，维持原判。于公眼见屈杀孝妇，回天无力，便仰天落泪，辞职而去。

周青被押上刑场之时，正值六月初六的午时，围观百姓无不为她同情落泪，鸣冤叫屈。

午时三刻已到，执行斩刑的刽子手举起鬼头大刀，一刀砍下，"咔嚓"一声，刀落头断，周青的脖子喷溅出一股白色的鲜血，（于今郯城县南面，有个村子，名叫"白血汪"，传说就是当年周青被斩杀的地方）。突然间，天昏地暗，阴风惨惨，怨雾重重，竟然降下一场铺天盖地的大雪。（后来，刑场附近便空前长出一种绿叶红花的小草，人们给它命名为“六月雪”）。

周青死后，人们把她埋在一个不起眼的小山丘。当地自此一连遭受三年奇旱，滴水未降，寸草难生，百姓困苦不堪。直到新县令上任，于公及许多知情邻里再次为周青翻案申冤，并对新县令痛陈三年奇旱乃因上一任县令屈杀孝妇而遭天谴。

新县令是位明智之士，受理百姓申诉之后，重新查实案情，为周青平反洗清罪名。后来，新县令与于公带领差吏们前往周青墓前祭奠，刚刚焚香跪下，天空即时雷电交加，降下大雨。

周青的墓冢直到清朝初年才得以扩大规模重建，旁边还立着康熙皇帝题写的碑文。

后来，我国元代著名的戏剧家关汉卿写了杂剧《窦娥冤》，其中六月飞雪、楚州地面苦旱三年的情节显然取材于这个故事。于是，东海孝妇周青的名声也就几乎被窦娥取代了。

# 庶人章第六

## 原文

**“用天之道，分地之利，谨身节用，以养父母。此庶人之孝也。故自天子至于庶人，孝无终始，而患不及者，未之有也[①]。”**

## 注释

①孝无终始三句：旧注于此纠缠不清，今姑以己意译之。

## 古文今译

孔子说：“根据春生、夏长、秋收、冬藏的天时规律，区别土地适合种什么庄稼就种什么庄稼，持身恭谨，节省开支，以供养父母。这就是所谓普通老百姓的孝。所以上自天子，下至老百姓，如果在履行孝道上有始无终，而又不遭受祸殃的，那是从来没有的事。”

## 名篇仿作

# 《女孝经》事舅姑章第六

### 原文

**女子之事舅姑也，敬与父同，爱与母同。守之者义也，执之者礼也。鸡初鸣，咸盥漱衣服以朝焉。冬温夏凉，昏定晨省。敬以直内，义以方外。礼信立而后行。《诗》云："女子有行，远兄弟父母。"**

### 古文今译

女子出嫁到了夫家之后，侍奉公公婆婆要像原来在家里尊敬和爱戴自己的父母亲一样。要以礼义之道来遵守为妇之道。鸡刚刚打鸣的时候，就得梳洗完毕，穿好衣服去见公公婆婆。冬天要为公公婆婆做好保暖的事，夏天要关心公公婆婆的纳凉，晚上要服侍公公婆婆的就寝，早上要向公公婆婆问安。在家里做事情，内心要正直，做事要方正。有了礼节和信用之后做事才有准则。《诗经·国风·鄘风·蝃蝀》中说："我们女人远嫁出了家门，就远离了自己的父母兄弟。"

# 《忠经》兆人章第六

## 原文

**天地泰宁，君之德也，君德昭明，则阴阳风雨以和，人赖之而生也。是故只承君之法度，行孝悌于其家，服勤稼穑，以供王职，此兆人之忠也。《书》云:“一人无良，万邦以贞。”**

## 古文今译

天下太平安定，这是君子之德的表现，君子之德要是能够光显昭明的话，那么就能够做到风调雨顺，百姓就能够赖以生存。所以，作为一般的百姓，应当遵守国家的法律，在家里则要孝敬父母亲，与兄弟和睦相处，要种植好庄稼，供君王纳用，这就是一般人的忠诚。《尚书·商书·太甲下》上说:“君王一个人树立了良好的榜样的话，子民们也会仿效君王而变得忠诚正直。”

故事

## 父母在不许友以死

聂政是魏国轵邑深井里（今天河南济源市）人，他因为杀了人而躲避仇人，就带着自己的母亲和姐姐逃到了齐国避难，以屠宰牲畜来养母。公元前397年，韩国宰相韩侠累（即韩傀）把持朝政，引发了一些大臣的不满，其中就有大臣严遂（即严仲子）。严遂与宰相韩侠累之间的怨仇越结越深，竟至于有一次严遂在朝堂上拔剑追赶韩侠累。长此下去，严遂也感觉到不安全，就逃出了韩国，想找个刺客来替自己报仇。经过一番寻访，严遂打听到了正隐于屠户之间的聂政。于是，严遂就备下厚礼去见聂政。严遂去了几次才得以见到聂政。严遂恭恭敬敬地给聂政的母亲敬酒，在酒酣之际，严遂拿出了黄金一百镒，为聂政的母亲祝寿。聂政感到既吃惊又奇怪，坚决推辞。严遂则坚持要给聂政的母亲黄金作为祝寿的礼物。聂政就对严遂说，我幸有老母亲，虽然家里贫穷了一些，但杀狗可以当天就得到一些收入养我的老母，哪里敢要您这样贵重的礼物。严遂就将聂政拉到了一边，私下里对聂政说，我听说您是一个讲义气的人，这一百镒黄金，只是送给老夫人作为粗粮的费用，想与您结交一下，并没有想有求于您。严遂最后将自己报仇一事也讲给聂政听。聂政听后就说，我也知道您的来意，但我有老母亲在，母亲在，我得养母，不敢轻易地以身许与人。

不久，聂政的母亲死了，待到办理完了丧事，除服之后，聂政就去濮阳见严遂，与严遂商议报仇之事。之后，聂政就单人仗剑到韩都（今河南禹县）刺杀韩相侠累。刺杀韩傀（即韩侠累）后，聂政为了不让人知道他的真实面目，也为了不牵连到自己的姐姐，就自剥面决眼，随后剖腹自杀。

# 包拯辞官尽孝

在我国，包拯是家喻户晓的人物，人们对他的怀念与尊敬大多缘于他为官清廉公正，破案如神。然而，人们对包拯尽孝的故事却知之不多。

包拯有一个谥号叫“孝肃”。“谥号”是朝廷对一个官员的生平事迹，特别是突出特点所作的评价。谥号叫“孝肃”，就是赞美包拯孝敬与严正的品德。

包拯年轻的时候刻苦读书，立志干一番大事业。宋仁宗天圣五年，包拯考中了进士甲科，按照当时朝廷科举授官的等次，他以全国前三十名的好成绩被授予大理评事的职衔，并被派遣到建昌县做县官。

但是，当时包拯的父母年事已高，身体也不太好。他们既不愿意离开家乡，也不想儿子远离家乡去做官，只愿他在乡里生活。于是，包拯就奏请朝廷授予一个离家比较近的官职，便于照顾家，照顾父母。朝廷理解他的苦衷，改派他到和州做监税官，和州也就是今天的安徽和县，包拯的家在合肥，两地距离只有一百多公里。虽然是在交通不发达的宋朝，这个距离也是相当近了。但是包拯的父母依然不愿意离开合肥，就想在家乡养老。在做官与尽孝的矛盾当中，包拯毅然决定选择了后者。

包拯辞官在家，精心奉养父母。春夏秋冬，寒来暑往，直到双亲去世。他妥善安葬了父母，又在墓旁搭个草棚，独自在里面守丧。丧期满了以后，他还不忍离去，依然在墓旁的草棚里住着。又过了两年，他才在乡里人的劝说之下，出来做官，重新走上仕途。

包拯曾做过端州知州。端州出产一种有名的砚台，叫端砚。端砚每年要向朝廷进贡。由于当地官吏层层克扣，端砚的需求量增多，无形中加重了百姓的负担。包拯下令豪强官吏，不得贪污，只能按规定数量，向朝廷进贡。而包拯自己，直到离开端州，也不曾要一方端砚。

包拯做官以断狱英明刚直而著称于世。后世百姓都把他当作清官的化身，称呼他为包青天。

## 不畏疠疫照顾亲人

庾衮，字叔褒，晋代颍川鄢陵（今河南省鄢陵县）人，是明穆皇后的伯父，地位显赫，备受尊崇。但是他之所以受人尊敬并不是因为他尊贵的身份，而是来自于他对家庭的责任和高尚情操。

庾衮年轻时很勤俭，学习努力，喜欢提问，并且非常的孝顺。那时遇到灾荒，瘟疫蔓延，他的两个哥哥都被瘟疫折磨死了。还有一个哥哥也不幸染上了瘟疫，呼出来的气像火一样热，浑身难受不已，病入膏肓了。他的父母见瘟疫如此可怕，就带着剩下的几个健康的孩子逃亡到外地避难。庾衮则提出要留下来照顾重病的哥哥，父母担心他会因此受连累，坚决不同意。他就对父母说："我身体很好，不会染上瘟疫的。只要哥哥还活着，身边就不能没有人照顾，你们要走我不反对，但不要阻止我留下来照顾哥哥。"无奈，父母带着其他孩子走了。此后，庾衮不分昼夜地守在哥哥身边，端茶送药，从不间断。父母临走前曾为哥哥准备了棺木，庾衮每次看到棺木都偷偷地流泪，因为哥哥的病始终没有好转。在庾衮的悉心照料下，过了一百多天之后，奇迹出现了，不但哥哥身体好了起来，瘟疫也退去了。后来家人都回来了，见此情景，高兴万分。

## 使客敬母

裴秀，字季彦，西晋河东闻喜人。父亲裴潜曾经担任三国曹魏时的尚书令。而裴秀也凭借自己的才华和能力，成为西晋的名臣，官拜尚书令，并且被封为济川侯。裴秀从小就天资聪慧，博览群书，八岁就能赋诗作文，人称其有神童之貌。而且，裴秀从小就是一个非常孝顺的孩子。裴秀是小妾所生，其生母身份卑微，因此常常受到嫡母宣氏的歧视和虐待。有一次，家里大宴宾客，嫡母宣氏命裴秀生母给客人上菜，客人看到端菜的是裴秀生母后全都站了起来，并且全都对她行礼，接过她手里的菜不让她再端。宣氏在屏风后面看到了这一幕，心中顿时明白这都是因为裴秀，于是感叹道：“像她这样卑微的身份而能受到宾客们如此的礼遇和尊敬，这都是因为秀儿的缘故啊！”从此以后宣氏再也没有轻视过裴秀的生母。

## 陈孝妇终养婆母

汉朝时，有一位姓陈的孝妇，她的名字无人知晓，但她的故事却在民间广为流传。

陈孝妇品行贤淑，在她十六岁时，便听从父母之命出嫁了。她的丈夫是一位孝顺之人，家境贫寒，与母亲相依为命，对母亲十分孝敬。陈孝妇嫁过去后，夫妇二人不仅恩爱互敬，还共同孝养母亲，生活充满了温暖与和乐。

不料好景不长，婚后不久，边关烽火四起，军情紧急，朝廷大量征兵。丈夫也被征召入伍，即将远戍边关。临行时一家人悲伤难忍，丈夫强忍离别之泪，对妻子说：“我今日一去，沙场茫茫，生死难料，万一一去不返，唯愿爱妻念夫妻情重，代我奉养年迈老母，这样，我在九泉之下也能安心瞑目了！”

陈孝妇看着丈夫那期盼却又不安的眼神，马上应诺：“夫君请安心去吧，妾身定会生死不二，奉养婆母。”

母亲有了妻子的照顾，丈夫心上的石头也算落了地，便安心从军去了。从此，陈孝妇一方面尽心侍奉着婆婆，另一方面，也期盼着丈夫能早日回来，希望一家人再次团聚。

然而，天不遂人愿，数月后，边关传来噩耗，丈夫战死沙场。听到这个消息，整个家就像被乌云笼罩了一样，灰蒙蒙的，婆媳不由得都失声痛哭起来。

丈夫去世之后，陈氏仍然一如既往地纺纱织布获取家用，全心奉养婆婆，日夜辛劳。婆婆感到媳妇的一片至诚孝心，虽然失去了儿子，心里也有所安慰。对陈氏，她也像对待自己的亲生女儿一样关心照顾。

陈氏为丈夫守了三年丧，当丧期满后，她的婆婆心疼她这么年轻就要守寡，心中不忍，便想让她改嫁。

陈氏哭着回答道:“媳妇听说，做人宁可为担负义而死去，不可因贪恋欲而生存。答应夫君之事，怎么可以不守信用，为人无信，怎能立足世间啊?我作为媳妇，侍奉公婆乃分内之事。夫君不幸先死，不得尽他为人子的责任，如今再叫我离开，便没有人奉养婆婆。假使媳妇为人不孝不信又无义，那还有何颜面活在世间啊?”婆婆见她如此坚定，不由得痛哭起来，从此再也不说让她改嫁之类的话了。

此后，陈氏更是尽心竭力在家侍奉婆婆，早起晚睡，日日夜夜辛勤不断，坚持二十八年，一直到老人家八十四岁，寿终正寝。因为家中贫寒，陈氏为安葬婆婆，又将房产和田地都变卖了。此后，陈孝妇又终身奉守祭祀，完成了对丈夫的承诺，尽了她为人媳的责任。

# 三才章第七①

## 原文

**曾子曰："甚哉，孝之大也！"**

**子曰："夫孝，天之经也，地之义也，民之行也。天地之经，而民是则之。则天之明，因地之利，以顺天下②。是以其教不肃而成，其政不严而治。先王见教之可以化民也③，是故先之以博爱，而民莫遗其亲；陈之于德义，而民兴行；先之以敬让，而民不争；导之以礼乐，而民和睦；示之以好恶，而民知禁。《诗》云：'赫赫师尹，民具尔瞻④。'"**

## 注释

①三才：天地谓之二仪，加上人就谓之三才。因为本章主要讲"夫孝，天之经也，地之义也，民（也就是人）之行也"，故以三才为名。

②夫孝九句：出自《左传》昭公二十五年。所不同的是，本章的"夫孝"，《左传》作"夫礼"；本章的"因地之利"，《左传》作"因地之性"；其余完全相同。则天之明：则是效法。日、月、星辰，就是天之明。因地之

利：此“利”字即上节“分地之利”之“利”。顺：通“训”，训示。引申为治理。

③先王见教之可以化民也：句中的“教”，司马光、朱熹都认为当作“孝”。可备一说。

④《诗》云二句：见《诗经·小雅·节南山之什·节南山》。此处引《诗》，意在说明大臣协助天子推行教化，百姓都在看着他。师尹：即姓尹的太师。太师，相当于后来的宰相。具：通“俱”。

## 古文今译

听了孔子所讲的五等孝道，曾子不禁感叹道：“真了不起啊，孝的作用是如此巨大！”

孔子又接着说：“孝这个东西，它是天上永远不变的常规，它是地上永远正确的真理，它是对人民品行的首要要求。因为它是天地的常规，所以人民就效法它。效法上天的明亮，依据大地的便利，用它来治理天下。因为是效法天地的常规来推行政教，所以先王的教化不用一再告诫就能得到贯彻，先王的政令不用三令五申就能得到推行。先王看到教育可以起到感化民众的作用，于是就首先带头热爱自己的父亲，这样一来，百姓就无不爱其父母；陈说德义的重要性，而百姓被打动了，就纷纷起来实行德义；带头实行敬让，而百姓被打动了，就再也没有你争我夺的那种现象；用礼乐来引导百姓，而百姓也就和睦了；向百姓昭示什么是好什么是坏，而百姓也就知道哪些事情是不可以做的了。《诗经》上说：‘赫赫有名的尹太师，百姓都在盯着你的一言一行。’”

## 名篇仿作

# 《女孝经》三才章第七

### 原文

诸女曰："甚哉，夫之大也。"大家曰："夫者，天也，可不务乎？古者女子出嫁曰归，移天事夫，其义远矣！天之经也，地之义也，人之行也。天地之性，而人是则之。则天之明，因地之利，防闲执礼，可以成家。然后先之以泛爱，君子不忘其孝慈；陈之以德义，君子兴行；先之以敬让，君子不争；导之以礼乐，君子和睦；示之以好恶，君子知禁。《诗》云：既明且哲，以保其身。"

## 古文今译

诸女说："丈夫在家里的地位是最高的。"曹大姑回答说："丈夫之于妻子，就如同是上天，做妻子的哪能够不侍奉好丈夫呢？在古代，女子出嫁就叫做'回家'，服侍好自己的丈夫，意义是深远的，是天经地义的事，是人的本性。天地的德行，人类应当效仿，只要很好地约束自己，遵守礼制，就可以让家业兴盛。之后就可以由此及彼，施爱于他人，丈夫就不会忘记做妻子的孝慈；妻子讲德义的话，丈夫也会因受感动而行动积极；妻子能够做到谦让的话，丈夫也会谦虚；做妻子要是能够懂得礼乐，做丈夫的也会和睦；妻子要是平日里能够懂得好坏标准的话，丈夫也会知道哪些是应当禁止做的。《诗经·大雅·荡之什·烝民》中说：'他是既聪明又有智慧，所以才能够保住自身。'"

# 《忠经》政理章第七

## 原文

**夫化之以德，理之上也，则人日迁善而不知；施之以政，理之中也，则人不得不为善；惩之以刑，理之下也，则人畏而不敢为非也。刑则在省于中，政则在简而能，德则在博而久。德者，为理之本也；任政，非德则薄；任刑，非德则残。故君子务于德，修于**

**政，谨于刑，固其忠，以明其信，行之匪懈，何不理之人乎？《诗》云："敷政优优，百禄是遒。"**

## 古文今译

以德来教化百姓，是治理国家的最高准则，子民们也会在不知不觉之中日日向善，以政教来教化百姓的话，是治理国家的中等形式，那么子民们就不得不向善；要是以刑罚来治理国家的话，就是治理国家的下策，子民们就会因为畏惧刑罚而不敢做违法的事。在治理国家的过程中，刑罚的效率高但简单，政教简约却效果显著，只有德是广博而能够持久的。道德教化是治理国家的根本途径，政教要是没有道德的辅助的话，就会显得单薄；刑罚要是没有道德辅助的话，就会显得过于残酷。所以，君子治理国家，将道德作为根本的途径，内修好政教，在使用刑法上则做得非常谨慎，巩固自己的忠心，申明自己的诚信，行动的时候不要懈怠，哪里还治理不好国家呢？《诗经·颂·商颂·长发》中写道："在推行政教的时候稳重，就会带来许多的福祉。"

## 故　事

### 不及黄泉无相见

士之孝最主要的表现形式就是孝敬父母亲，"不及黄泉无相见"这一典故说的就是春秋时期郑庄公孝敬母亲的故事。

要想将这个孝的故事说清，首先得将郑国的历史简单地回顾一下。郑国的中心在今天的河南，属于姬姓，也就是与周朝同姓。郑最早立国是在公元前806年，而我们这里要讲的这个故事大约发生在公元前22年，离郑立国已经有了八十多年的时间了。郑国的第一个君王是郑桓公，第二个君王是郑武公，这个郑武公娶了申国国君的女儿做夫人，名叫武姜。武姜为郑武公生了两个儿子，武姜在生第一个儿子的时候难产，吃尽了苦头，就给他取了个名字“寤生”，“寤”是“逆”的意思，从这个名字就知道武姜很不喜欢这个难产的儿子。后来武姜又生了第二个儿子，叫共叔段，由于生共叔段的时候是顺产，武姜就非常喜欢这个小儿子。

公元前744年，也就是郑武公在位的第二十七个年头，他要立储君，夫人武姜想让自己喜欢的二儿子共叔段做储君，显然，根据长子继承的法则，这是不可能的。最后，郑武公当然是根据立长的规矩，立了寤生做储君。同年，郑武公因病去世，寤生即位，这就是郑国的第三个君王郑庄公。

寤生做了庄公后，母子之间的关系不但没有改善，反而越来越紧张了。武姜替次子共叔段求情，叫庄公将这个弟弟封在地势险要的制。这个制可不是一般的地方，它就是虎牢，是兵家必争之地，要是将制地封给了共叔段的话，那就意味着将郑国的命脉交给了叔段，庄公当即就拒绝了。武姜又向庄公施压，叫他将京这个地方封给弟弟，京这个地方在今郑州的西南不远处，在郑国的都城新郑西北，面积要比国都大，最后，庄公无奈地同意了。

共叔段得到了这块宝地之后，经过二十多年的发展，果然以此为后盾，在母亲武姜的协助下，发动了兵变。庄公将这位弟弟打败，将他驱逐到了郑国的北部共（今天的河南辉县）。庄公对自己的母亲协助弟弟谋反一事非常不满，就不再让母亲待在京城，而是将母亲迁徙到郑国都城南部的城颍，并发下了誓言说：“不至黄泉，不相见也。”然而，郑庄公说了这话之后又有些后悔，但作为一国之君又不便反悔。这时庄公手下的大臣颍考叔听说这事后，就给庄公出了个主意，既然发的誓言是在黄泉之下才能见到母亲，那就在地下挖一个地道，母子在地道中相见，这样既没有违背自己的誓言，又能见到自己的母亲。于是，郑庄公就按照颍考叔说的办法做了，与母亲在地道中相见。母子相见非常愉快，和好如初。庄公为此还写了诗说：“大隧之中，其乐也融融！”他的母亲也赋诗一首说：“大隧之外，其乐也泄泄”。

## 周文王寝门三朝

周文王姬昌，对父母孝敬非常。在他还在做世子时，对自己的父亲服侍得非常的周到尽心，每天都要三次去给父亲请安。在天刚蒙蒙亮的时候就开始穿衣梳洗，整装完毕之后，就早早地来到父亲卧室门前恭候。首先要询问服侍父亲的小臣："我父亲今天是否安好？心情怎么样？"服侍的小臣如果回答："很好。"那么文王就会非常高兴。到了中午还要同样去请安，晚上也是如此，没有一天不是这样的。如果听到父亲的身体不舒服，或者是心情不好，就会非常担忧，难过得路都走不好，无时无刻不关注着父亲的健康和快乐。什么时候看到父亲想吃饭了、心情好了，行动才能恢复正常。在父亲吃饭的时候，上菜之前必须先要看饭菜的冷热是否符合季节天气；父亲吃完饭之后，一定要问侍从父亲吃饭的情况，一切都问完办好之后，在确定父亲没有任何不适和不快的情况下，自己才会离开。

## 汉文帝亲尝汤药

汉文帝刘恒，是汉高祖的第三子，为薄太后所生。高后八年（公元前180年）即帝位。文帝侍奉母亲从不懈怠。母亲卧病三年，他常常夜不阖目、衣不解带地精心照料。母亲所服的汤药，他亲口尝过后才放心让母亲服用。他以仁孝之名，闻名于天下。他在位二十四年，重德治，兴礼义，注意发展农业。使西汉社会稳定，人口增加，经济得到恢复和发展，后世史学家誉为"文景之治"。

在二十四孝中帝王有二，其一为舜，其二就为刘恒了。但除去刘恒帝王的身份，他也是一个孝子的典范。古人说得很清楚，"孝"就是对父母养育之恩的一种回报：父母给你生命，所以你要善待父母之生命；父母宁愿自己挨饿受冻，也要让你吃饱穿暖，所以你要照顾父母之温饱；你在父母怀抱有三年时间完全不能自立，完全依赖父母而生存，所以父母死后你要守孝三年。

父母对子女的关爱在范围上是无边的，父母对子女的照顾在时间上也是无限的。面对这广大而无限的“慈”，照顾父母，是理所应当的。

## 岳飞移孝为忠

徽宗崇宁二年（1103 年），河南相州汤阴县的农户岳和家传出一阵又一阵婴儿的哭声，一个小生命诞生了。因为在孩子出生时，岳和碰巧看见天上飞来一只大鸟，就把孩子取名为“飞”，字鹏举。

岳飞家境苦寒，但母亲姚氏见儿子聪明勇武，堪当大任，就不顾生活艰辛，坚持请老师教岳飞读书习武。当时正值北方金国入侵辽国，窥视中原，姚氏教导儿子要练成本领，杀敌保国。

光阴易过，一转眼岳飞就长大成人。他每日勤学用功，吃苦耐劳，艺业大进。听说朝廷正在招募士卒，他便赶往投军。仗着文武全才，一身本领，岳飞不久便连续得到提升。但当时南宋朝廷士气低落，吃了败仗就打算逃往东南避敌。岳飞心中愤慨，便上了数千言的奏疏，痛陈南迁避敌的危害，但他的意见不仅没被采纳，还因“越职言事”被革职。

岳飞见奸佞当道，壮志难酬，不由得心灰意懒，一怒往汤阴老家赶去。到家见了母亲，谈起这次从军经过，意欲奉母避往江汉。

姚氏看到灰心丧气的儿子，慨然道：“倘若国亡家破，我们又能逃到哪里呢？你受了一点闲气，就跑回来，真让我痛心！为了不让你再有退缩之念而使功败垂成。我要在你背上刺几个字，叫你永远记着自己的责任！”于是母亲在岳飞的背上刺了“精忠报国”四个字。

从此，岳飞走上了报国之途，经过十多年的沙场鏖战，他屡建奇功，成为一代抗金名将。

后来，岳母病重，岳飞亲奉汤药，衣不解带。岳母自知危在旦夕，恐爱子悲痛过度，伤了身体，临终遗命，再三叮咛，说：“人生终有尽时，现在强敌未灭，国家多难，你要是真的要尽孝，就应该以国家为重。”

听了岳母的吩咐，岳飞强忍悲痛，诺诺连声。母亲过世之后，岳飞和儿子岳云赤足扶柩，冒着炎暑泥泞，亲往庐山葬母，并且连上奏章哀述，愿终三年之丧。但因战事不断，岳飞不得不返回战场。

移孝为忠的岳飞率岳家军大败金军统帅完颜宗弼的主力于郾城、颍昌和河南其他各地，完颜宗弼逃出开封退回北方。但昏庸懦弱的宋高宗竟然听信谗言，发十二道金牌令其撤回岳家军，岳飞仰天长叹“十年之力，废于一旦”，然后失声痛哭，用嘶哑的声音宣布了撤军命令。北伐虽然失败了，但岳飞精忠报国的精神却世代相传，受到人们的景仰。

# 孝治章第八[1]

## 原文

**子曰："昔者明王之以孝治天下也，不敢遗小国之臣，而况于公侯伯子男乎？故得万国之欢心，以事其先王。治国者不敢侮于鳏寡[2]，而况于士民乎？故得百姓之欢心，以事其先君。治家者不敢失于臣妾，而况于妻子乎？故得人之欢心，以事其亲。夫然，故生则亲安之，祭则鬼享之。是以天下和平，灾害不生，祸乱不作。故明王之以孝治天下也如此。《诗》云：'有觉德行，四国顺之[3]。'"**

## 注释

①孝治章：因为本章的中心内容是讲明王以孝治理天下，故以"孝治"命名。

②鳏（guān）寡：老年丧妻曰鳏，老年丧夫曰寡。引申为孤弱者之称。

③《诗》云二句：见《诗经·大雅·荡之什·抑》。觉：通"梏"，高大正直。四国：四方诸侯之国。

## 古文今译

孔子说:“从前,明王在以孝来治理天下的时候,对于小国的臣子尚且以礼相待,更何况对于公侯伯子男这五等诸侯呢?所以能够得到万国国君的欢心,使他们修其职责,前来助祭。作为国君,对于鳏寡尚且不敢欺侮,更何况对于广大的士民呢?所以能够得到全国百姓的欢心,使他们前来帮助祭祀先君。作为卿大夫,对于卑贱的奴婢尚且不敢失礼,更何况对于自己的妻子儿女呢?所以能够得到全家上上下下的欢心,使他们都来帮助奉养双亲。因为能够做到这一步,所以,父母在活着的时候能够得到舒心的供养,死后作为鬼神能够得到按时的祭飨。也正是由于这种原因,所以天下和平,既没有自然灾害发生,也没有人为的祸乱发生。由此可以看出,明王以孝来治理天下,其效果是如此之好。《诗经》上说:‘天子德行正又直,万国顺从庆升平。’”



## 名篇仿作

# 《女孝经》孝治章第八

## 原文

**大家曰:“古者淑女之以孝治九族也,不敢遗卑幼之妾,而况于娣侄乎?故得六亲之欢心,以事其舅姑。治家者,不敢侮**

**于鸡犬，而况于小人乎？故得上下之欢心，以事其夫。理闺者，不敢失于左右，而况于君子乎？故得人之欢心以事其亲。夫然，故生则亲安之，祭则鬼享之，是以九族和平，萋菲不生，祸乱不作。故淑女之以孝治上下也如此。《诗》云:‘不愆不忘，率由旧章。’”**

## 古文今译

曹大姑说:“古代的淑女能够以孝来治理自己的家族，对于地位低下和弱小的都不得歧视，更何况是自己的姊妹和侄辈呢？所以，妇人能够得到亲属的欢心而努力地侍奉公公婆婆。妇人在治家的过程中，即使是对于小鸡小狗也是不可以随便侮辱的，更何况是家里的小孩呢？所以，妇人在家里能够得到上上下下的欢心，高高兴兴地侍奉自己的丈夫。作为一个女子，对左右的人都不敢怠慢，更何况是对待君子呢？所以，妇人能够得到别人的欢心而侍奉自己的亲人。这样的话，她的亲人能够得到安定的生活，死后能够在祖庙中得到祭祀，这样才能够使家族和睦，没有流言蜚语，没有祸乱。淑女的孝治就是这样。《诗经·大雅·生民之什·假乐》上说:‘没有过失，也不胡作非为，一切事情都遵循旧的规章来做。’”

# 《忠经》武备章第八

## 原文

**王者立武，以威四方，安万人也。淳德布洽，戎夷秉命。统军之帅，仁以怀之，义以厉之，礼以训之，信以行之，赏以劝之，刑以严之，行此六者，谓之有利。故得帅，尽其心，竭其力，致其命，是以攻之则克，守之则固，武备之道也。《诗》云:“赳赳武夫，公侯干城。”**

## 古文今译

王者能够做到以武力征服天下，使国人得到安定。王者如果广施淳德于天下的话，就是少数民族也会臣服于王命。作为统军的将帅，在治军的时候，要以仁来感化军队，要以义来严格约束军队，以礼来训导军队，以信来鼓励军队，以赏来激励军队，以刑罚来严格管理军队，做到这六个方面，就叫做“利”。作为一个将帅，对自己的君王应当尽心竭力，以死来效命君王，做到攻无不克，守无不备，这就是武备的道理。《诗经·国风·周南·兔罝》中说:“看他雄赳赳气昂昂的样子，才能保护公侯不被侵犯。”

## 故事

# 陆续敬亲被赦

陆续是东汉初期会稽吴人，也就是今天苏州一带的人。他的传在《后汉书》独行列传中，生卒不详。陆续的祖父陆闳在东汉初年光武帝刘秀时做过尚书令，不过，东汉时期的尚书令只是个小官，不像后来唐朝的尚书令那样是宰相。

陆续在年幼的时候就死了父亲，后来做上了会稽郡的户曹史，这是地方上的小官，掌管地方上的户籍、祭祀和农桑等事。当时会稽的太守是尹兴，会稽闹灾荒，尹兴就叫陆续负责赈济饥民，陆续竟然能够将自己赈济过的六百多个饥民的名字一一报给太守尹兴听，让尹兴感到颇为惊奇。由于陆续办事效率和责任心强，扬州刺史看上了陆续，将陆续辟为别驾从事。不过，陆续在这个位置上只做了一段时间，就因身体原因又回到了会稽郡做事。

然而，就在东汉第二个皇帝明帝在位时，一起皇族内部的谋反将陆续这个地方小官吏卷入了一场牢狱之灾。中国历史上皇族中第一个推崇佛教的人就是光武帝最小的儿子、当朝皇帝、汉明帝的弟弟楚王刘英。楚王刘英的封地在临淮，地方很小，不知因为什么，有人告他谋反，他最后被逼自杀。朝廷在清理楚王刘英的余党的时候，包括尹兴、陆续等五百多人，全部被押解到了当时的都城洛阳。大部分人在严刑拷打之下死于非命，只有陆续等少数几个人坚持了下来。

最牵挂陆续的当然是他的母亲，陆续的母亲不远万里从遥远的苏州赶到京城洛阳，想见一下儿子，监狱使者不让他们母子相见，甚至于陆续母亲到京城的消息，也不让陆续知道。陆续的母亲就只好在客栈做了些饭菜叫看门的狱卒送给陆续吃。陆续一见到饭菜就哭了起来，悲伤不已。使者觉得非常奇怪，就问陆续为何要这样。陆续说道：“母来不得相见，故泣耳。”使者听后非常生气，以为是看门的狱卒将陆续母亲到京城的消息告诉了陆续，打算审问狱卒。陆续知道了使者的意思后就说，我喝了汤之后，知道是母亲做的汤菜，也就知道我的母亲到了京城，并不是狱卒告诉了我什么，我母亲切的肉，是方方正正的，切的葱也是长短一致的，所以，我一看到这饭菜，就知道是我母亲做的，也就知道我的母亲到了京城。使者当即就派人到客栈去核实此事，果然在客栈中找到了陆续的母亲，并知道了事情的原委。于是，这位使者就暗中夸奖陆续的为人，将这事上奏给了皇帝，明帝就赦免了陆续等人，但规定陆续以后不得出来做官。陆续后来年老病死在家乡。

古人以为，将肉、葱切得方方正正的，这是礼制在日常生活中的体现，说明陆续的母亲在平日里教导陆续做人要懂得尊敬。陆续能够尝一下饭菜，就知道这饭菜出自母亲之手，对着母亲做的饭菜哭泣，也是敬亲的表现。



## 李忠至孝避震

元朝时候，山西晋宁有个人叫李忠。在他年纪很小的时候，父亲就去世了，他一直与母亲相依为命。自从父亲过世后，他的母亲就默默地承担起家庭的重担。尽管母亲非常辛劳，但对李忠的教育却丝毫没有放松，她尽心为孩子营造温暖的家庭氛围，教育孩子要有一颗感恩的良善之心。她用自己克勤克俭的生活作风和谨守节操的坚韧意志，给李忠树立了很好的榜样。

因此，李忠很早就懂得如何去体贴和照顾母亲，幼年就尽力分担母亲的辛劳。察觉母亲口渴了，他就为母亲端茶倒水；母亲外出劳作回来，他就帮母亲按肩捶背；一个人在家的时候，他就学着母亲的样子，清扫做饭；夜幕降临了，他就准备好洗脚水和床被……李忠时时处处都念着母亲的辛劳和需要，把家中最好的一切都奉献给母亲。

乡亲们看到小小年纪的李忠，对母亲如此孝敬，做事勤奋努力，都深受感动。他们不但常常对李家伸出援助之手，还纷纷以李忠为榜样，教育自己的子女。村里出了这样至孝的孩子，是全村人的荣耀。

大德七年的一天，李忠家所处的郇保山一带，突然发生了强烈的大地震。剧烈的震波突如其来，使整座山都移动起来。移动的山体所过之处，房屋都被压在下面，情况惨不忍睹。

就在剧烈强大的震波携带着郇保山，冲向李忠家的千钧一发之际，奇迹发生了：大山突然分做两支，绕过他家，过了大约五十余步的距离后山体又合而为一。结果，当地所有的房屋都被压垮了，只有他一家的房屋没倒塌。

那场大地震中，被破坏的房屋被压死的村民不计其数。然而，无情的地震似乎也懂得敬畏孝子，在快到李忠家的时候，能绕道而过，使至孝者李忠家能得以保全。

# 割发代首

历史上最为著名的割发的典故，就是曹操割发了。在曹操向南阳进发攻打张绣的途中，曹操为了严明军纪，曾下令："凡过麦田，但有践踏者，并皆斩首。"意思是要手下的将士管好自己的马，按照现在的说法就是要搞好军民关系。偏偏曹操自己的坐骑因为受惊吓而串入了麦田，踏坏了一片麦子。曹操就请求行军主簿惩治自己，但被主簿回绝了，主簿认为不能处罚担任尊贵职务的人。不过曹操自有看法，他觉得自己若是不带头遵守法律的话，也就无法率兵打仗了，因为自己是主帅，不能杀，就以割发代首的方式来解决问题。于是，曹操就拔出剑，割下自己的头发，放在地上。曹操割发代首，应当说是受到了很大的侮辱，原因就在于头发对于中国人有着特殊的含义，其受之于父母，不到万不得已的时候，是不可舍弃的。曹操割发代首在当时的情况下本有它的积极意义，但在《三国演义》的第十七回中，却将曹操的割发代首视为是一种诈术，其诗曰：

十万貔貅十万心，一人号令众难禁。

拔刀割发权代首，方见曹瞒诈术深。

后人在读到曹操割发代首的故事时也是随声附和，借此贬低曹操的人格。但是，若是将曹操的割发行为联系到先秦时期中国人对自身头发的看重，就不能不改变对曹操割发代首的看法了。

# 迎养继母

归钺，字汝威，明朝嘉定（今上海市嘉定区）人。母亲去世得早，父亲又娶了一个妻子，并又生了儿子，于是归钺就受到了冷落。父亲总是毒打归钺来讨继母的欢心，而继母则助纣为虐，帮父亲拿来很大的杖子，让父亲狠狠地打他。他们家很穷，食物不够吃。每次吃饭之前，继母就故意数落归钺的不是，以激怒父亲。父亲盛怒之下竟然将儿子赶出了门，剩下继母和她的儿子，这样饭菜就够吃了。归钺又饿又乏，趴在路上。父亲看见了，更觉得他不顺眼，说:“你不在家好好待着，跑到外面做贼。”又将他一顿毒打，差点把他打死。等到父亲去世后，继母再次将他赶出家门。他就以卖盐为生。私下问他的弟弟，得知继母爱吃甘鲜之物，自己却无力购买。后来，遇到饥荒年，继母已经不能养活自己了。归钺就提出由自己来侍奉继母。继母开始觉得心里有愧，不好意思去，后来经归钺诚恳说服才点头答应。归钺弄到食物，先给继母和弟弟食用，而自己却饿得脸色难看。弟弟可能是认为自己非常无能，所以自杀了。后来，归钺继续奉养继母，直至终身。

## 每食舍肉

欧阳守道，字公权，一字迂父，宋朝吉州（今江西省吉州县）人。他是文天祥的老师，和蔼可亲，人品极好。小时候家里穷，没有钱上学，只能自己在家里苦学，进步非常快。乡里人见他学识渊博，聘请他为私塾的老师。他侍奉母亲非常周到，每当学生家长请他吃饭，他自己不吃肉菜，而是拿回家去献给母亲。请他吃饭的人见到这样的情况，就准备了食具帮他装饭菜带回家。他每次都是先派人把饭送到母亲面前，自己才肯食用。邻居们都被他的孝道所感动。兄嫂早逝，丢下两个孩子，大的五岁，小的出生才几个月，欧阳守道毫无怨言地抚养这两个侄子。由于没钱雇请乳妈，日夜抱着两个孩子哭泣。邻人见他如此孝悌，感叹不已。

## 刘谨三赴云南

刘谨，明朝浙江山阴（今浙江绍兴）人。他的父亲犯了法，被流放到云南戍边。当时刘谨只有六岁，就向家人询问云南的方向，并经常对着西南方向做祷告。十四岁的时候，他毅然决然地说:“虽然云南远在万里之外，但天下哪有没有父亲的孩子呢?”于是，他收拾行李，就踏上了寻父之路。辗转行进了六个月，终于到了云南，并幸运地与父亲偶遇。父子俩团聚，百感交集，紧紧相拥，泣不成声。后来，父亲得了痹症，刘谨当即请求官府，自己代父亲去戍边。但当时的法律明文规定，只有年满十六岁的长子，才能代父戍边，所以官府禁止未成年的刘谨替代父亲。这时，老家的堂兄去世了，他只好回老家给堂兄办丧事。之后，他带着堂兄的儿子一起来到了云南。可是侄子年纪太小，不能自立，不得已他又把侄子送回了老家。这次他变卖了家产，把钱留给侄子，供他成长。当一切事情处理妥当之后，他第三次来到云南，专心奉养父亲。

## 夏王氏独咽糟糠

明朝的时候有一个姓夏的人，他的妻子王氏为人勤劳朴实，又很孝敬长辈，是一位难得的好媳妇。

夏家原是苦寒之家，王氏嫁进门以后，正好遇上荒年，田里颗粒无收，生活更加艰苦。为了生活，丈夫远出谋生，于是家庭的重担，完全落在了夏王氏一人的身上。

眼看着家里连吃的东西都快没有了，丈夫却一点儿音讯也没有，夏王氏心中很是忧虑。为了赚些钱来奉养公婆，夏王氏每天勤苦地纺线织布，但灾荒年间，纺织所卖的钱也不多，夏王氏只好更加勤苦地劳作。每天都是天未亮时就起来，纺织到半夜才肯休息。

等织品卖了钱之后，夏王氏就尽可能地为公婆做上好一点儿的饭食。等公婆吃完后，夏王氏就独自在厨房里，取一些米糠煮粥吃。有时，她会从山上挖些野菜，或是到附近的湖中，捞一些勉强能下咽的水生植物，与米糠和在一起，煮一点米糠野菜粥来充饥。

一天，她的婆婆偶然走到厨房里来，看到她，正想喊她时，却发现夏王氏正低着头，喝着手中的一碗米糠野菜粥！心里头不由一阵惊诧，她不知媳妇每天给自己做好的饭食，而自己竟吃这些米糠、野菜，不禁掉下感动的眼泪。

以后，公公婆婆都坚决不肯独自吃好的，一定要留点给夏王氏。夏王氏看了，不由得跪了下来，流着眼泪，劝公公婆婆说："照顾你们，是媳妇的责任，你们若是吃不饱，饿坏了身体可怎么办？媳妇虽然每天吃米糠野菜，但身体还很好。可是您二老身体本来就不好，怎么能再挨饿呢？吃得少了，体力不堪，等相公回来，看到爹娘瘦了或是虚弱了，他又怎么忍心呢？请爹娘一定要吃饱才是，这也是我与相公的一份孝心啊！"

公婆看到媳妇如此孝顺，因为不忍心让媳妇再操心，也只好依着媳妇，每餐依旧吃下她细心准备的饭食。此后，夏王氏更加尽心照顾公婆，给他们做好饭食，而自己，仍然只靠吃米糠野菜来充饥度日。终于，在夏王氏的辛苦劳作下，一家人度过了饥荒。

夏王氏如此尊重、照顾长辈，后来，她自己的儿子、媳妇对她也十分孝顺，她活到了八十多岁的高龄才去世。当地有个贡生，每逢走过夏王氏门口的时候，都要在门外作三个揖，以示恭敬。

# 圣治章第九[1]

## 原文

曾子曰："敢问圣人之德无以加于孝乎?" 子曰："天地之性[2]，人为贵。人之行，莫大于孝。孝莫大于严父[3]，严父莫大于配天，则周公其人也[4]。昔者周公郊祀后稷以配天[5]，宗祀文王于明堂[6]，以配上帝[7]。是以四海之内，各以其职来祭。夫圣人之德，又何以加于孝乎！故亲生之膝下，以养父母日严。圣人因严以教敬，因亲以教爱。圣人之教不肃而成，其政不严而治，其所因者本也。父子之道，天性也，君臣之义也。父母生之，续莫大焉。君亲临之，厚莫重焉。故不爱其亲而爱他人者，谓之悖德；不敬其亲而敬他人者，谓之悖礼。以顺则逆，民无则焉。不在于善，而皆在于凶德[8]，虽得之，君子不贵也。君子则不然。言思可道，行思可乐，德义可尊，作事可法，容止可观，进退可度，以临其民，是以其民畏而爱之，则而象之[9]，故能成其德教，而行其政令。《诗》云：'淑人君子，其仪不忒[10]。'"

## 注释

①圣治章：本章阐述圣人以孝治理天下，因以“圣治”为名。

②性：生命，生物。

③严：尊敬。

④周公：西周初年的政治家。姓姬，名旦。文王之子，武王之弟，成王之叔。辅佐武王灭商。武王死后，成王年幼，周公摄政。平定内乱，营建东都，制礼作乐，天下大治。被后世看作是圣贤的典范。

⑤郊：谓祭天。因为祭天在国都的南郊举行，故曰郊。

⑥明堂：古代帝王宣明政教的地方。凡朝会、祭祀、庆赏等重大典礼皆在此举行。

⑦上帝：天。

⑧以顺则逆四句：语出《左传》文公十八年而有所改造。

⑨德义可尊七句：语出《左传》襄公三十一年而有所改造。

⑩《诗》云二句：见《经诗·曹风·鸤鸠》。忒：差错。

## 古文今译

曾子说:“学生冒昧地请问，在圣人的德行中，难道就没有比孝更加重要的吗?”孔子回答说:“在天地万物之中，人是最高贵的。而在人的诸多品行之中，没有比孝更加重要的了。孝道之中，最重要的是尊敬父亲，而尊敬父亲最重要的表现便是在祭天时以父亲配享。说到这方面，周公可以说是一个合格的人选。从前周公在南郊祭天时，以始祖后稷配享；在明堂祭祀上帝时，以其父亲文王配享。由于周公做到了这一点，所以四海之内的诸侯都各修职责，前来助祭。由此看来，在圣人的德行之中，还有什么能比孝更加重要的呢！所以，子女亲爱父母之心，从孩提时期便已经有了；随着年龄的增长变

得越来越懂事，这时候对父母又添了一种尊敬之心。圣人就根据子女对父母的尊教导他们对父母的敬，根据子女对父母的亲教导他们对父母的爱。圣人的教化不需要一再告诫就能得到贯彻，圣人的政令不需要三令五申就能得到推行，究其原因，就在于圣人抓住了孝这个根本问题。父子相亲，这是出于天性自然；如果加上尊严，那就又产生了君臣之义。父母生子，使其传宗接代，在人伦之中没有比这更重要的了。父亲既有为父之亲，又有为君之尊，有此双重身份，其恩义之厚，无人能及。所以，不热爱自己的父母而去热爱他人，就叫作不合人情；不尊敬自己的父母而去尊敬他人，就叫作不合常理。如果颠倒纲常，让合情合理的东西去效法不合情理的东西，百姓就会感到无所取法。这种行为不是什么优良品行，而完全是一种丑恶的道德，即令靠着它能够得志，也被君子所看不起。君子的做法就不是这样。他们说的话要考虑到人们能够奉行，做的事要考虑到人们能够快乐；其道德为人们所尊敬，其做事为人们所效法，其形容举止为人们树立楷模，其动静进退都合乎礼法。用这样的作派去领导百姓，百姓就不仅是敬畏他们，而且爱戴他们，事事效法他们。所以他们的德教能够得到贯彻，他们的政令能够得到推行。《诗经》上说：‘贤人君子，他们的威仪没有半点差错。’”

名篇仿作

# 《女孝经》贤明章第九

## 原文

诸女曰:“敢问妇人之德,无以加于智乎?”大家曰:“人有天地,负阴抱阳,有聪明贤哲之性,习之无不利,而况于用心乎?昔楚庄王晏朝,樊女进曰:‘何罢朝之晚也,得无倦乎?’王曰:‘今与贤者言,乐不觉日之晚也。’樊女曰:‘敢问贤者谁欤?’曰:‘虞丘子。’樊女掩口而笑,王怪问之,对曰:‘虞丘子贤则贤矣,然未忠也。妾幸得充后宫,尚汤沐,执巾栉,备扫除,十有一年矣,妾乃进九女,今贤于妾者二人,与妾同列者七人。妾知妨妾之爱,夺妾之宠,然不敢以私蔽公,欲王多见博闻也。今虞丘子居相十年,所荐者,非其子孙,则宗族昆弟,未尝闻进贤而退不肖,可谓贤哉?’王以告之,虞丘子不知所为,乃避舍露寝,使人迎孙叔敖而进之,遂立为相。夫以一言之智,诸侯不敢窥兵,终霸其国,樊女之力也。《诗》云:‘得人者昌,失人者亡。’又曰:‘辞之辑矣,人之洽矣。’”

## 古文今译

诸女问曹大姑说:"能够给我们讲一下妇人之德吗，它与智慧之间的关系怎样?"曹大姑回答说:"人本来就有天地、阴阳，聪明贤哲的天性，拥有这些本来是好的，要是能够有意识地培育这样的天性岂不是更好吗?春秋时期的楚庄王有一次黄昏才退朝，他的妻子樊姬问他:'为何这么晚才罢朝，难道不疲劳吗?'楚庄王回答说:'今天与贤能的人谈心，高兴得不觉天色已晚了。'樊姬问道:'请问这个贤能的人是谁啊?'楚庄王说:'就是相国虞丘子。'樊姬掩口笑了起来，楚庄王觉得奇怪，就问她为什么，樊姬回答说:'虞丘子确实是个贤能的人，但他不是一个忠臣。我得到了您的宠幸而进入了后官，侍候大王您的汤沐、盥洗已经有十一年了，我向您推荐了九个女人，现在，这九个女人中，比我贤能的有两个，与我差不多有七个。其实，我本来就知道向您推荐比我强的女人的话，她们会与我争宠，但是，我不能够以私蔽公，是希望大王能够见多识广啊。到现在，虞丘子在相位上一待就是十年，他向大王所推荐的人，不是他的子孙，就是他宗族中的兄弟，从未听说他向您推荐过贤能的人，辞退掉那些无能之辈。这样的人能够称得上贤能吗?'楚庄王就将这话完整地告诉了虞丘子，虞丘子听后不知所措，竟然在外露宿了一个晚上，赶紧叫人将孙叔敖迎了进来，将他推荐给了楚庄王，楚庄王立马就立孙叔敖做了宰相。孙叔敖以自己的智慧，让其他的诸侯国不敢窥视楚国，使楚国终于成就了霸国的地位，这些就是樊姬的功劳。《诗经》说:'一个国家，要是得到了人才的话，就会昌盛;失去人才的话，就会灭亡。'《诗经·大雅·生民之什·板》又说:'君王的命令要是合乎实际的话，子民们就会感到融洽和快乐。'"

# 《忠经》观风章第九

## 原文

**惟臣，以天子之命，出于四方，以观风。听不可以不聪，视不可以不明。聪则审于事，明则辨于理，理辨则忠，事审则分。君子去其私，正其色，不害理以伤物，不惮势以举任。惟善是与，惟恶是除。以之而陟则有成，以之而克则无怨，夫如是，则天下敬职，万邦以宁。《诗》云：“载驰载驱，周爰谘诹。”**

## 古文今译

作为臣子，遵循天子的命令，外出调研。通过在各地调研，可以增加自己的见闻，明辨是非。多方听取意见的话，就能够做到完善于事，多看的话，就能够做到明辨是非，能够明辨事理的话，就会忠诚于事，审时度势的话，就能够区分道理。作为君子，应当做到大公无私，讲究仪表，不随意伤害别人，不怕恶劣的势力。好事一定得做，恶势力必须得将它铲除。以这样的原则去办事的话没有不成功的，以这样的准则办事就不会有怨恨，若是这样，天下的人都会尽职尽责，国家就会安宁。《诗经·小雅·鹿鸣之什·皇皇者华》中说：“马车快快地奔跑啊，我们要去向贤能的人请教。”

故事

# 伍子胥

伍子胥（？~公元前484年），春秋末年吴国的大夫。他的封地在申（今河南南阳附近），因地得名，故又叫作申胥。他本是楚国人，有勇有谋。然而，就在周景王二十三年（公元前522年），一场灾难降落到了他的家庭，他的父亲和兄弟因卷入了政治斗争而被楚平王给杀了。伍子胥也被迫逃到了吴国，逃跑的途中，为躲避追兵，他在昭关（今安徽含山）是夜行昼伏，今天的成语“昼伏夜行”就是出自这里。初到吴国的时候，无以为食，伍子胥只能够赤身叩头，嘴里吹着箫，在吴市的街头乞食，表示乞讨的成语“吴市吹箫”，说的就是伍子胥乞讨的故事。伍子胥到了吴国之后，经过自己的一番努力，逐渐得到了吴国国君的重用，参与国政。在伍子胥的辅弼之下，吴国很快就成了东南地区的一个强国。然而，伍子胥出逃的目的是要为父兄复仇，这是他一直都未能够忘记的。在伍子胥的鼓动和策划之下，吴王阖闾一举灭掉了楚国，伍子胥将杀害其父兄的楚平王挖出来鞭尸三百下，这就是为后世所津津乐道的伍子胥复仇的故事。伍子胥的庙、墓有多处，其庙在全国各地都有，只是以杭州的最为著名，墓则在湖北监利、江苏苏州。历代文人、游客凡是到伍子胥的庙或墓祭拜参观的，多留有诗文，以表达对伍子胥的敬意。以下仅录梁鲍机的《过伍子胥墓》一首：

忠孝诚无报，感义本投身。

日暮江波急，谁怜渔丈人？

楚墓悲犹在，吴门恨未申。

# 包实夫孝心感虎

明朝洪武年间，江西省进贤县里，有一位名叫包实夫的读书人。他对父母亲非常孝顺，每天必定晨昏定省、嘘寒问暖。为了让父母的生活可以过得更宽裕些，他每天都得翻越一座山冈，到离家十多里外的私塾去教书。他的学问与德行深受大家的推崇。

有一天，包实夫仍像平常一样，授完课回家。走了一段路程，来到一座山冈前，他四下环望，周围不见人烟，山冈上长满了树木，只有一阵阵山风吹得树叶沙沙作响。

此时，包实夫不由得打了一个冷战，正欲加紧脚步赶路，突然从路边的树林里蹿出一只老虎！一个躲闪不及，包实夫被猛扑过来的老虎咬住了衣服，瞬间就被拖到了树林里。老虎将包实夫放在地上，然后伏在旁边，一边喘气一边紧盯着包实夫，并露出一副即将要把他吞掉的样子。

在这性命危在旦夕的时刻，包实夫深知已无生还机会，也就不再妄想逃命，只是想到年迈的父母即将无人奉养，内心顿感万分难过，不禁泪流满面。

说来也奇怪，老虎好像体会到了包实夫的心情，只见它伏在原地一动不动，并不张口去咬包实夫。包实夫望着眼前的老虎，忍不住跪下去深深地拜了起来。一边拜，一边对老虎恳切地说："老虎啊！我让你吃了，就算是我前世欠你的，命该如此，我不怨你。但是我年老的爹娘，以后叫谁来奉养呢？倘若你允许我此次回去奉养父母，待此命完成后，假使我还活在世间，我一定把身体送给你吃，你看可不可以呢？"

老虎静静地看着眼前所发生的一切，似乎真的明白了包实夫对父母的真诚孝心，竟然默默地站起身来，径自离开了。

包实夫以至诚孝心，感动老虎，竟得全归的事情传开以后，人们无不称颂包实夫的德行。后人为了纪念此事并教育更多人勿忘孝养父母的做人本分，就把那个地方取名为"拜虎冈"。

## 汪廷美因赦减租

汪廷美，宋朝婺源（今江西省婺源县）人。他是一个老实厚道的人，对父母孝顺有加，和族人相处得也非常融洽。他们族人一共二百多人，一起生活了数十年，关系都非常和睦。每天早上晚上吃饭的时候，如果有的族人没能按时前来，其他的族人也都不会先吃，而是等他来了之后一块享用。汪廷美生活节俭，为人朴实不虚荣。他常穿粗布衣服，没有祭祀活动是不吃肉的；为亲人办丧事时，他遵守丧礼要求，竭尽哀痛，也拒绝见客；每当祖父的忌日，他都不出家门，在屋里斋戒以此纪念祖父。后来朝廷减了老百姓十分之二的赋税，他也随即减去佃户十分之二的地租。村里有人把他们家的鹅偷走了，他问那个人为什么要偷，那人说是夏天快到了，要用鹅来祭祀祖先。他听后认为此人很有孝心，不但没有要回被偷的鹅，而且还送给他很多美酒。后辈人犯了什么错误，他不会用打骂教训，而是耐心地给他们讲古今做人的道理，启发他们自己醒悟过来。

## 赖禄孙含唾濡母

赖禄孙，元朝汀州宁化（今福建省宁化县）人，是个大孝子。当时贼寇作乱，他背着母亲，带着妻儿，和乡亲们一块到山里避难。中途，遇到了贼寇，乡亲们四处逃散，只有赖禄孙守着老母亲，寸步不离。贼寇举起刀要砍他的老母亲，赖禄孙一个箭步冲上去，用身体护住母亲，大声说："你们要杀就杀我，不要伤害我的母亲。"母亲这时口干舌燥，没有水喝，赖禄孙就用唾液给母亲止渴，以减轻母亲的痛苦。贼寇看到这个情景，很是感动，不忍心伤害他们母子俩，反而给他们端来了水。这时有个贼寇想抓走赖禄孙的妻子，却遭到其他很多贼寇的阻止："孝子的妻子，是不能侮辱的。"最后，他们一家人安然无恙地走了。

# 韩邦靖谨侍兄疾

韩邦靖，字汝度，明朝朝邑（今陕西省大荔县）人。他小时候学习就很勤奋，与哥哥韩邦奇一块考中了进士，当上了山西左参议，守卫大同。当时赶上了荒年，老百姓吃不到粮食，饿死很多人。乡下出现了人吃人的现象。韩邦靖见此情景，很想帮助百姓度过灾难，于是他就上奏此事，请求朝廷赈济灾民，但是却没有被批准。他对朝廷失去了信心，因此就想辞官归隐，没得到批准，就要先动身上路。乡亲们知道后，自发组织起来，站在路旁痛哭流涕，劝他留下来。韩邦靖含着泪回到家乡，不久就病逝了。后来他的哥哥韩邦奇也做了参议，来到大同，乡亲们知道他是韩邦靖的哥哥，都纷纷出来迎接他，并激动地哭了起来。在此之前，韩邦奇曾经身患重病，卧床不起一年多。韩邦靖非常担心哥哥的身体，并亲自服侍哥哥。给哥哥吃的药，他都要先尝一下冷热，他还亲手送上哥哥吃的各种东西。后来，韩邦靖病重，哥哥韩邦奇也是不分昼夜地照顾他达三个月之久。韩邦靖去世后，哥哥只吃简单的饭菜，穿了五个月的孝服。乡亲们都很感动，并为他们立了一块孝悌碑。

# 小李寄义勇斩蛇

这是东晋时期干宝所著《搜神记》中的一个故事。

三国期间，东吴建安郡（今属福建省三明市）将乐县有座名叫庸岭的高山，绵延数十里。山深林密，西北部石缝之中有一条大蛇，长七八丈，经常出没危害人畜。地方官吏祭以牛羊，仍然未得安宁。传说蛇精每年须吃一个十三四岁的女童，当地才能平安无事。于是，当地官吏便四处搜寻贫苦人家和犯罪家庭的女孩，养到八月之时祭蛇，将该女孩送到蛇穴洞口，由蛇吞噬。年年如此，已有九个女孩葬身蛇腹。

这一年，地方官吏四处搜寻祭蛇童女，未有所得。

当是时，将乐县中有一个十四岁的女孩，姓李名寄，家中共有六个姐妹，她排行最小。她耳闻目睹多少家庭因骨肉葬身蛇腹所受的痛苦，多少父母因女儿命丧蛇口所造成的惨状，不禁义愤填膺，决心应招祭蛇，伺机为民除害。当她把这个志愿告知父母时，父母坚决不允。李寄便对双亲说："爹娘生育我们六个女孩，没有男儿，我等姐妹既无帮助父母的本领，又不能供养双亲衣食，只是成为父母的累赘，不如早死，把我卖去祭蛇，还能得到一些钱来供养父母，岂不更好。"但是父母疼爱女儿，怎么也不肯答应。

李寄为民除害之心已决，便偷偷离家外出，求得一把锋利的宝剑和一条凶猛的猎犬。到了八月祭蛇之时，李寄先将数石米麦用蜜糖拌好，置于洞口。不久，大蛇闻到香味便出来吃。但见蛇头大如笆斗，眼似铜铃，十分吓人。李寄毫无惧色，先放猎犬与大蛇搏斗，自己则从一旁挥剑猛砍，终于杀死了大蛇。而后，李寄进入蛇穴，见到面前九个童女的骷髅残骸，便痛心地说："你们怯弱，为蛇所食，实在可怜。"然后回家。很快，李寄斩蛇的义勇之事轰动全县，满城官民大为赞颂。

后来，南越王闻知李寄斩蛇为民除害的英雄事迹十分惊奇和敬佩，便礼聘册立李寄为王后，并封李寄之父为将乐县令，母亲和姐姐也都全部得到封赐。

# 纪孝行章第十[1]

## 原文

子曰："孝子之事亲也，居则致其敬[2]，养则致其乐，病则致其忧，丧则致其哀，祭则致其严[3]。五者备矣，然后能事亲。事亲者，居上不骄，为下不乱，在丑不争[4]。居上而骄则亡，为下而乱则刑，在丑而争则兵。三者不除，虽日用三牲之养[5]，犹为不孝也。"

## 注释

①纪孝行章：此章纪录孝子侍奉父母的孝行，故以"纪孝行"为名。

②致：尽。

③严：指斋戒沐浴一类事情。实际上"严"也是敬。

④丑：通"俦"，指同辈。

⑤三牲：谓太牢。牛、羊、猪三牲具备，谓之太牢。在古代，太牢属于最高规格的食品。

## 古文今译

孔子说："孝子侍奉父母，平时要尽量地尊敬他们，奉养时要尽量地使他们高兴，父母生病时孝子要整个身心地陷于忧虑，去世时要表现出最大的悲哀，祭祀时要表现出最大的严肃。这五条都做到了，然后才算是能够侍奉父母。侍奉父母的人，身居上位而不骄傲，身居下位而不捣乱，在同事中间不争强好胜。身居上位而骄傲，就会招致灭亡；身居下位而捣乱，就会招致受刑；在同事中间争强好胜，就会招致动武。如果以上三条不改掉，即令每天都用山珍海味来供养父母，也仍然是个不孝之子。"

## 名篇仿作



# 《女孝经》纪德行章第十

## 原文

**大家曰："女子之事夫也，缅缅笄而朝，则有君臣之严；沃盥馈食，则有父子之敬；报反而行，则有兄弟之道；受期必诚，则有朋友之信；言行无玷，则有理家之度。五者备矣，然后能事夫。居上不骄，为下不乱，在丑不争。居上而骄，则殆；为下而乱，则辱；在丑而争，则乖。三者不除，虽和如琴瑟，犹为不妇也。"**

## 古文今译

曹大姑说："女子服侍自己的丈夫，早上起来帮助丈夫束发加簪，这之中体现了夫妻间的君臣之意；服侍丈夫洗漱饭食，体现了夫妻间的父子般的敬意；出进都得向丈夫打个招呼，这体现了夫妻间兄弟般的情分；答应的事情，必须得遵守诚信，这体现了夫妻间朋友般的信任；言行诚恳的话，那么管理家庭就必然有法度。只有这五个方面都具备，之后才能服侍好自己的丈夫。作为女子，要身居高位不骄傲，身处下层不为乱，不争先。身处高位而骄傲的话，就很危险；在下而作乱的话，就是一种羞辱；喜欢争先的话，就是不依顺。这三个方面不铲除的话，即使夫妻间和睦相处，这样的女人仍然是缺乏妇德的。"

# 《忠经》保孝行章第十

## 原文

**夫惟孝者，必贵本于忠。忠苟不行，所率犹非其道。是以忠不及之，而失其守，匪惟危身，辱及亲也。故君子行其孝，必先以忠，竭其忠，则福禄至矣。故得尽爱敬之心，则养其亲，施及于人，此之谓保孝行也。《诗》云："孝子不匮，永锡尔类。"**

## 古文今译

孝之本源来自于忠。臣下对君王要是不能够尽忠的话，说的和做的事情就会不符合道义。臣子不能够尽忠，就会疏于自己的职守，这样不仅会危及自身安危，也会让自己的亲人受到影响。所以，君子行孝，首先要从忠开始，只有对君王尽忠，才会有福禄。臣子应当有爱敬之心，孝养自己的父母亲，由己及人，这样就能够做到因孝而忠。《诗经·大雅·生民之什·既醉》是这样说的:“孝子是一代接着一代，请将幸福赐给他们。”

## 故事



### 孝子皇帝

提到朱元璋，都知道他是一个杀大臣最多的皇帝，他也的确是中国历史上少有的狠毒的皇帝之一，虽然史学界普遍认为政治上的屠杀有其特殊性。朱元璋作为至高无上的皇帝，动辄用斩杀、廷杖来惩罚大臣，但同时，他又是一个颇有孝心的人。朱元璋在登基的第二年就下了诏书，规定皇帝只能够称孝子皇帝。至于皇太子，则要称孝元孙皇帝或孝曾孙嗣皇帝。朱元璋每年都要参加主持太庙的祭祀活动，有几次，朱元璋竟不能够自持，在大臣面前流下了眼泪，参与祭祀活动的其他大臣因受到朱元璋的感染，也流下了眼泪。朱元璋为了教育子孙，叫人绘制了《孝行图》，让子孙朝夕观览此图，牢记前辈的孝思孝行。朱元璋讲孝，竟至于将自西周以来流行了两千多年的丧礼也给修改了。洪武七年（1374 年），朱元璋的妃子成穆贵妃孙氏去世，死时年仅三十二，无子。按照《仪礼》的规定，孝子的父亲若是还活着的话，只能够为母亲服丧，对于庶母，则不需要服丧。依照这个规矩，则成穆贵妃孙氏就会没有孝子为她服丧。朱元璋认为这个规定是不合理的，就叫太子的师傅宋濂在历史上去找依据。宋濂不愧为知识渊博的学者，他很快就在历史资料中找到了四十二个孝子自愿为庶母服丧的记录，其中，自愿服丧三年的有二十八人，愿意服丧一年的有十四人。朱元璋见历史上有先例可以遵循，就说，既然历史上自愿服丧三年的比服丧一年的多出一倍，那说明这些孝子们是出自天性，为庶母服丧三年应当立为定制。于是，他当即叫朝臣们做《孝慈录》一书，做了一些新的规定，规定子为父母、庶子为其母，都得服丧三年；嫡子、众子为庶母都得服丧一年。于是，朱元璋就把周王朱肃过继为死去的成穆贵妃孙氏的儿子，为她服丧三年，其他诸王，都得为成穆贵妃孙氏服丧一年。

## 戚继光牢记父训

戚继光，字元敬，号南塘，是明朝著名的抗倭将领。嘉靖七年，戚继光出生。父亲戚景通在老年喜得贵子，高兴不已，希望这个孩子能够继承祖业，成为有用的人才，于是为其取名为继光。

戚景通不仅严于律己，同样也严格要求戚继光，希望他将来能继承自己的事业。他经常教育戚继光：武将须有舍身报国的高尚气节，打起仗来应有身先士卒的勇猛精神。有一次，戚景通问儿子戚继光："你还记得宋朝岳飞那句名言吗？"

"文官不贪财，武官不怕死，天下就能太平。"

"对，你要终生记住这句话，认真读书，苦练武艺，才能为国立功，干一番大事业！"

嘉靖十七年，戚继光继承了父亲的爵位，官至四品。按照规定，受爵之后，戚继光要乘坐马车往返于私塾和家之间，不能再徒步去上学了。但是家里实在是太穷了，负担不起雇佣车马的费用，所以他被迫辍学了。但戚继光不忘父训，刻苦自学。有位先生被戚继光的刻苦精神所感动，自愿免费到他家中施教。在老师的悉心教诲下，戚继光的文武课程更加精熟。历史上英贤人物的光辉业绩，深深激励着年轻的戚继光。于是，在一个秉烛苦读的夜晚，戚继光挥笔写下了一首题为《韬钤深处》的五言律诗，抒发自己保家卫国的志向：

小筑渐高枕，忧时旧有盟。
呼樽来揖客，挥尘坐谈兵。
云护牙签满，星含宝剑横。
封侯非我意，但愿海波平。

几年后，戚继光成为一名文武双全的青年军官。这时，晚年的戚景通热心军事，终日埋头著作兵书，无心过问家事，又因早年为官时很是清廉，所以家境不是很富足。有人劝他晚年要多置办些田产以留给后代，戚景通听了后对戚继光说：

“你知道父亲为什么给你取名‘继光’吗？”

“要孩儿继承戚家祖业，光耀门第。”

“孩子，我一生没有留给你多少产业，你不会感到遗憾吧？”

“父亲教我从小读书习武，还教我做一个品德高尚的人，这是您给孩儿的最宝贵的产业，孩儿从没想过贪图安逸和富贵，我只想早些让父亲看到孩儿像岳飞建‘岳家军’一样，创立一支‘戚家军’。”

戚景通听了心中十分宽慰，笑着对儿子说：“我在军中为官多年，虽没立下什么奇功，却也恪守本分。多年来，我一直遗憾没能为国家彻底驱除外敌！将来你一定要替父完成心愿，报效国家啊！”

戚继光跪在地上，说：“不管将来遇到什么艰难险阻，我也不会忘记父亲一生的志愿！”

不久，戚景通患重病去世。戚继光在父亲坟前痛哭道：“继光一定继承您的遗志，为国尽忠，赴汤蹈火，在所不辞！”

明嘉靖二十三年，戚继光袭父职上任，为登州卫指挥佥事。嘉靖三十二年，戚继光任都指挥佥事，备倭山东。嘉靖三十四年，他又调任浙江都司佥事，负责抗倭。当时浙江倭患严重，而旧军素质不佳。戚继光招募农民和矿徒，组成了一支新军，纪律严明，赏罚必信，并配以精良战船和兵械，精心训练；戚继光还针对南方多湖泽的地形和倭寇作战的特点，审时度势，创造了攻防兼宜的“鸳鸯阵”战术，以十二人为一队，配以多种长短兵器，因敌因地变换队形，灵活作战。这支“新军”在六年抗倭战役中威震中外，世人称为“戚家军”。

## 阮孝绪随鹿得参

阮孝绪，字士宗，南朝梁陈留尉氏（今河南省）人，目录学家。长年隐居，不去做官。写成目录学著作《七录》。他从小时候起，就特别喜欢学习，熟读并精通《五经》。阮孝绪小时候被过继给他的堂伯父做儿子，照理来说，他应该得到伯父遗留下来的百万家产，可是他全部给了伯父的姐姐。他非常的孝顺。有一次，他在钟山听人讲经说法，他母亲王氏在家里忽然生了病，兄弟们就要去把他叫回来。母亲说：“你们不必去叫他，孝绪有悟性，心里会有感应的，他一定能自己回来！”果然，阮孝绪觉得心惊肉跳，联想到可能是母亲有病，果真回到了家里。邻居和村里的人都觉得非常奇异。医生说，他母亲的病必须用一味新鲜的人参医治。阮孝绪听老一辈的人说，钟山出产人参。于是，他就亲自到山里去寻找，踏遍了偏僻和危险的地方，可却一无所获。数天后，他忽然看见前面有一只鹿，他

就跟着鹿走。不久，那只鹿不见了，面前则出现了母亲需要的新鲜人参。后来，他母亲的病也就痊愈了。

## 神泉洗目

杨皞，元朝扶风（今陕西省扶风县）人，是一位生性至孝的大孝子。他的母亲牛氏得了重病，很难医治。杨皞没有任何办法，只得向老天祈求保佑，每天焚香膜拜，祈求母亲的病能够早日康复。可能是他的孝心感动了上天，母亲的病竟然真的奇迹般地好了。可是好景不长。母亲又双目失明，行动十分艰难。杨皞看在眼里，急在心中，遍寻神医，可是却于事无补。一次，他不经意间听说只有太白山的神泉水能治眼疾，就二话不说地启程去往太白山了。历尽千辛万苦，终于登上了太白山，找到了神泉，并取回神泉水，每天都亲自为母亲擦洗双眼，从不间断。终于皇天不负有心人，母亲的视力恢复了正常。

后来母亲去世了，那时家乡四处天降大雨，许多地方都被淹没了，可是却唯独杨皞母亲的墓地前后数里范围内只有乌云笼罩，却不降雨。人们对此感到很惊奇，认为这是杨皞用孝心打动了天地，他用孝心守护着母亲。

## 雪天得瓜

王荐，元代福建福宁人，父亲体弱多病，而且病得很严重。王荐每天晚上都向上天祈祷，宁愿减少自己的寿命，以延续父亲的生命。父亲在病入膏肓时突然醒过来，告诉朋友说:“在我生命最危险的时候，来了一位穿着黄衣服、手拿红帕子的神仙，告诉我：你的儿子非常孝顺，所以上天恩赐你再活十二年。”此后，父亲身体马上恢复了健康。十二年后，父亲果然去世了。后来王荐的母亲也得了奇怪的病，口干舌燥，就想吃瓜。可正值寒冬，大雪纷飞，根本没有瓜可吃。王荐想尽了办法，求助乡亲也是毫无结果。他只身一人来到了深山野岭，在树下避雪的时候，想到母亲吃不到瓜病就不能好，心里焦虑难受，不由得仰天长叹，痛哭不已。忽然，他看到对面的岩石之间露出了几根青色的枝蔓，上面结着两个鲜瓜。他高兴得拿回家供母亲食用。母亲吃后，病很快好了。

# 五刑章第十一①

## 原文

**子曰："五刑之属三千②，而罪莫大于不孝。要君者无上，非圣人者无法③，非孝者无亲，此大乱之道也。"**

## 注释

①五刑章：此章的中心意思是要说明"五刑之属三千，而罪莫大于不孝"，故以"五刑"为名。

②五刑：五等刑罚。五刑的名目在历史上有变化。据《尚书·舜典》，五刑是：墨刑（先在额上刺字，然后涂墨使之明显）、劓刑（割掉鼻子）、剕刑（断足）、宫刑（割掉男子生殖器，破坏女子生殖机能）、大辟（处死）。三千：极言其多，不是确数。

③非圣者无法：因为圣人是礼法的制作者，所以才这样说。

## 古文今译

孔子说："五等刑罚包括的犯罪条款极多，而其中最大的罪名便是不孝。要挟国君的人是目无长上，诋毁圣人的人是目无法纪，非议孝道的人是目无双亲，这些都是导致天下大乱的根源。"

## 名篇仿作

# 《女孝经》五刑章第十一

### 原文

**大家曰:“五刑之属三千，而罪莫大于妒忌。故七出之状，标其首焉。贞顺正直，和柔无妬；理于幽闺，不通于外；目不狗色，耳不留声；耳目之欲，不越其事；盖圣人之教也，汝其行之。《诗》云:‘令仪令色，小心翼翼；古训是式，威仪是力。’”**

### 古文今译

曹大姑说:“就女子来说，刑罚有很多种，罪恶最大莫过于妒忌。丈夫在休妻的七种情况中，将妒忌列为第一种。圣人是这样教导我们女德的，作为女子，要贞顺正直，要温柔不要好嫉妒；谨守闺房，不要关心外界的事；眼睛不要好色，耳朵不可听淫声；听到的和看到的，都要有规矩，你们一定要勉力为之啊。《诗经・大雅・荡之什・烝民》中是这样说的:‘他（周宣王的贤臣仲山甫）总是仪态优美，与人交往总是和颜悦色，做事的时候，总是显得小心翼翼。他总是遵守先王的遗命来做，始终保持着作为臣子的礼节。’”

# 《忠经》广为国章第十一

## 原文

**明君之为国也，任于正，去于邪。邪则不忠，忠则必正，有正然后用其能。是故师保道德，股肱贤良。内睦以文，外威以武，被服礼乐，提防政刑。故得大化兴行，蛮夷率服，人臣和悦，邦国平康。此君能任臣，下忠上信之所致也。《诗》云："济济多士，文王以宁。"**

## 古文今译

明君在治理国家的时候，必须扶正祛邪。臣下要是邪恶的人，必定不会忠于君王，忠君的臣子必定正直，只有正直的臣子才能够任用。所以，作为帝王的老师应当是道德高尚的人，国家的股肱大臣都是贤良之臣。明主治国，必须要文武兼治，要礼乐、政刑兼施。因此，当道德教化兴盛的时候，蛮夷必定会表示臣服，臣下也会和悦，国家就会太平安康。这是明君能够任用贤臣，臣忠于君、君信任臣、上下齐心的必然结果。《诗经·大雅·文王之什·文王》是这样说的："人才济济，周文王很是安心。"

故事

## 赵咨护母迎盗

赵咨字文楚，汉代人。他的父亲赵畅，曾做过朝廷的博士，但是在赵咨很小的时候，他就去世了。赵咨事母至孝，名声很大，被州郡推举为孝廉，但是他念及家有老母要照顾，拒绝到任。

延熹元年，大司农陈奇看赵咨既孝顺又很有学识修养，便举荐赵咨袭他父亲的职位，做了博士。灵帝初年，太傅陈蕃、大将军窦武被宦官杀害，赵咨称病辞职。后来太尉杨赐特别征召，请他参与讲论经典。赵咨几度被举荐，官至敦煌太守。赵咨非常痛恨朝中宦官弄权、为非作歹，却也无能为力，只好称病告老还乡，亲自率领子孙回乡耕田种地，奉养老母。

有一夜，一帮流窜的盗贼到赵咨家抢劫，惊动了睡梦中的赵咨。赵咨害怕惊吓到老母亲，于是自己先到门口去迎接强盗，接着又给他们准备饭菜请他们进食，并道歉说："我的老母亲已经八十岁了，又生着病，需要静养。我的家中贫困，请求你们稍微留下一点儿衣服和粮食，使我可以供养母亲就可以了。"强盗们听了他的话，都非常惭愧，又很敬佩他的孝心。于是，强盗们都跪下赔罪说："我们太不成样子了，打扰了府上，侵扰了你这位贤人君子，真不应该啊！"说完都跑出门去，赵咨连忙追上去，想把东西送给他们，但是早已不见了这帮贼人的身影。

从此，赵咨仁孝的名声更大了，朝廷征召他做议郎，他却称病推辞不到任。州郡官员都纷纷上门劝说，如此再三，他才不得已应召，被封为东海相。

赵咨不仅孝顺，而且为官很清廉，在当时被世人奉为楷模。赵咨赴东海上任时，途经荥阳。荥阳县令为敦煌人曹暠，是赵咨过去举荐的孝廉。曹暠在路旁迎接赵咨，赵咨为了不给地方增添负担，没有停留。曹暠追送赵咨到亭次，赵咨还是不停留。曹暠望着车辆过后的尘土，对主簿说："赵君德高望重，现在经过我的县界我不拜见他，一定会被天下人耻笑！"于是他丢掉印绶，一直追到东海，拜见赵咨。

## 方观承千里探亲

清朝时，安徽桐城的方观承是一位出了名的孝子，他千里探亲的故事，至今被人们传为美谈。

方观承的祖父、父亲都曾做过朝廷命官，他们因《南山集》一案而被流放黑龙江。祖父和父亲流放之时，观承与哥哥观永尚在幼年，免于发配。他们本是生活优裕的官宦世家子弟，本有一条由科举而入仕的人生坦途，但是一夜之间，却成了不得不寄居在南京清凉寺、靠僧人接济为生的孤儿。方观承兄弟逐渐长大了，他们非常思念祖父和父亲，于是徒步万里，去黑龙江探望他们。一路上，他们风餐露宿，跋山涉水，忍饥挨饿，搀扶相行。十余年内，方观承一共七次北上探亲。

有一年，方观承正在北上探亲的路上独行，遇到沈廷芳和陈镳乘车赶往京城应试，这两个人看到方观承徒步而行，衣冠不整，面容疲惫，但举止仍然端严，不由停车相问。二人了解了方观承的身世和经历后，深表同情，于是邀请他一道乘车赶路。可是车厢狭小，仅能容两人，于是，他们决定一路上每人轮流步行三十里，乘车六十里。如此，三个人一路风尘，终于到达京城。沈、陈二人与方观承分别时，又送给方观承新衣毡笠，以御道途风寒。几十年后，已经身为封疆大吏的方观承得知沈廷芳、陈镳赴京述职途经其驻地，便立即派人将沈、陈二人请到府上。故人相见，万分感慨，忍不住涕泪纵横。

祖父和父亲相继在黑龙江病故，贫困至极的方观承流落京城，在东华门摆了小摊，靠给人测字为生。一天，王爷福彭上朝途经东华门，看到了方观承的测字招牌，他不禁为招牌上的书法所吸引，于是下轿询问。这才发现，方观承是个学问见识都非同等闲的世家子弟。福彭立即请方观承到他的王府中做幕僚。后来，福彭被任命为定边大将军，出征准噶尔。福彭上奏要方观承随军出征。雍正皇帝奇于方观承的经历，召见了他，经过交谈，对方观承非常满意，当即赐予中书之位。

## 忏悔难灭不孝罪

张义，是一个六十多岁的老翁。从表面上看来，张义这个人，还算忠厚老实，生平务农，克勤克俭，并没有做什么缺德的事，可是人非圣贤，孰能无过，纵然一般人认为并不太坏的人，在一生之中，也难免有或多或少的过错，张义岂能例外。好人与坏人不同的地方，就是好人有了过错，能知道反省，自己认错；坏人做了恶事，不知反省，绝不认错。张义是有良心的好人，反省自己的生平，深深地感觉过错很多，因此他常在菩萨面前痛切忏悔，诚心改过。他年老多病，精神衰惫，有一年病重，梦中他被两个冥使，带到冥府去，冥王拿出黑簿给他看，在那本黑簿上，把他生平的罪孽，记载得巨细无遗，历历如画，像残杀生禽啦，虐待动物啦，欠缴官税啦，调戏妇女啦，借钱不还啦，恶口骂人啦，挑拨是非啦，妒忌贤能啦，诽谤好人啦，等等过错，都已记得清清楚楚。可是由于张义晚年痛切忏悔，诚心改过，以上种种罪过，簿上都已一笔勾销。他看了那本黑簿，一则以惊，一则以喜，惊的是冥间对于人们的罪恶，竟记载得如此详细；喜的是幸而晚年诚心忏悔，勾销了许多的罪恶。可是当他再仔细看下去时，不由得使他吓得冷汗直出，原来黑簿上还记有一件恶事，独独的没有勾销。为什么其他许多的罪恶都已勾销，独有一件恶事不能勾销呢？那件恶事不是别的，就是他曾对父亲忤逆不孝。说起张义的忤逆不孝，那要追溯到他的少年时代了。在大约五十年以前，张义只有十七岁，还是个血气方刚的少年。他的家庭，世代务农，父亲是一位耕作十余亩田地的自耕农，那时科学不发达，在农业收获的季节，从割稻以至打谷等过程中，一切全靠人力，没有现代化的机械农具，所以旧时代的农夫，胼手胝足，是异常辛苦的。有一年秋收的季节，农夫们都忙着在田中割稻，秋天的气候，普通说来，应该是凉爽的，可是有时到了秋天，气候的炎热，有时反而胜过夏天，俗语形容秋天炎热，称为“秋老虎”。那一年的秋天，气候就特别的炎热，火伞高张，偏偏又没有风，人们坐在家中，尚且汗流浃背，何况在烈日下的田中割稻呢？可是成熟的稻，倘不收割，会受到牲畜践踏和鸟类啄食的损害，所以不论天气如何的炎热，农夫们都要尽快地收割。张义的父亲，在那农忙的季节，十分紧张忙碌，不在话下，当时张义已是十七岁的大孩子，农忙中应该尽力帮助父亲，本是理所当然。岂知当他父亲命他帮助割稻时，他非但没有欣然受命，反觉得父亲不该在炎热的气候中命他做事，竟对父亲怒目而拒，好像要打骂父亲的样子。使他父亲受了很大的气，胃痛发作，饭也吃不下。张义不仅没有帮到父亲的忙，且连父亲的工作效率，也因生气而受到不良影响了。就是为了这件事，在张义本人的账簿上，记下了一笔染污极深的黑账。张义看到黑簿上记下了这样一笔黑账尚未勾销，正在惊骇失色的时候，冥王对他解释说:“罪恶好比衣服上染了污色，忏悔好比用肥皂洗涤。浅的污色可用肥皂洗涤得掉，深的污色是无法洗除的。你生平所犯其他罪恶，都是不深的污色，得因痛切忏悔而洗除。但忤逆不孝，其罪最重，是极深的污色，虽经忏悔，亦不易洗除。这是你的黑簿上，其他罪恶都已勾销，独有不孝罪孽尚未勾销的原因。好在你晚年诚心改过，所作功德很多，虽未能勾销不孝恶业，尚能延寿，让你回阳去吧！”说罢，冥差把张义的肩膀一拍，张义就苏醒回阳来了。从此以后，张义把冥间的所见所闻逢人便讲，使人们都知道要尽心尽力地孝顺父母，千万不可犯忤逆不孝的恶业。

## 曹王瞒贬恐惊亲

曹王皋，唐朝衡州刺史，政绩突出，深受百姓爱戴。朝中另一位官员嫉妒他取得的成就，设计诬陷他触犯王法，于是他被贬到潮州。杨炎知道了曹王皋为人耿直，是一位治国人才，做了宰相之后又提拔他做了衡州刺史。在曹王皋被贬官之时，因担心母亲年纪大，经受不起打击，于是对母亲隐瞒了实情。他白天在外面穿着囚服，回家马上换上官服。他把被贬官说成是被提升，假装高兴地向母亲辞别。这次官复原职，他还没来得及告知家人，消息就已经传到了母亲那里。母亲祝贺他时，他跪在地上，才对母亲说出了真相。

## 卢氏孝勇

唐朝年间，河北幽州范阳县有一女子卢氏，广涉经史书籍，又因服侍公公和婆婆孝顺而出名。卢氏嫁与郑义宗为妻，自从过门之后，对婆婆极尽孝道，深受夫家上下称赞。

一天夜里，一伙强盗闯入郑家，逢人便杀，见物就抢。郑府家人吓得魂飞魄散，各自四散逃命。卢氏本可逃过此厄，但想到婆婆年迈体衰，无法走动，恐遭强盗伤害，便毅然转回家中，冒险陪伴婆婆。

这时，正值强盗四处翻箱倒柜，来到里屋，提刀威胁婆婆说出家中暗藏的财产，恰逢卢氏进屋，上前挺身挡住婆婆，与贼众对峙。强盗大怒，立时刀杖齐下，把卢氏砍打得体无完肤，昏倒在地，幸好尚未当场丧命。

事后，卢氏经过数月医治，伤势痊愈。人们问她那时为何不及早逃命，卢氏说："人与禽兽之别，在于知晓孝义。婆婆临危之际，作为儿女却弃之不顾，自管保全性命，如此所为，尚有何颜立于人世。"婆婆为其壮举感动得潸然泪下，人们皆钦佩和赞颂卢氏之孝勇。

# 广要道章第十二①

## 原文

**子曰：“教民亲爱，莫善于孝。教民礼顺，莫善于悌②。移风易俗，莫善于乐③。安上治民，莫善于礼④。礼者，敬而已矣。故敬其父，则子悦；敬其兄，则弟悦；敬其君，则臣悦；敬一人，而千万人悦。所敬者寡，而悦者众，此之谓要道也。”**

## 注释

①广要道章：在《开宗明义章》已经提到“先王有至德要道”，但没有对什么是“要道”进行展开说明，本章要完成这个任务，所以以“广要道”为名。

②悌（tì）：弟弟无条件顺从哥哥的一种道德。

③乐（yuè）：古人所说的乐，包括音乐和舞蹈。

④礼：礼可以用来规定君臣、父子之别，明确男女、长幼之序，所以可以“安上治民”。

## 古文今译

孔子说:“教育百姓相亲相爱，最好的办法莫过于孝。教育百姓顺从君长，最好的办法莫过于悌。改变旧的、不良的社会风气和习惯，最好的办法莫过于乐。安定上边和治理下边，最好的办法莫过于礼。礼的根本问题，不过是个‘敬’字罢了。所以，你尊敬人家的父亲，人家的儿子就觉得高兴；你尊敬人家的哥哥，人家的弟弟就觉得高兴；你尊敬人家的国君，人家的臣子就觉得高兴；尊敬一个人，就能使千万人觉得高兴。所敬的人很少，而觉得高兴的人却很多。因此，孝才被称作非常重要的道。”

## 名篇仿作

# 《女孝经》广要道章第十二

### 原文

**大家曰:“女子之事舅姑也，竭力而尽礼。奉娣姒也，倾心而罄义。抚诸孤以仁，佐君子以智。与娣姒之言信，对宾侣之容敬。临财廉，取与让，不为苟得，动必有方，贞顺勤劳，勉其荒怠。然后慎言语，省嗜欲，出门必掩蔽其面。夜行以烛，无烛则止。送兄弟不逾于阈。此妇人之要道，汝其念之。”**

### 古文今译

曹大姑说:“女子出嫁之后侍奉自己的公公婆婆，应当做到有礼制。对待自己的妯娌，也应当尽心尽力。要以仁爱之心抚养遗孤，以自己的聪明智慧辅助丈夫。对待自己的妯娌要讲信誉，对待宾客要有礼貌。不要贪财，获取财物要有度。不要得过且过。做事情要有规矩，勤劳治家，不可懒惰。不要终日闲言碎语，要清心寡欲，外出的时候，应当将自己的面部遮盖起来。晚上出门的时候，一定得带上蜡烛，没有蜡烛的话，就不要出门。送自己的兄弟的时候，不要越过门槛。这些都是做女人应当懂得的道理，你们可要记住了。”

# 《忠经》广至理章第十二

## 原文

**古者圣人以天下之耳目为视聪，天下之心为心，端旒而自化，居成而不有，斯可谓至理也已矣。王者思于至理，其远乎哉！无为，而天下自清；不疑，而天下自信；不私，而天下自公。贱珍，则人去贪；彻侈，则人从俭；用实，则人不伪；崇让，则人不争。故得人心和平，天下淳质，乐其生，保其寿，优游圣德，以为自然之至也。《诗》云：“不识不知，顺帝之则。”**

## 古文今译

古代的圣人以天下人所看到、听到的作为自己得到信息的途径，天下人所想到的，当然也就是他所想到的，国家自然地就会得到政治教化，这样的话，国家就没有不可治理的，这是治理国家的最好方法。作为王者在思考治理国家的方法时，意义真是深远呀！君王要是能够做到无为而治的话，国家自然就会清明；君王如果不猜忌多疑的话，整个国家都会讲诚信；君王如果能够做到不自私的话，子民们自然地就会以天下为公。君王如果看轻珍宝的话，那么子民们也就不会贪财；君王如果能够做到节俭的话，则子民也会跟随着俭朴；君王如果推崇诚实的话，子民们也就不会欺诈；君王讲求谦让的话，子民也就不会争强好胜。君王治国，以得人心为上，只有天下淳朴，子民们才会幸福地生活，健康长寿，推崇圣德，以自然质朴为最高准则。（《诗经·大雅·文王之什·皇矣》说："谦让、温顺、忠厚、淳朴、顺从是天地间的规则。"

故事

## 老虎引路

李长者是唐朝人，一生不爱名利，最喜欢的就是《华严经》，以《华严经》为终生之业。他学佛多年，有一次离开自己住的地方，想要专心地为《华严经》注述。把行囊整理好后，就离开家里，在路上遇到了一只老虎，而这只老虎仿佛就是在那里等候他一样，遇到他非常的驯服、温顺。李长者就跟它讲："我想请你帮我找一个安静的地方，让我在那里安心写释论。"于是就把行囊挂在老虎的背上，老虎似乎听懂了李长者的话，缓缓望着他，就这样一路走了过去，走了约二三十里路的时候，老虎就在一个土坎上面停留下来，这时李长者知道老虎的用意，是把他带到这个地方给他栖身住宿之处。这个土坎非常光亮明洁，旁边还有一口泉水，在他到来的前夕，有一阵暴风雨把一棵古松连根拔起后，就涌出了泉水。所以，后来这口泉水就被称为"长者泉"。李长者就在此地住宿有五年之久。五年当中，每天到傍晚时，这口泉水就会射出一道白光来给他当烛光，让他能顺利地在晚上写作，还有两个年轻女子来伺候他，煮饭给他吃。等到五年写完释论后，这两个女子也不见了，其实这两个女子是天上派来的。

# 郑板桥责行孝道

被誉为“扬州八怪”之一的郑燮，是清代著名书画家，字克柔，号板桥，也称郑板桥。郑板桥是康熙年间的秀才，雍正时的举人，到乾隆时期终于考中进士，官至潍县县令。

郑家本是书香门第，但到郑板桥父亲这一辈的时候，家道中落。郑父虽然有些学识，但只考得个廪生，在破败的家中开设了一个小型学堂。教几个幼童读书，生活相当清苦。郑板桥出生时，郑家由于祖上积累的家资早已耗尽，生活十分拮据。板桥三岁时，生母就去世了，郑板桥便由继母抚养。板桥的继母贤惠而有爱心，可惜体弱，禁不住饥寒的煎熬，在板桥十四岁时也去世了，对未成年的板桥来说，这又是一个很大的打击。板桥只好依靠乳娘费氏抚养，这位乳娘是他祖母的侍婢，为感谢主人多年对她的恩情，一直与郑家共患难。乳母费氏是一位善良、勤劳、朴实的劳动妇女。每日清晨，她都带着瘦弱的板桥，到市上做小贩，宁愿自己饿着肚子，也要先买个烧饼给板桥充饥。乳娘费氏给了郑板桥悉心周到的照料和无微不至的关怀，成了少年郑板桥生活和感情上的支柱。长大后的郑板桥一直牢记继母和乳娘无私的养育之恩，无奈她们都已过世，自己没机会向她们再尽孝道。他便决心以在世间传播孝道为己任，身体力行大力弘扬孝道，使人们都孝敬自己的父母亲人，促进家庭和睦。

郑板桥在山东潍县做县令时，喜欢微服私访体察民情。有一天，他领着一名书童走到城南一个村庄，见一民宅门上贴着一副新对联：

“家有万金不算富，命中五子还是孤。”

郑板桥感到很奇怪，现在不是过年过节，这家贴对联干什么？而且对联写得又十分含蓄古怪。他便叩门进宅，见家中有一位老人。老人强颜欢笑将郑板桥让进屋内。郑板桥见老人家徒四壁，一贫如洗，便问道：“老先生贵姓？今日有何事？”老人唉声叹气说：“我姓王，今天是老夫的生日，便写了一副对联自娱，让先生见笑了。”郑板桥似有所悟，向老王头说了几句贺寿的话，便告辞了。

郑板桥一回县衙，便命差役将南村王老汉的十个女婿叫到衙门来。书童纳闷，便问道:“老爷，您怎知那老汉有十个女婿?”郑板桥给他解释说:“看他写的对联便知：小姐乃‘千金’，他‘家有万金’，不是有十个女儿吗?俗话说‘一个女婿半个儿’，他‘命中五子’，正是十个女婿。”书童一听，恍然大悟。

老汉的十个女婿到齐后，郑板桥不仅给他们讲了孝敬老人的道理，还规定十个女婿要轮流侍奉岳父，让他安度晚年。最后又严肃地说:“你们中如果有哪个不善待岳父，本县肯定要治你们的不孝之罪!”第二天，十个女儿和女婿都上门看望老人，并带来了不少衣服、食品。王老汉对女婿们一下子变得如此孝顺，有点莫名其妙，一问女儿、女婿，方知昨日来的是郑大人，心中不禁感激万分，连连称赞郑大人是个好官。

## 林大钦事母至孝

林大钦（1512~1545 年），字敬夫，号东莆。广东省潮州府海阳县东莆都山兜村（今潮安县金石镇仙德村）人。

林大钦从小家境贫寒，却非常孝敬父母。天资聪敏的他，每门功课对答如流，在潮州一带称之为“神童”。他设法向藏书万卷的族伯借书学习，博览诸子百家经典著作，十二岁时的文章习作，竟与苏东坡的文章风格近似。当时，澄海县隆都陇美村的黄石庵先生曾到山兜村任教，见林大钦聪颖出众，又虚心好学，十分器重，便带林大钦回陇美村就读。

林大钦十六岁时，父亲去世，家境更为困苦。为谋生计，他到附近塾馆任教，并经常帮人抄书以补贴家用。成家之后，林大钦与妻子竭尽孝道，用心奉养母亲，深受邻里赞扬。

明朝嘉靖十年（1531 年）秋，林大钦得中省试举人。

次年春，林大钦上京赴考，名列榜首，得中状元，深受嘉靖皇帝器重，授职为翰林院编修。

他刚任职于翰林院，就把母亲和恩师黄石庵接到京城奉养。恩师黄石庵也因此被皇帝钦赐为进士。为进一步报答师恩，林大钦请旨在陇美村建造“状元先生第”（至今宅第基本完好）。大门石匾上镌刻“黄氏家第”，并有“门人林大钦题”的落款，门联为“状元先生第，进士世范家”，均为林大钦手笔。

再说林大钦母亲到京不久，便因水土不服，一病不起。林大钦尽心尽力遍请名医为母诊治，却毫无起色。

嘉靖十二年（1533 年），揭阳县进士翁万达（后官至兵部尚书）出任广西梧州知府，常与林大钦书信往来，林大钦曾在信中对翁万达说：“老母卧病，侵寻已七八月，此情如何能言。今只待秋乞归山中，侍奉慈颜，以毕吾志尔。”在《与卢文溪编修》的信中说：“老母体较弱，北地风高，不可复出矣，只待乞恩归养。”

是年秋后，林大钦终于以“老母病较弱，终岁药石”，奏请“乞恩侍养”，而被获准护送老母返回潮州。

林大钦初回归潮州时，没有安居之所，经常向人借宅暂居。后来为老母安享晚年而为母建造府第。然而，又恐“土木之华，豪杰所耻”，再加上能力有限，导致工程迟迟没有进展。

在此期间，朝廷多次召唤林大钦回朝复职，林大钦始终“视富贵如浮云，温饱非平生之志；以名教为乐地，庭闱实精魄之依”，而屡辞不就。母病数年之间，林大钦事母至孝，有明朝天启年间户部侍郎林熙春对其形容说：“母安则视无形，听无声，纵寒暑不辞劳瘁；母病则仰呼天，俯呼地，即神鬼亦尔悲哀。”

1540 年，林母病逝。林大钦悲痛至极，万念俱灰，由于哀伤过度，随后一病不起。至于母亲的府第也就半途停建，落得个“府存墙而无堂屋，门存框槛而无扉”的凄凉景象。

而后数年之间，林大钦基本是在病榻度过。他哀母的情景，林熙春形容为：“母死则骨立支床，吊人殒泪；母葬而跪行却盖，观者蹙眉。”他本人在《复翁东涯》信中也说：“自失承欢，忧病漂泊。杜鹃之愁，日夜转深。望云兴悲，对鸟泪下。居则若有所望，出则侗然不知所往。”时之揭阳县进士，官拜行人司司长的薛侃和潮阳县进士、官拜户部主事的林大春皆为他所作传，都提到他在葬母归程中因悲伤过度咯血而病倒。

林大钦卧病期间仍十分关注当地民生，他不止一次地给潮州知府龚缇去信，不厌其烦地要龚知府顺时令，重民事，申孝悌，崇节义，省器用，恤孤寡，治沟渠，修传舍，清径路……

当时，蒙古俺答部侵略北部边境，战事连年未息。1544 年 2 月，翁万达由四川按察使调任都察院右副都御史，巡抚陕西，赴西北前线指挥战事。林大钦对此又担忧，又兴奋，特此去信表示慰问，并大谈用兵之道。可见其关心时政之心未泯。

1545 年农历八月十二日，林大钦病逝。

他的故事，也因他的遗著《东圃文集》等，一直在潮汕民间流传。

## 待弟成名

鲁恭，字仲康，东汉陕西人。父亲曾任光武帝时的武郡太守多年，后因病谢世。鲁恭当时只有十二岁，弟弟鲁丕仅七岁。他们从早哭到晚，拒绝接受官府的救济。回老家把父亲安葬之后，两个孩子全心全意地为父亲守丧。极尽礼节之仪，甚至有很多事情比大人们想得还要周全。乡亲们都很佩服这两个孩子。服丧三年期满，鲁恭已经十五岁了，他和母亲、弟弟三人相依为命，住在太学，闭门读书。兄弟俩学习认真、勤奋，因此，进步都很快，也受到人们的普遍赞扬。官府得知鲁恭的才华出众，多次请他做官，但鲁恭因有自己的考虑而屡屡拒绝。他认为，弟弟年纪尚小，如果自己先奔赴功名，那就不能每天鞭策弟弟进取，会影响弟弟的进步。所以他想等到弟弟成名立业那一天，再施展自己的抱负。所以，每次都借口自己身体不好，不能胜任官府工作。

母亲知道其中缘由，要求他必须去当官做事。无奈之下，鲁恭只好去新丰教书。终于等到弟弟鲁丕被举办孝廉的那一天，鲁恭才改变以往的态度，到官府作了一名郡吏。

## 收鸡奉母

茅容，字季伟，东汉河南陈留人。茅容四十岁时，还只是个耕田种地的农夫，靠自己辛勤的劳作奉养母亲，风雨不误。有一天，在耕种时，突然天降大雨，他被困在了一棵大树下。其他来躲雨的同龄人都站没站相，坐没坐相，谈吐粗俗，只有茅容一人穿着整齐，坐姿端正。这时，名士郭林宗路经此地。郭林宗博通经典，广收门徒，有弟子千人。他发现茅容气质不凡，就主动与茅容交谈，结果二人非常投缘，相谈甚欢，不知不觉天就黑了，于是随茅容回家住宿。次日清晨，郭林宗见茅容杀鸡炖汤，以为是要款待自己，没想到茅容却把炖熟的鸡分成两份，一份给他的母亲吃，另一份则收了起来，用来招待自己的只是山肴野蔬。郭林宗感受到茅容把好东西留给母亲的孝心，深受感动，并大加赞赏："真是一位难得的贤人啊！我要和你做朋友，以后常常来往。只要你愿意，就可以跟我学习圣贤之道。"后来茅容在郭林宗的指导下，成为一名学问品行并重的人。

## 半钱寻母

杨成章，明朝道州人。父亲杨泰是浙江长亭巡检，因妻子何氏没有孩子，所以纳丁氏女为妾，并生下了杨成章。成章四岁的时候，杨泰就去世了。丁氏的父亲把成章交给何氏，带走了女儿丁氏。丁氏走之前把一枚银钱一分为二，自己和何氏一人留一半，等成章长大之后，好让何氏把那一半给他。六年过去了，何氏临死前，把那半枚银钱的来历告诉了成章，并交给了他。成章悲伤地接过那半枚银钱。长大成人后，成章结婚后一个月，就拿着半个银钱到浙江去寻找生母丁氏。生母已经改嫁到了东阳郭家，并生有一子郭珉。成章不知道此事，到处寻找原来的丁氏，自然找不到了。同时，丁氏也在四处打听成章的下落。后来，她终于知道成章考中了秀才，就让郭珉带着自己珍藏的半枚银钱去找哥哥。兄弟俩终于在江西相遇了，各自拿出半枚银钱合二为一。二人心头百感交集，拥抱相认。成章随弟弟去东阳看望生母。并欲接生母回自己家，但是母亲没有同意。后来多次劝说迎接，也没有成功。成章并不气馁，他放弃了求学的机会，到东阳一心奉养母亲。母亲去世后，成章和弟弟郭珉先后到京城做了官。当时的皇帝得知这件事，特别下诏书封成章为国子学录，还赐给郭珉许多花红洋酒。

# 忠孝双全

沈云英（1624~1660 年），明朝浙江萧山县昭东长巷村人。她从小喜欢骑马射箭，挥刀舞枪，练就了一身好武艺，并且苦读诗书，记忆力强，对宋朝胡安国的《春秋传》颇有研究。

崇祯十六年（1643 年），沈云英的父亲沈至绪出任湖南道州府守备。沈云英时年十九岁，随侍父亲左右。

当年，恰逢农民起义军张献忠部队围攻道州，沈至绪率兵出城迎敌，不幸战死阵中。沈云英闻讯悲愤至极，登上高处疾呼："我虽一个小女子，为了完成父亲守城的遗愿，定与敌军决一死战。希望全体军民齐心协力，保卫家乡。"言毕，束发披甲，一马当先，杀出城外。

此情景顿时激发起全军斗志，纷纷随之出城奋勇杀敌。因沈云英带头拼死冲杀，终于击退了敌兵，夺回了父尸，解了道州之围。

事后，道州郡守上表奏请其功，湖南巡抚王聚奎奏请朝廷敕封，追封沈至绪为昭武将军，在麻滩驿建祠，并加封云英为游击将军，继续守卫道州府。道州府的百姓为她建了一座忠孝双全的纪念祠。

后来，清兵入侵中原，南渡钱塘江，沈云英眼见山河破碎，回天无力，便欲投水自尽，幸得母亲奋力挽救，才免于死。沈云英后来家境十分贫寒，在长巷家祠开办私塾讲学，训练族中子女。

清朝顺治十七年（1660 年）秋，沈云英病逝，时年 36 岁。至今故里长巷村仍保留着"云英将军讲学处"。

# 广至德章第十三①

## 原文

**子曰："君子之教以孝也，非家至而日见之也。教以孝，所以敬天下之为人父者也；教以悌，所以敬天下之为人兄者也；教以臣，所以敬天下之为人君者也。《诗》云：'恺悌君子，民之父母②。'非至德，其孰能顺民如此其大者乎③？"**

## 注释

①广至德章：第一章已经提到了"至德"，但没有展开加以说明。此章要对"至德"加以展开说明，故以"广至德"为名。

②《诗》云二句：见《诗经·大雅·生民之什·泂酌》。

③顺：通"训"。参见前章注。

## 古文今译

孔子说:“君子在向百姓进行孝顺父母的教育时,并不是挨家挨户都要走到并且每天都要见面叮咛两句,而是自己首先做出表率,百姓自然闻风而动。以孝道教育百姓,是要使普天之下做父亲的都受到尊敬;以悌道教育百姓,是要使普天之下作哥哥的都受到尊敬;以臣道教育百姓,是要使普天之下作国君的都受到尊敬。《诗经》上说:‘平易近人的君子啊,您是天下苍生的父母。’如果没有孝这种至高无上的德行,又有谁能够把百姓治理得达到如此崇高的境界呢?”

## 名篇仿作



# 《女孝经》广守信章第十三

## 原文

**立天之道曰阴与阳,立地之道曰柔与刚。阴阳刚柔,天地之始;男女夫妇,人伦之始。故乾坤交泰,谁能间之?妇地夫天,废一不可。然则丈夫百行,妇人一志;男有重婚之义,女无再醮之文。是以《芣苡》兴歌,蔡人作诫;匪石为叹,卫主知惭。昔楚昭王出游,留姜氏于渐台,江水暴至。王约迎夫人必以符合,使者仓**

**卒，遂不请行。姜氏曰："妾闻贞女义不犯约，勇士不畏其死。妾知不去必死，然无符不敢犯约。虽行之必生，无信而生，不如守义而死。"会使者还取符，则水高台没矣。其守信也如此，汝其勉之。《易》曰："鹤鸣在阴，其子和之。"**

## 古文今译

天之道要阴阳调和，地之道，要刚柔相济。阴阳刚柔，是天地万物的开始；男女之间的婚姻，则是人伦的开始。所以，天地之间的变化，谁能够干涉呢？妇人是地，丈夫就好比是天，缺一不可。丈夫重视行动，妇人则要讲究专心一致；男人可以重婚，女人则不可再嫁。所以，《诗经》中的名篇《芣苡》，是蔡国人对妇人之德作的告诫；《诗经》中《国风·邶风·柏舟》一篇所感慨的，就是让卫顷公感到惭愧的事。春秋时楚昭王出游的时候，留夫人姜氏在今湖北江陵的渐台之上，江水突然暴涨，危及姜氏的生命安全。楚昭王曾经与姜夫人有约定，只有楚昭王的命令，才能够迎接姜夫人，而这时因为情况危急，使者来不及请示楚昭王就去救姜夫人，姜夫人以没有楚昭王的命令而不肯离开危险的渐台。姜夫人对使者说："我听说贞烈之女是不会违反约定的，勇猛之士是不怕死的。我知道现在不离开渐台必定是死，但是，没有楚昭王的命令，我不敢违反了当初的约定。我要是离开这里必定就有生还的希望，但是与其不守信用而活着，还不如坚守信用而死去。"使者赶紧回去取楚昭王当初与姜夫人约定的符，但水已经淹没了渐台，姜夫人就这样死了。姜夫人坚守信用竟然到了这样的地步，你们应当以此勉励自己啊。《周易》说："母鹤在暗处鸣叫，小鹤就会随声附和。"

# 《忠经》扬圣章第十三

## 原文

**君德圣明，忠臣以荣，君德不足，忠臣以辱。不足则补之，圣明则扬之，古之道也。是以虞有德，皋陶歌之，文王之道，周公颂之，宣王中兴，吉甫诵之。故君子，臣于盛明之时，必扬之，盛德流满天下，传于后代，其忠矣夫。**

## 古文今译

君王如果有圣明之德，忠臣就会感到荣耀，君王如果道德不足的话，忠臣就会感觉受到了侮辱。君王的道德如果不足的话，臣下应当想办法去弥补，那么圣德就会得到宣扬，这也是自古以来的道理啊。所以，唐虞有高尚的道德，皋陶就会歌颂他；周文王有道，周公就会颂扬他；宣王取得了中兴的成就，吉甫就会纪念他。作为君子，身处盛世，必须要歌颂自己的君王的政绩，让贤能君王的圣德能够施布于天下，流芳百世，这就是忠啊。

故事

## 史可法感恩老师

明朝名臣史可法当年进京考试，住在寺庙里。古代很多读书人没有钱，考试期间都住在京城附近的寺庙里。有一位贤臣叫左忠毅公，刚好是此次主考官，他就把官服脱掉，穿着民众的衣服，到这一些寺庙里面去巡视，看一看有没有懂得忧国忧民出色的读书人来参加这次考试。刚好左公走到了一个寺庙里，看到一个年轻的考生写完一篇文章太累睡着了，案上放着刚写成的一篇文稿。左公拿起一读，非常赞赏他的志略和刻苦精神，再看书生衣衫单薄，熟寐不醒，心知苦读劳累。左公怕他感受风寒，便把自己的貂裘脱下来，盖在熟睡的史可法身上，出来问寺僧，方知书生名叫史可法，因此留下深刻印象。后来考试的时候看到一篇文章，感受到字里行间有一种气节，一种志向，马上就知道是他，所以就批了他为状元。史可法考上状元之后，按照礼节到左公家拜老师和师母。左公可怜他家贫困，收做弟子，留于馆署。此后，他愈加发奋苦学，饱受恩师濡染，立志以身报君许国。左公在公务之暇，常与他交谈时事，辩论古今，看出其宏大抱负和超凡才略，就对妻子说:“他日继吾志事，唯此生耳。”这就是说，以后继承我事业的不是自己的孩子，而是我这个学生。古代圣贤读书人不怕自己没有后代，只怕圣贤学问断在他的手上，所以他更注意圣贤学问有没有承传的人。

后来左公、史可法同朝为官。明朝末年宦官当道，左公被陷害，入狱之后遭受多种酷刑，眼睛被烧红的铁片灼伤而粘连，膝盖以下被切断。史可法知道老师在狱里会遭受很多酷刑，十分焦急，通过各种关系，终于感动监狱里的士兵，他们就建议史可法装扮成捡垃圾的，进监狱去看望老师。史可法缓缓接近老师的监狱门口，当走到老师面前时，禁不住地抱着老师的腿放声大哭。左公听到声音是他的学生史可法，就用手把自己的眼睛抻开，目光如炬地看着史可法说："你是什么身份！你是国家栋梁，国家正是危难之际，你怎么可以把自己的生命陷在这么危险的境地！与其让那些乱臣把你害死，不如我现在就活活把你打死！"左公捡起地上的石头就往史可法身上扔。史可法看到老师这么生气，就马上离开监狱。其实左公那样做，完全是念着学生的安危，学生的成就。后来，左公被害死了。

史可法担任过很多职务，还在边境带兵防守。每个晚上士兵分三批背靠背守夜，但他坚持一夜不休息，士兵建议他应该休息一会儿，结果史可法回答士兵说："假如我去睡觉，国家因为这时陷入危难中，我对不起老师，对不起国家。"史可法念念不忘老师的恩德和教诲，不敢有丝毫的松懈。每一次回故乡，首先到老师家里看望师母及其后代子孙过得是不是很好。

后来清兵入关打到江南时，史可法到江南重镇扬州督师。他把意志消沉的各路将领团结在一起，誓死坚守扬州城。清军统帅多铎五次派人去劝降，都被史可法严词拒绝。多铎恼羞成怒，下令用大炮轰城。在打退了清军的多次进攻后，明军终因敌众我寡，城池失守。史可法誓死与扬州城共存亡，最后壮烈牺牲于乱军之中。后来人们在城外梅花岭上为史可法建了个"衣冠冢"，永世纪念这位民族英雄。

左公为国家忠心耿耿，不仅能够慧眼识才，还能保护国家的栋梁之材。史可法为报答老师的恩德和教诲而壮烈牺牲的壮举，让后人深深感动，也给我们树立了很好的学习榜样。

## 谭嗣同临危救父

谭嗣同是清末维新派政治家、思想家，他与维新人士一起倡导的戊戌变法已永远被写在历史的光荣簿上。有一个关于他临危救父的故事，更是被人们广为流传。

1898 年 9 月 21 日，仅仅百余日的戊戌变法宣告失败，光绪帝被囚，清政府开始大肆搜捕维新志士，谭嗣同自然在劫难逃。当时，梁启超等人赶到谭嗣同住处对他说:“留得青山在，不怕没柴烧，快跟我们一起到日本去暂避一时吧!”谭嗣同慷慨地说:“没有出走的人，就没有办法谋取将来的事；没有牺牲的人，就没有办法报答贤明君主。现在还不能预料康先生的生死，我要像杵臼、西乡那样，为维新变法这个理想而死，报答皇上；您要像程婴、月照那样，为维新变法理想而出走，以图谋将来。各国变法，没有不经过流血就成功的，在中国没听说有因变法而流血牺牲的人，这是国家不富强的原因啊。现在需要流血牺牲，那就从谭嗣同开始吧。”说完，他拉着梁启超的手说:“你们快走吧，多多保重，将来变法要靠你们了!”

梁启超等人离京以后，北京城内乌云密布，眼看一场风暴将至。

谭嗣同早已将个人的安危置之度外，但他知道清政府一贯厉行“一人犯法，累及家庭”的株连法，想到自己被杀后将累及年迈的父亲，他心如刀割。

忽然，他心生一计，转身走到书桌前取出信笺，模拟父亲的笔迹写道：

复生：

你大逆不道，屡违父训，妄言维新，狂行变法，有悖国法家规，故而断绝父子情缘。倘若予以不信，愿以此信作为凭证，尔后逆子伏法量刑，皆与吾无关。

谭继洵

谭嗣同在伪造了这封家书后，长长地吐了一口气。他将信笺折好放进抽屉，走到窗前，对着窗外暗自说道:“父亲，孩儿有难，决不牵累您老人家，我决不会忘记母亲生前的重托。”

原来，谭嗣同十二岁那年，他母亲和姐兄三人均病殁于一场瘟疫。母亲临死前对他说:“你父亲脾气倔强，我死后你要好生顺着他，照顾他。”母亲死后不久，谭嗣同也感染瘟疫，一连三日发高烧，父亲到处求医给他治病，日夜在旁守护，终于使他摆脱了死神。

第二天，一队清兵冲进浏阳会馆来抓谭嗣同，还四处搜寻书房里的“罪证”。这时，谭嗣同看到书桌上的那封伪造父亲笔迹的信被清兵搜出交到一名太监手里，不禁暗自高兴：这下父亲有救了。

没有了遗憾，没有了牵挂，谭嗣同在刑场上发出了震撼天地的疾呼："有心杀贼，无力回天，死得其所，快哉快哉！"

谭嗣同英勇就义，谭嗣同的父亲因为这封"家书"而免于治罪。

## 焦华力辞王姬

焦华，是晋代南安人，父亲为西秦安南将军焦遗。焦华为人谦虚和蔼，十分孝顺父母。一年冬天，焦遗病得很重，想吃新鲜的瓜，可是当时毕竟不是产瓜的季节，所以焦华很为难，整天茶不思饭不想，也休息不好，一心想着满足父亲的愿望。一次，他在梦中隐隐约约听到一个声音："听说你的父亲想吃鲜瓜，我给你送来了。"焦华激动不已。马上下跪，接过鲜瓜。一开心，就笑出了声，于是梦就醒了。可是，奇怪的是，自己的手中竟然真的有一个香气扑鼻的鲜瓜。焦华赶紧拿给父亲享用，父亲刚吃了几口，病就好了。

西秦王乞伏干知道这件事后，提出把自己的女儿许配给焦华。焦华不愿攀龙附凤，婉言谢绝道："娶妻的人是希望夫妻和睦，共同侍奉父母。但是王姬身份尊贵，嫁给我就太委屈了。我家里既没有豪华的家具摆设，也没有丰富美味的佳肴，因此，我没有能力迎娶国王的女儿。"所以，他就没有答应这门亲事。乞伏干并没有生气，反而很赏识焦华的人品，还让他担任尚书民部郎。

## 徐孝克侍宴取饵

徐孝克，南朝陈东海郯（今山东郯县）人，品行极为孝顺，但是家境贫寒。父亲去世后，他想尽了办法才将父亲埋葬。和老母陈氏相依为命，尽心奉养。战乱期间，百姓生活艰难，他甚至连一碗稀粥都无法供给母亲。无奈中，他只好剃了头做和尚，讨来食物侍奉母亲。陈宣帝很赏识他的为人，任命他为国子祭酒。每当皇帝请宴的时候，徐孝克从不食用任何食物。等到酒席散了，他把美食带回家给母亲享用。宣帝发现后，觉得很奇怪，就去问管斌为什么徐孝克不吃饭。管斌也不知道真相，直接去问徐孝克，才得知原来他把美味佳肴带回家是为了供养老母亲。管斌感动之余如实向宣帝禀告了，宣帝立即下令，以后皇帝在宴请群臣时，先让徐孝克把他母亲爱吃的酒菜挑出来带回家。

## 司马光保兄如婴

司马光，字君实，北宋陕州夏县（今陕西夏县）人，仁宗宝元年间进士，历任龙图阁大学士、翰林兼侍读学士，后任宰相，被封为温国公。七岁的时候，司马光和小朋友在院子里玩耍，一个小孩不小心掉在了水缸里，眼看就要被淹死了。大家都被吓跑了，可只有小司马光沉着冷静，搬来一块石头将水缸砸破，水流了出来小孩得救了。司马光不但机智，而且特别孝悌，他和哥哥司马伯康兄弟情深。哥哥已快八十岁了，他把哥哥当成父亲奉养，照顾得非常周到，就像照料婴儿一样的细心。吃饭时，总是关心地询问："哥哥，饭菜可口吗？"每年入冬，他都要摸摸哥哥的后背问道："哥哥，衣服是不是穿得有点少了？"

## 曹娥沉瓜寻父尸

东汉年间，浙江上虞县皂湖乡曹家堡有个名叫曹盱的巫师，他善能"抚节按歌，婆娑迎神"。

汉安二年（公元143年）五月五日，曹盱酒后驾船在舜江之中迎潮而上，他在船上作法之时，因酒性发作，导致动作错乱而失足落水沉江。

曹盱早年丧妻，膝下唯有一女，名叫曹娥，此时才十四岁。曹娥惊闻父亲噩耗，万分悲痛，哭昏倒地。醒来之后，有人教导她说："凡是遇到溺水身亡而难寻尸体者，可用香瓜投于水中，香瓜浮到尸体沉匿的地方就会从那里沉下去。”于是，曹娥提了一篮香瓜，向邻居借了一条船，驾船将香瓜抛入江中，一边对天祈祷，一边哭喊着父亲。她随着香瓜顺流漂浮，一连七天，沿江号哭，昼夜悲声不绝，哭得声音都嘶哑了。最后香瓜终于在一处水面沉了下去，曹娥随着大叫一声“爹爹”，纵身扑入江中。

三天之后，人们发现曹娥父女俩的尸体背靠背的浮出江面，而曹娥虽然已经死了，但她的脸色十分安详。

人们为了纪念这位舍身殉父的孝女，便把舜江改名为曹娥江，并在江边建了曹娥庙和立了曹娥碑，以供当地百姓世代祭祀。

元嘉元年（151年），上虞县官度尚改葬曹娥于江南道旁，命弟子邯郸淳作诔辞，刻石立碑，并镌联两副，以褒孝烈。（至今尚存）

联曰：

其一：孝女名江，看汐往潮来，百十里叠浪层波，是哭父千行血泪；逸才题赞，想外孙幼妇，几个字虫侵蠹啮，为诔娥万古丰碑。

其二：事父未能，入庙倾城皆末节；悦亲有道，见吾不拜也无妨。



## 忤逆的恶报

陈廿三是宋朝时代的人，住居在偏僻的山地。他生就一副凶暴刻薄的恶相，又浓又粗的眉毛，眉尾向上竖着，好似一把弯弯的刀；三角形的眼睛，一丝一丝的红筋交织在眼白中，每当无明之火暴发时，眼眶中的红筋更显露得厉害。

最可怜的是陈廿三的父亲，已是将近古稀的风烛残年，平日营养不良，操劳过度，以致到了高年，百病丛生，咳嗽气喘，连年不愈，一口一口的痰涎，终日吐个不停。照道理讲，陈廿三应该耐心地侍候父亲，不要说割肉疗父，至少也应该为父亲好好地延医服药。可是他对父亲的疾病，完全不放在心上，反而说父亲夜间的咳嗽声，打扰了他的睡眠，又说父亲的痰涎使他看了恶心，因此常对父亲厉声呵斥，“老不死”三个字，成了逆子陈廿三的口头禅。俗语说“强妻逆子，无法可治”。陈老头子面对着这样不可理喻的逆子，也只徒唤奈何，常常暗暗流泪。躺在病榻上，越想越伤心，自言自语地说：“儿子对我忤逆不孝，我总是活不长的了，可是我真为儿子担忧，他这样忤逆，将来恐怕要受到蛇伤虎咬的恶报。怎么办呢？”陈老头子在病魔及逆子的双重夹攻之下，不久就永别了人间。有一年，陈廿三与同村青年数人，结伴到深山去采柴。漫步在蜿蜒的山路上，忽然草地中游出来一条四脚蛇，对准着他的脚部猛咬一口，一时鲜血淋漓，染红了他的裤子，也染红了地上的青草。他为了躲避毒蛇，忍着痛苦向前行走，哪知走不了几步，树林中风声倏起，突然地又跳出来一只斑额吊睛的猛虎，同伴看到了老虎，都纷纷拼命逃走，可是陈廿三因为给毒蛇咬伤了脚，没法用力奔逃，结果给老虎咬去吃掉。

当他被毒蛇及猛虎包围的一刹那，也已觉悟这是忤逆的恶报，哀哭呼天，可是当恶报临头的时候，呼天无效，懊悔也已来不及了。

# 广扬名章第十四①

## 原文

**子曰："君子之事亲孝，故忠可移于君；事兄悌，故顺可移于长；居家理，故治可移于官。是以行成于内，而名立于后世矣。"**

## 注释

①广扬名章：首章虽然言及"扬名"，但未阐发其义，此章将要阐发其义。故以"广扬名"为名。

## 古文今译

孔子说："君子如果能够以孝侍奉双亲，那么，把这种孝移过来侍奉国君就是忠；君子如果能够以悌道侍奉兄长，那么，把这种悌道移过来侍奉官长就是顺从；君子如果能够把家庭治理得好，那么，把这种治家之道移过来也可以治理好官府。所以，具备了以上三种美德，美名也就流传到后世了。"

## 名篇仿作

# 《女孝经》广扬名章第十四

### 原文

**大家曰:“女子之事父母也孝，故忠可移于舅姑。事姊妹也义，故顺可移于娣姒。居家理，故理可闻于六亲。是以行成于内，而名立于后世矣。”**

### 古文今译

曹大姑说:“女子未出嫁时，在家里以孝来侍奉自己的亲生父母亲，出嫁之后，可以将这种孝心转移到公公婆婆身上。在未出嫁的时候，以仁爱之心对待自己的亲生姐妹，出嫁之后，可以将这种仁爱之心转移到妯娌身上。在家里管理家务，让好的声名传播于亲属之间。在家里拥有了良好的德行，将来就会使自己的名声流传到后世。”

# 《忠经》辨忠章十四

## 原文

**大哉？忠之为道也，施之于迩，则可以保家邦，施之于远，则可以极天地。故明王为国，必先辨忠。君子之言，忠而不佞；小人之言，佞而似忠，而非闻之者，鲜不惑矣。忠而能仁，则国德彰；忠而能智，则国政举；忠而能勇，则国难清，故虽有其能，必日忠而成也。仁而不忠，则私其恩；智而不忠，则文其诈；勇而不忠，则易其乱，是虽有其能，以不忠而败也。此三者，不可不辨也，《书》云:“旌别淑忒，其是谓乎。”**

## 古文今译

为忠之道的意义远大吗？就小处来说，可以保家卫国，就大处来讲，可以穷极天地。所以，作为明君在治理国家的时候，首先就得辨别臣下是否是忠臣。君子的言行，是忠诚而不是欺诈；小人的言行，欺诈却装扮成忠诚，这样的事情不是没有听说过，但是，很少有君王不被迷惑的。忠心且能够仁爱，那么，道德就会表现出来；忠心并充满了智慧，那么执政就能够取得成功；忠心且又勇敢，国难就能够铲除，臣下虽然有能力，首先必须得是忠臣，然后才能够有成就。虽然有仁爱之心，但是不忠诚，这样的臣子就会有私心；虽然有智慧，但是不忠诚，这样的臣子就会好欺诈；虽然勇敢但是不忠诚，这样的臣子就容易作乱，即使这些臣子有能力，因为没有忠心也会造成国家统治的失败。这三个方面，作为君王不能够不明辨啊，《尚书·周书·毕命》中说："表彰贤淑的，批评奸诈的，就是说的这些。"

## 故事

### 道纪法师孝母

南北朝时的齐国，有一位很有修行的高僧——道纪法师。他常常在邻城东边讲经，来去之时都扛着一个扁担，扁担上有两个担子，一个担子里坐着他的母亲，一个担子则摆满了佛经佛像。日常生活中，不论穿衣、吃饭、大小方便，都是由道纪法师亲自为母亲料理，如果有人要来帮忙，他一定会拒绝，并且说："这是我的母亲，不是你的母亲！你应对你的母亲也这样做！"道纪法师时常告诫人说："自己的母亲一定要亲自供养，供养母亲的福德与供养登地菩萨的功德一样大。"很多人被道纪法师的行为感动，纷纷效法他的孝心孝行。

为什么说对待父母好，功德就那么大呢？因为他们是我们最大最大的恩人，天底下最愿意、最心甘情愿付出的只有父母，可怜天下父母心。一个人如果对父母亲能够念得起这份恩德，是很不可思议的，业障就会慢慢地消除。

念父母恩，要体会父母对我们的好，也要懂得回馈。同时也要懂得感激他人和为他人着想，这份能够感激他人，为他人着想的心，必须从感念父母的恩德开始。

# 鲁迅长伴寡母

鲁迅的母亲是一个经历了许多苦难的女性。她三十一岁的时候，唯一的爱女瑞姑病亡，这一打击使她久久不能忘怀；三十九岁时，丈夫亡故。从此，鲁迅的母亲陷入了精神的悲伤和生活的困苦之中，自己一个人带着孩子艰难地生存。社会的黑暗，家境的败落，让鲁迅从小就饱尝了世态炎凉。由于鲁迅是家中的长子，所以在他还是少年时就要分担母亲生活的重担。鲁迅曾经这么对人说："阿娘是苦过来的！"因此，鲁迅一生对自己的母亲都是极为恭敬、孝顺的。

鲁迅一生刚正不阿，从来都是口心如一，不会去曲意逢迎别人的观点，更不会违心地屈从别人。唯有在家庭中，他对母亲妥协过。鲁迅二十多岁的时候，母亲做主给他定了亲，并把他从日本召回来，逼他结婚。鲁迅对这桩包办的婚姻极为不满，但是又不愿刺痛母亲屡遭创伤的心，只好屈从了。鲁迅曾说："当时正处在革命年代，以为自己死无定期，母亲愿意有个人陪伴，也就随她了。"

鲁迅从日本回国不久，便应教育总长蔡元培邀请，任教育部部员，后又随教育部从南京迁往北京。按鲁迅故乡绍兴祝寿习俗，以阴历虚岁生日做寿，1916 年阴历十二月十九日，是鲁迅母亲六十大寿，鲁迅先寄回六十元钱，给母亲过生日，在生日将临时，又特意从北京赶回绍兴，为母亲祝寿。鲁迅的母亲从小爱看社戏、爱听平湖调，为了庆祝母亲生日，让母亲愉快，鲁迅特邀请平湖调演员来家里演唱。这一天，全家热闹非凡，也是鲁迅母亲最欣慰的一天。1918 年，鲁迅在西城八道湾 11 号购置了一套住房，购房当年，鲁迅就亲自返回绍兴，把母亲和全部家属接到了北京。

到北京后，母亲开始过上了安逸幸福的生活。每当母亲生病时，都由鲁迅亲自陪同到医院诊疗，或是由鲁迅请医生来家里医治。鲁迅在北京工作期间，除在教育部任职外，还在北大、女师大等几所大专院校兼课，平时还要写作，但他仍尽力抽出时间来，陪同母亲到香山、碧云寺、钓鱼台等地游览。

1923年8月2日，鲁迅迁入砖塔胡同61号暂住，母亲还住在八道湾，但在砖塔胡同鲁迅仍给母亲留出一间东屋，供母亲来时居住。第二年，鲁迅迁入新购置的阜成门内宫门口西三条21号住宅，人住不到半个月，就把母亲接来同吃同住。鲁迅把最好的东屋给母亲住，自己则住在客厅外接出的一个小棚子里。鲁迅每天出门前，都要到母亲房里说一声："姆娘，我出去哉！"每次回家，也必到母亲房里说一声："姆娘，我回来哉！"然后问问母亲有什么事。每月发了工资，鲁迅都要买回各种点心，总是先送到母亲房里。

离开北京后，鲁迅和母亲开始通信，到鲁迅逝世时，六年多的时间里共给母亲写了一百一十六封书信。鲁迅不仅在家书里向母亲报平安，免得母亲挂念，还经常把近照寄给母亲。

1929年和1932年，母亲两次生病，鲁迅两次赴京探望。到北京后，亲自请医，亲自取药，等到母亲病愈了才回上海。母亲爱吃火腿，鲁迅在上海时，经常寄火腿给母亲。

出于孝心，鲁迅对母亲隐瞒了自己的病情。他说："肺病是不会断根的病，痊愈也不能的，但四十岁以上的人，却无生命危险，况且一发即医，不要紧的，请放心为要。"1936年10月19日，距鲁迅给母亲的信仅一个多月，鲁迅就在上海病逝了。母亲听到这消息，悲痛得哭不出声来，直到七天后才大哭一场。母亲含着泪说道："老大是我最心爱的儿子，他竟死在我的前头，怎么能不伤心呢？论年龄，他今年已经五十六岁了，也不算短寿了。只怪自己活得太长，如果我早死几年，死在他的前头，现在就什么事情也不知道了。"

除了物质生活以外，鲁迅在精神方面也对母亲体贴入微，关怀备至。母亲爱读言情小说，鲁迅多次在上海的世界书局、北新书店购买张恨水、程瞻庐的小说寄给母亲看。

这就是鲁迅，拥有高尚道德品质的一代文豪。

## 遇逆媳黑旗示警

安徽西乡有一程姓商人，娶了城里的名门女子庄氏为妻。庄氏一过门就轻视翁姑，而且经常评论翁姑的是非，她对夫家父母之不孝，由此可知。有一天她在窗前梳洗，忽然在镜中看见自己肩上插了一枝小黑旗，大惊失色。邻家一老妇刚好到访，看见庄氏惊惶失措，便问是怎么一回事。庄氏照实告知。

老妇说:“这是个不吉祥的兆头。我听说在某乡也曾有一妇人看见肩上有旗，不久就被雷击而死。后来听说这妇人是因不孝翁姑而受此报。可是你刚入门不久，一定没有忤逆翁姑的罪，不明白为什么也会发现黑旗。”

庄氏听后更惊。她自知有罪，立即告诉家姑，求家姑代向神明祈祷，愿意痛改前非。家姑亦庆喜媳妇能自知改过，于是设案炷香，与媳妇一起对着天跪求。庄氏从此孝顺翁姑，不敢有丝毫怠慢。从此黑旗便不见了，一家人都相安无事。

## 石建亲涤衣厕

石奋，西汉山西人，历任高祖、文帝、景帝。他的四个儿子石建、石甲、石乙、石庆，都官至二千石。

石奋一家家教很严格，都以孝著称，对长辈都是孝顺恭敬。石奋和四个儿子都是二千石以上的官员，因此人们就称石奋为“万石君”。石奋经常告诫儿子为人要谨慎言谈，要重视礼法，并能身体力行。

时值窦太后推崇黄老学说，认为石奋的不善言语、亲身躬行，正好能够对儒生的注重理论和外表言论产生打击效果，于是非常重视他。窦太后便任命石奋的大儿子石建为郎中令，小儿子石庆为内史。

多年之后，大儿子石建虽然年事已高，头发花白，但仍然不忘孝顺父亲。

他每过五天就离开朝廷回家探望一次，并在拜见完亲人之后，默默地亲自为父亲石奋洗换下的内衣，还为父亲冲洗厕所。他怕父亲知道了会认为自己这么做会影响工作，于是就千叮咛万嘱咐仆人千万不要让父亲知道实情。

## 杨津扶持老兄

杨播，字延庆，北魏华阴（今陕西华阴市）人。他为人忠厚、谦虚、恭顺，非常懂得教育孩子的方法。两个儿子杨椿和杨津感情深厚，相互敬重。每天清晨，他们起床后都相对而坐，用心学习知识，互不打扰对方。吃饭的时候，只要有好吃的饭菜，就一定会等到两人到齐后，才一块吃。晚上就寝时，用一个帐子在中间隔开，兄弟俩一边睡一个。有时候，他们就隔着帐子谈心。长大之后，虽然都成了家，却仍然来往甚密。杨椿老了之后，有一次喝醉酒无法回家，杨津亲自搀扶哥哥回家，还怕哥哥睡醒要召唤人伺候，虽然躺在哥哥身边却不敢入睡。他们六十多岁的时候都做了大官，可杨津丝毫没有凭借自己的官位自居，反而更加关心哥哥，每天早上和晚上都要亲自过问哥哥的情况。当哥哥去郊游、很晚还不回家的时候，他是绝对不会先端起碗吃饭的。

# 谏诤章第十五①

## 原文

**曾子曰:“若夫慈爱恭敬，安亲扬名，则闻命矣。敢问子从父之令，可谓孝乎?”子曰:“是何言与！是何言与！昔者天子有争臣七人②，虽无道，不失其天下；诸侯有争臣五人，虽无道，不失其国；大夫有争臣三人，虽无道，不失其家；士有争友，则身不离于令名；父有争子，则身不陷于不义。故当不义，则子不可以不争于父，臣不可以不争于君。故当不义则争之，从父之令，又焉得为孝乎③?”**

## 注释

①谏诤：下级对上级、晚辈对长辈的直言规劝。

②争臣：即“诤臣”。诤，谏诤。

③故当不义四句：范祖禹说:“父有过，子不可以不争，争，所以为孝也；君有过，臣不可以不争，争，所以为忠也。子不争，则陷父于不义，至于亡身；臣不争，则陷君于无道，至于失国。”

## 古文今译

曾子又问道："有关对父母要慈爱，要恭敬，要使父母活着省心，为其争光，这些道理学生已经听懂了。不过学生还有一个问题要问：做儿子的无条件地听从父亲的话，可以叫做孝顺吗？"孔子回答说："你说的是什么话呀！你说的是什么话呀！从前，如果天子有七个敢于直言谏诤的臣子，即令他本人暴虐，也不至于丢掉天下；如果诸侯有五个敢于直言谏诤的臣子，即令他本人暴虐，也不至于丢掉其国；如果大夫有三个敢于直言谏诤的臣子，即令他本人暴虐，也不至于丢掉其家；士如果有敢于直言谏诤的朋友，那么，他本人就不会失去美好的名声；父亲如果有敢于直言谏诤的儿子，那么，他本人就不会陷于不义之中。所以，当父亲、天子、诸侯即将陷入不义的时候，就不可不对父亲进行直言谏诤，做臣子的就不可不对天子、诸侯进行直言谏诤。所以，当父亲即将陷入不义的时候，做儿子的就应该直言谏诤，如果这时候还盲目地听从父亲的话，又怎么能够称为孝顺呢？"

名篇仿作

# 《女孝经》谏诤章第十五

## 原文

诸女曰："若夫廉贞孝义，事姑敬夫扬名，则闻命矣。敢问妇从夫之令，可谓贤乎？"大家曰："是何言欤？是何言欤？昔者周宣王晚朝，姜后脱簪珥，待罪于永巷，宣王为之夙兴。汉成帝命班婕妤同辇，婕妤辞曰：'妾闻三代明王，皆有贤臣在侧，不闻与嬖女同乘。'成帝为之改容。楚庄王耽于游畋，樊女乃不食野味，庄王感焉，为之罢猎。由是观之，天子有诤臣，虽无道，不失其天下；诸侯有诤臣，虽无道，不失其国；大夫有诤臣，虽无道，不失其家；士有诤友，则不离于令名；父有诤子，则不陷于不义；夫有诤妻，则不入于非道。是以卫女矫，齐桓公不听淫乐。齐姜遣，晋文公而成霸业。故夫非道，则谏之。从夫之令，又焉得为贤乎？《诗》云：'猷之未远，是用大谏。'"

## 古文今译

诸女问:"至于我们女子的贞廉孝义，侍奉公公婆婆和丈夫，这些您都给我们说了，我们也知道了。在家里，要是妻子一切事情都听从丈夫的话，这能够称得上是贤惠吗?"曹大姑回答说:"哪里有这样的话！哪里有这样的话！过去，周宣王上朝晚了，姜后为此脱下簪珥，散开头发，在永巷等待宣王的惩处，结果，周宣王很快就改正过来了，每日都早早地上朝。汉成帝命班婕妤一同乘车，班婕妤推辞说:'我听说三代时的明君都是贤能的臣子在左右，没有听说哪个君王外出是与他的妻妾们一同乘车的。'汉成帝为之动容。楚庄王终日迷恋于打猎，樊姬为了表示抗议就不吃大王打回来的野味，楚庄王深受感动，为此不再打猎了。由此看来，天子有谏臣，即使无道，也不会丧失天下；诸侯有谏臣，即使无道，也不会丧失自己的国家；大夫有自己的谏臣，即使无道，但是不会丧失自己的封邑；士有自己的诤友，自己的名声就不会受到损害；父亲要是有诤子，就不至于让自己陷于不义；丈夫要是有一位诤妻的话，就不会做违背道德的事。因此，卫女矫正齐桓公的错误，齐桓公就不听淫乐。齐姜（齐桓公的女儿）遣送重耳回国，重耳回国后即位为晋文公，后来成就霸业。所以，丈夫要是做了无道的事情，妻子就得进谏制止他。一味地听从丈夫的话，哪里能够称得上是贤惠呢?《诗经·大雅·生民之什·民劳》中说:'君王将你培养成了人才，看重你，我才苦口婆心地劝导你。'"

# 《忠经》忠谏章第十五

## 原文

**忠臣之事君也，莫先于谏，下能言之，上能听之，则王道光矣。谏于未形者，上也；谏于已彰者，次也；谏于既行者，下也。违而不谏，则非忠臣。夫谏，始于顺辞，中于抗义，终于死节，以成君休，以宁社稷。《书》云："木从绳则正，后从谏则圣。"**

## 古文今译

忠臣侍候君王，最好的表现是能够进谏，作为臣下的要能够敢于进言，而作为君王则要能够听取臣下的进谏，这样的话，王道之治就能够发扬光大。在君王尚未做而打算做的时候，臣下要是能够进谏的话，这是最好的表现；要是君王才开始行动，这时臣下进谏的话，这是一般的表现；要是君王已经行动了，这时臣下才进谏的话，就是不太好的表现。要是臣下见到君王有过错而不进谏，这样的臣下就不是忠臣。臣下进谏，开始的时候要委婉地规劝，要是君王不听的话，就得争议，要是君王一意孤行的话，臣下就得以死来进谏，以成就为臣之道，让国家得到安宁。《尚书》说："树木要是以绳墨测量的话，就很直，君王要是从谏的话，就会变成圣人。"

故事

# 颍考叔纯孝感君

春秋时期，郑国有个颍考叔，在颍谷做守边的官。这个人天性纯良，孝顺父母，尊敬朋友，远近闻名。

当时郑国的君主是郑庄公，郑庄公的母亲武姜因生庄公时难产，因此对庄公心生厌恶，给庄公取名为“寤生”，相反对庄公的弟弟共叔段却百般宠爱。按照古制，寤生是长子，在武公死后，庄公顺理成章地继承王位，成为郑国君主。母亲武姜却怂恿共叔段招兵买马，修筑城墙，准备谋反。平定了共叔段的叛乱之后，庄公就把母亲武姜送到颍地居住，并且发誓说：“不及黄泉，无相见也！”

武姜毕竟是自己的母亲，庄公不久后就后悔起来。他想念自己的母亲，又不愿意违背自己的誓言。于是，郑庄公命人修筑了一座高大的台子。每当他思念母亲时，就登台眺望母亲所在的颍地。后人把这个台子称为“望母台”。

颍考叔看出了庄公的心思，就以送礼为名，觐见庄公。庄公赐他美食。颍考叔把肉都挑出来用纸包好了，藏在衣袖里。庄公很奇怪，就问他为什么这么做。颍考叔回答说：“小臣家里还有老母亲。我们家很穷，从来没吃过这么美味的东西。现在您把这赏给我，可我的老母亲连一小片也吃不上，我怎么能咽得下去呢？因此我想带点回去给母亲吃。”

庄公说：“你有母亲能够赡养，尽一个当儿子的孝心。我虽然贵为诸侯，在这件事上，反倒不如你！”

颍考叔假装不知道是怎么回事，又问：“您的母亲还健在，您怎么这么说呢？”庄公就把姜氏和共叔段合谋反郑，以及把姜氏遣送到颍城的事情，从头到尾给他讲了一遍。最后说："我已经立下了黄泉之誓，看来活着的时候再也见不到我母亲了！"

颖考叔回答说："倘若您真为这黄泉相见的事犯难，小臣倒有一个主意。"

庄公问："你有什么好主意，快点告诉我。"

颖考叔说："您可以先派人把地挖开，直到看见了泉水，再建个地下室，把姜夫人接到那里。您在地下室里和母亲见面，一点儿也没违背您的誓言啊。"

庄公喜出望外，便派颖考叔带领几百名壮丁选一风水宝地，掘地十几丈深，果然黄泉涌出。颖考叔又将武姜太后接到黄泉边室内居住，让郑庄公去地下探母。母子二人见面后抱头痛哭，前嫌尽释。

事后，郑庄公见颖考叔忠孝两全，文武皆能，就提升他为郑国大夫，和子都一起职掌兵权。



## 马本斋以忠尽孝

马本斋，河北省献县东辛庄人。他自小家境贫寒，家中种有几亩薄地，从小随母到盐碱地去扫碱土熬盐，听母亲讲“岳母刺字”“苏武牧羊”的故事。他读过私塾，粗通文墨，少年时代就随父亲到东北，投身东北军。随后他发现自己投奔的东北军是军阀部队，不能实现他救国救民的理想，于是弃官归田。

1937 年夏天，“七七”事变爆发，中华民族处于生死存亡的危急关头。正苦于寻求为民效力机会的马本斋踌躇满志，他与母亲商量："国难当头，我作为中华民族的子孙，决不能袖手旁观！”母亲赞成他的意见。他在家乡组织了一支“回民抗日义勇队”，杀向了抗日战场。

1938 年 5 月，“回民抗日义勇队”与冀中军区司令员吕正操领导的回民干部教导队合并为回民干部教导总队，马本斋任总队长。1938 年 9 月，部队在河间整编时扩大到六七百人。10 月，马本斋光荣地加入了中国共产党。他在入党志愿书上写道："我决心为回回民族的解放奋斗到底，而回回民族的解放只有在共产党的正确领导下才能实现。”

1939年日寇扫荡华北，马本斋领导的回民支队在河间、青县、沧县地区转战，并在各大清真寺帮助“回民抗战建国会”组织伊斯兰小队，开展敌后游击战争。在日寇对冀中根据地的扫荡中，与八路军主力纵队和贺龙、关向应率领的120师协同作战，消灭土匪武装第六路。回民支队威震冀中平原，有“攻无不克、无坚不摧、打不垮、拖不烂的铁军”之誉。

1941年，日军趁“回民支队”转移时，血洗东辛庄后抓走了马本斋的母亲，妄图以此来迫使马本斋投降。日军对马母威逼利诱，让她写劝降信说服儿子“归顺皇军”，享受“荣华富贵”，但马母坚贞不屈，为了不让敌人利用自己牵制儿子，马母痛骂汉奸，并以绝食的方式进行抗争，最后光荣牺牲。得知母亲牺牲的消息，马本斋强忍悲痛写下“伟大母亲虽死犹生，儿定继承母志，与日本人血战到底”和“宁为玉碎洁无瑕，烽火辉映丹心花。贤母魂归浩气在，岂容日寇践中华”的壮语。

母亲逝世后，马本斋继承和发扬了母亲不屈不挠的斗争精神，更加英勇地为祖国、为人民而战。

## 悔改孝亲

清朝乾隆年间，在福建莆田，有位算命先生名为冯赓，为人相命极为灵验，名重一时，赚了很多钱。

冯赓计算自己应有两个好的儿子，而且其中之一将会贵显。可是，冯赓到了差不多五十岁，两个儿子都不屑，终日赌博放荡，慢慢地把家财破败，冯赓也没有办法。

他心想自己为人算命一向准确，为何算自己却不灵验？

听说武夷山上有位一目道人，能预知祸福，因此便上山叩问。

道人说：“你算自己的命不准，是因为你的命已被你的心术改变了。做人以合乎孝道为最重要，而你却已得罪天条多时了。”

冯赓说：“我并没有做过什么忤逆的事情啊！”

道人说:“你的妻妾不贤淑，都是因为你纵容他们。你生平将鲜衣美食都专诚供给妻妾。至于对父母的供奉，却很少注意到。你的身体，并非由妻妾所生，为什么不思及树木的根本、流水的源头呢?”

冯赓惭愧地问:“应如何是好?”

道人说:“你若能以爱妻妾的心来侍奉父母，便可以平息鬼神对你不孝的愤怒。”

冯赓深深地拜谢道人的教示。

当时，冯赓只剩下父亲在堂，于是誓言以尽孝补过，竭诚侍奉父亲。

后来，他的两个儿子都忽然变得性情纯良，能谨守他的教训，终于得以保存家业。

## 天赐奇钱

宋代的都城，有一个守寡的孀妇人称吴氏，吴氏在很年轻的时候就死了丈夫，自己没有生儿育女，只有一个老婆婆和自己相依为命。吴氏对自己的婆婆非常的孝顺，冬天的时候外面冰天雪地，她害怕婆婆睡觉的时候冷，就一定为婆婆暖好被子再请她就寝，如果没有火种就亲自用自己的身体去温暖冰冷的棉被。婆婆年纪大了而且眼睛也看不见东西了，她觉得愧对吴氏，而且也觉得吴氏守寡这么多年很孤单，就想为吴氏招赘一个女婿，但是被吴氏坚决的制止了。

此后，吴氏更加尽心伺候婆婆，自己省吃俭用、辛勤劳作，将染布养蚕挣来的钱全部拿来孝敬婆婆。对于婆婆因为年纪大了所造成的过失极力掩饰，害怕婆婆知道后会伤心。有一次在做饭的时候，邻居将吴氏叫出去了，婆婆怕饭煮得太烂，想把饭倒在盆子里，可是却把脏水桶误当作盆子把饭倒了进去。吴氏看到后赶忙到邻居家借来饭让婆婆吃，而自己却把脏水桶里的饭捞上来，用水洗过蒸熟后再吃。吴氏又想婆婆年纪大了，需要置办后事所需的东西。但是自己又没有钱买棺材，于是就将自己所有值钱的东西典当殆尽，托邻居去置备后事。

吴氏对婆婆的孝心真可谓无微不至，好心自有好报，有一天晚上吴氏作了一个奇怪的梦，梦中有一位白衣仙女对她说：“你虽然只是一个村妇，可是却如此深明大义，能将婆婆侍奉得如此周到，现在上天赐给你一枚钱币。”早上起来后，吴氏果然在床头发现了一枚钱币，过了一晚上这一枚钱币居然变成了上千枚，等吴氏用完之后又会有新的钱币源源不断地生出来，人们将其称为“子母钱”。许多年以后，吴氏在没有受任何病痛的情况下平静地死去，她所住的地方生出一股奇异香气，几个月才散去，而那枚钱币随着吴氏的去世也就消失了。

## 刘平求食遇贼

刘平，字公子，江苏人。王莽掌权时，他任郡吏，治理有方，政绩显著，因此深得百姓爱戴。王莽死后，天下大乱。刘平为了母亲的安全，就带着她逃往异乡，藏在一座深山中。

一日清晨，刘平出去为母亲找食物，遇到了一群山贼，把他抓住并要吃他的肉。刘平毫不担心自己的安危，却挂念着还未进食的老母，就跪在地上向贼人叩头说：“我今天早上出来是为了给老母亲寻找野菜充饥，如果我不回去的话，老母亲就会被活活饿死，没有人会管她的。所以。我请你们高抬贵手，先让我回去把母亲安顿好。然后，我自会回来，接受你们的处置。”其实这些所谓的山贼，无非都是一些战乱中无家可归的饥民，本不是穷凶极恶之徒，只是迫于生计才落草为寇的。他们听了刘平的诚恳话语，动了恻隐之心，于是就放他回去了。

刘平回到母亲处，给母亲吃完了东西，竟然真的信守诺言，又找到了山贼所在之处。面对他的信义和孝道，山贼们都很震惊，没想到真有这样的人。于是，山贼的头领说：“我们只听说古代有至孝至诚之士，没想到今天能亲眼见到。我们怎么能吃你的肉呢？”就这样，刘平化险为夷，回家服侍母亲去了。

后来，刘平又做了官，先被推举为孝廉，又担任义郎一职。

## 颜含专意养兄

颜含，字弘都，晋代琅琊人。他的父亲颜默，曾任汝阴太守。弘都兄弟三人，长兄颜畿，次兄颜辇，颜含最小。长兄颜畿，病死入殓装棺后，当晚托梦给妻子，说他要复生，让他们给他打开棺材。第二天颜含的母亲及其他亲人都说做了相同的梦。虽然父亲反对开棺，但颜含还是劝说父亲改变态度。打开棺盖后，发现哥哥果然还有呼吸。在喂了他一个多月的稀粥后，却仍然不能开口说话。母亲和兄嫂觉得没希望，也厌倦了这种无结果的伺候，只有颜含从不气馁。他放弃了一切社交活动，亲自伺候哥哥饮食起居，足不出户十三年，直到哥哥去世。后来父母和两个兄弟也相继去世了。二嫂樊氏因疾病导致了双目失明，颜含督责家人，尽心奉养，每日亲自喂汤药。治二嫂的这种眼病，需要用蛇胆作药。他寻访了好多地方，却找不到，心急如焚。一日，颜含闭目独坐，忽然出现一个青衣童子送给他一个青囊，打开一看，正是遍寻不得的蛇胆，童子则化成青鸟飞走了。于是二嫂樊氏双目复明。从此，颜含声名大振。

## 岳银瓶投井殉父

据明《金陀续编》、明田汝成《西湖游览志》等书中记载：南宋抗金英雄岳飞有一女儿叫银瓶。她自幼聪颖好学，通书史，明大义，事亲至孝。

南宋高宗十一年（1142 年）七月中旬，精忠报国的大元帅岳飞，被高宗皇帝用十二道金牌召回。紧接着又被奸贼秦桧以“莫须有”的罪名逮捕审讯，囚禁于杭州大理寺监狱。当时，岳银瓶才十三岁。当她惊闻父亲的冤屈之后，悲愤填胸，便咬破指头，写下血书，向朝廷申诉父亲二十多年来忠心耿耿、英勇抗金，为大宋江山立下丰功伟绩，结果却遭奸党陷害的奇冤，然而此举却遭到满朝奸党的阻截而未果。

当年农历十二月二十九日（1142年1月27日）除夕之夜，一代举世闻名的抗金民族英雄岳飞连同长子岳云、部将张宪等3人，被奸党惨杀于大理寺风波亭内，铸下千古奇冤。

噩耗传来，岳银瓶悲痛欲绝，遂怀抱父亲生前留给她的一个银瓶，投下岳府东面（今杭州市庆春路660号）的一口水井而死，以此舍身殉父。后人把岳银瓶称为孝娥。

明朝正德十四年（1519年），按察使梁材在该井上盖起一座亭，命名为“孝娥井”。后来，杭州又有一官员刘公瑞在该井旁边竖碑铭文，碑铭曰：“天柱绝，日为月，祸忠烈，奸桧孽。娥痛父冤冤难雪，赴井抱瓶泉化血。愤如铁，曹江之娥符尔节。噫嘻！井可竭，名不可灭。”

清朝同治年间，人们又在该井外圈镌刻“孝娥赴义处”五字，并修建孝女亭，亭内设置清代碑刻二处。至今仅存民国年间重修之孝女亭与碑刻各一。

诗曰：

咬指写书诉奇冤，舍身投井殉父难。

将门孝义银瓶女，勒石流芳万古传。

# 感应章第十六[①]

## 原文

**子曰："昔者明王，事父孝，故事天明；事母孝，故事地察[②]；长幼顺，故上下治。天地明察，神明彰矣。故虽天子必有尊也，言有父也[③]；必有先也，言有兄也。宗庙致敬，不忘亲也；修身慎行，恐辱先也。宗庙致敬，鬼神著矣。孝悌之至，通于神明，光于四海[④]，无所不通。《诗》云：'自西自东，自南自北，无思不服[⑤]。'"**

## 注释

①感应章：此章言孝心感动天地神明、天地神明降福保佑之事，故以"感应"为名。又，据阮元《孝经注疏校勘记》，"感应"二字，石台本、《唐石经》、岳本皆作"应感"，邢昺的《正义》本也作"应感"。

②昔者明王五句：司马光说："王者父天母地，事父孝，则知所以事天，故日明；事母孝，则知所以事地，故日察。"又《周易·说卦》："乾为天，为父；坤为地，为母。"说明父道与天道相通，母道与地道相通。

③父：谓诸父。即伯父、叔父。

④光：通“广”，充满。

⑤《诗》云三句：见《诗经·大雅·文王有声》。思：语助词，无义。

## 古文今译

孔子说：“从前的圣明帝王，因为他们侍奉父亲孝顺，所以也就知道该怎样侍奉天神；因为他们侍奉母亲孝顺，所以也就知道该怎样侍奉地祇；因为他们能够处理好家庭的长幼关系，所以也能够处理好国家的上下关系。天神地祇洞察孝子的所思所行，感其至诚，于是降福保佑。所以，即令是贵为天子，也必有他所尊敬的人，这就是他的诸父；也必有他所礼让的入，这就是他的诸兄。在宗庙中举行祭祀表达敬意，表示没有忘记亲人；注意自身修养，做事谨慎小心，这样做是唯恐给祖先带来耻辱。在宗庙中举行祭祀表达敬意，感动了鬼神，鬼神就纷纷降临，接受祭飨。孝悌之心达到了无以复加的地步，它就会和神明相通，充满整个世界，没有达不到的地方。《诗经》上说：‘从西到东，从南到北，普天之下，没有不服从的。’”

## 名篇仿作

# 《女孝经》胎教章第十六

### 原文

**大家曰:“人受五常之理,生而有性习也,感善则善,感恶则恶,虽在胎养,岂无教乎?古者妇人姙子也,寝不侧,坐不边,立不跛。不食邪味,不履左道。割不正不食,席不正不坐。目不视恶色,耳不听靡声,口不出傲言,手不执邪器。夜则诵经书,朝则讲礼乐。其生子也,形容端正,才德过人,其胎教如此。”**

### 古文今译

曹大姑说:“人在接受人伦的教育的时候,生来就是有习性的,要是生来就接受善的教育,将来他就是善的,要是他接受的是恶的教育,将来他就会变成恶人,虽然还只是养在胎里,但岂能够忽视教育的作用?古代妇人在怀孕的时候,睡觉是不侧身,坐着是不靠边,站立的时候不跷着腿。吃饭的时候,不吃那些不正的味道,不做不正派的事。肉要是没有按照礼制的方式切割,就不吃,坐席不正就不坐。眼睛不看不好的景物,耳朵不听靡靡之音,不说傲慢的话,手中不拿邪器。晚上要诵读经书,早上则要讲礼乐。其所生的孩子,容貌端正,才德超过一般的人,这是因为受过胎教。”

# 《忠经》证应章第十六

## 原文

**惟天鉴人，善恶必应。善莫大于作忠，恶莫大于不忠。忠则福禄至焉，不忠则刑罚加焉。君子守道，所以长守其休，小人不常，所以自陷其咎。休咎之征也，不亦明哉?《书》云:“作善降之百祥，作不善降之百殃。”**

## 古文今译

上天在鉴别人的时候，善恶是区别对待的。最高的善就是忠，最大的恶就是不忠。如果臣子忠于君王，福禄就会到来，如果臣下要是不忠，刑罚就会落到自己的头上。君子守道，就是要长久地坚守自己美好的一面，小人反复无常，所以常常会得到惩处。奖励和惩处的凭据，不是非常明确吗?《尚书》说:“做善事，就会带来许多吉祥的事，做不善的事，就会带来许多遭殃的事。”

故事

# 司马迁不负父命

司马迁是我国西汉伟大的史学家、文学家。

作为史官，既要记载帝王圣贤的言行，也要搜集整理天下的逸闻古事，叙事论人，为当时的统治者提供借鉴。司马迁的父亲司马谈便有志于此。他做太史令之后，就开始搜集阅读史料，为修史做准备。但是，他感到自己年事已高，要独立地修成一部史著，无论是时间、精力，还是才学知识都还不够，所以司马谈寄厚望于他的儿子司马迁，希望他能够早日参与其事，最终实现这个宏愿。

司马迁从二十岁便开始了他的游历生活。他到过会稽，访问夏禹的遗迹；到过姑苏，眺望范蠡泛舟的五湖；到过淮阴，访求韩信的故事；到过沛邑，访问刘邦、萧何的故乡。看到儿子眼界开阔，学识精进，司马谈非常欣慰。这位老学者在病危时，紧紧握着司马迁的手，流着眼泪对他说："我们的祖先曾经是周王朝的太史，再往上追溯，前代祖先还曾经在虞夏之朝有显赫的功名，难道这些要在我这一代中断了吗？如今天子封禅泰山，是承接千年绪统的重大举措，而我却不能从行，是命运这样决定的吗？我死之后，你一定要接着做太史令，一定要继承我的事业。当今大汉兴盛，海内一统，明主贤君忠臣死义之士，我任太史令而没有记载，内心十分惶恐，你应当时时想着这件事！"司马迁低着头，哭泣着说："儿子不才，但一定记住完成父亲未完成的事业，详细论述史官记录的史事，不敢遗漏！"父亲的教诲嘱托极大地震动了司马迁，他看到了父亲作为一名史学家难得的使命感和责任感，他也知道父亲将他毕生未竟的事业寄托在自己的身上。做了太史令的司马迁，大量阅读书籍和重要资料，费尽心血，埋头整理和考证史料。

天汉二年，李陵投降匈奴。汉武帝大怒，司马迁直言为李陵辩解，认为李陵在矢尽粮绝的情况下投降匈奴，情有可原，只要他不死，一定还会效忠大汉。盛怒中的汉武帝听了司马迁这番话，认为司马迁有意替李陵护短开脱，反对朝廷，将司马迁关进监狱。

后来，汉武帝听信传闻，处死了李陵的全家，对司马迁也处以宫刑。司马迁的身心都遭受了极大的痛苦。他本想一死了之，但想到父亲的遗愿，想到自己未完成的事业，便打消了这个念头。他想："人总是要死的，有的重于泰山，有的轻于鸿毛。如果我就这样死了，不是比鸿毛还轻吗？我一定要活下去！我一定要写完这部史书！"想到这里，他尽力克制自己，把个人的耻辱、痛苦全都埋在心底，重又摊开光洁平滑的竹简，在上面留下一行行工整的字迹。

此后，司马迁忍辱负重，专心著述。经过十年的艰苦努力，终于完成了《史记》。后来鲁迅先生称赞《史记》为"史家之绝唱，无韵之《离骚》"。

## 许班王忠国孝母

许国佐（1605~1646年），字钦翼，号班王，旧庵，自署百花堂主，广东省潮州府揭阳县在城（今榕城）人。国佐性格豪爽，天资聪敏，酷爱诗酒，侍奉双亲至孝。

明朝天启七年（1627年）省试考中举人。崇祯四年（1631年）登进士，选授四川叙州府富顺县县令。

任职期间，许国佐千方百计兴利除弊，广施善政，尊重乡贤，体恤民情，设议局、均税赋、废奴制、严惩横行霸道之土豪劣绅，百姓大为赞颂，也使邻县相互仿效。一时间，轰动巴中、巴西、川南等地区。由此也就得罪了不少祸害地方之权贵，他们便暗中勾结，买通了川军提督洪文峰，巡抚牛兆山，捏造"私调兵马剿山灭寨，草菅地方烧杀无度和撰题反联、欺君罔上"等罪名，将国佐革职查办，囚禁天牢。

后来，幸得朝中诸多知情的忠良和川南百姓极力为国佐申诉辩诬。两年之后，冤案终于澄清昭雪。朝廷便将这位公正廉明、抗暴治县的许国佐调任贵州省遵义县县令。

在此期间，正值朱明王朝阶级矛盾和民族矛盾激化、江山摇摇欲坠之时，关外清朝皇太极和多尔衮统帅十五万满、蒙精悍大军再度扑向山海关，试图破关之后攻取北京；李自成等十三家农民军蜂起于四川、陕西、河南各省，到处攻城略地；朝内百官又结党营私，明争暗斗，狱中人满为患；崇祯皇帝刚愎自用，处处疑忌，滥杀功臣良将；满朝文武百官人人自危，忠良之士纷纷隐退……

崇祯十年（1637年）春，皇帝急召政绩卓著的贤明县令许国佐入京，升任兵部主事，协同刚从狱中释放的兵部尚书傅宗龙统领边军三十万，开赴燕山御敌。

初试锋芒，许国佐从战略上倚仗险要地势，利用敌军常胜的骄气，从战术上采取“据险设伏，诱敌入网，施行火攻，分割围歼”。傅尚书依计而行。结果，几经激战，竟用五万边军就大破强敌十五万精悍步兵骑兵，使敌兵伤亡过半，大败退回了辽东。而后，许久未敢轻举妄动。

燕山大捷，龙心大喜，视许国佐为扶国栋梁，中流砥柱，升职为兵部员外郎，兼督九江饷务。

就在许国佐为国家力挽狂澜之时，突然接到一封家书，告知父亲许有丰身患重病，卧床不起。许国佐顿时放声大哭，哭毕之后他踌躇了：论忠，他必须为国而死；论孝，他必须请假而归。倘若不归而父死则极为不孝，不孝之臣则天下切齿，何以辅助朝政？

苦思了两昼夜，他终于无可奈何地决定：天下事只有由君王自为了。

崇祯皇帝终于恩准这位兵部属官回乡尽孝，并赐予御用灵芝草一对以宽慰他。命其尽孝之后即速回朝辅政。

崇祯十七年（1164年）三月十八日，甲申国变，李自成攻陷北京，崇祯皇帝自杀。国佐在家闻讯，即刻昏厥过去，醒来失声痛哭。于是便披麻戴孝，光着脚板率领知县吴煌甲及一众官吏，跪哭于揭阳孔庙。回想多年来匡扶社稷的百般心计竟然随皇上的仙逝而付之东流，不禁眼前一黑吐血倒地。事后，他带头在县衙为崇祯设灵祭奠，闹了四十九天，竟瘦了十多斤。

而后，明室旧臣马士英等拥立福王（弘光皇帝）朱崧在南京即位，意图复国，召国佐到南京复职勤王。国佐因父亲病重侍奉汤药而未能赴任。次年，清兵攻破南京，杀害了福王。明室遗臣黄道周、郑芝龙等又拥立唐王朱聿键（隆武皇帝）在福州即位，诏令许国佐复职兵部侍郎，速到福建辅政。此时，恰逢父亲去世又未能成行，等到许父安葬之后，闽粤到处已经兵荒马乱，道路不通，无法赴任。

清朝顺治三年（1645 年）六月九日，揭阳县龙尾乡石坑村武生刘公显，因官场失意，便聚众造反。自称“大明镇国大将军领九天都督”，召集江西流民首领曾诠、福建流民帮主马麟等人马，号称“九军十八将”，先后攻占揭阳城外各都乡寨。

次年初秋，九军探得揭阳县令吴煌甲积劳病死，继任县令赵甲谟又失职获罪入狱，许国佐与罗万杰（揭阳人，崇祯十六年退隐之吏部主事、都察院右佥都御史）等人离县未归，城中协守官员不多。便乘机设计智取了揭阳城，捕杀了知县谢嘉宾，都司黄梦选，推官刑之桂等官吏七十八人，只留下许国佐之母余氏老夫人作为人质，谦恭礼待，用车马送往桃山都九军大营，以此胁逼许国佐入伙。此时，许国佐正和罗万杰在潮州府衙与潮惠巡抚程峋等人策划募兵勤王，抵御清兵，护卫福建小朝廷；另一方面对揭阳九军施行剿抚之事，突然闻讯揭阳县城已被九军攻陷，城中官吏士绅均遭九军斩杀，老母亲也被九军扣留为人质……

国佐闻讯，顿时五脏崩裂，昏倒在地。醒来时痛不欲生，立刻辞别众官，飞身上马，快马加鞭，直奔揭阳。

刚到揭阳，只见残垣倒塌，尸骸遍地，烟火未熄，四野成灰……他顾不了许多，只想直闯敌营，以身换回亲娘，若能如愿，虽死无憾；若为救母而被迫屈身事贼则宁死不从。

国佐来到榕江，北河横亘眼前，波涛滚滚。此时正值劫后，途中行人稀少，江面舟楫绝迹。国佐救母心切，挥鞭策马跃下寒冷的江波之中，双手拉紧缰纯，随马泅渡过河。

国佐终于策马冲进桃都山前九军大寨。刘公显得知国佐到来立刻恭身出迎，厚礼相待，百般劝其归顺，共举反旗，国佐誓死不屈从。

刘公显深知国佐乃辅国贤臣，忠孝驰名江南。若欲召令百粤，非此人莫属，便把国佐囚禁起来，厚礼款待，意图慢慢瓦解他的意志。

后来，揭阳百姓聚众密谋劫狱救出国佐，不料计策被九军密探侦破。于是刘公显先将国佐杀害，国佐被害时年仅四十二岁。这时，隐居在桑浦山下玉简峰的辜朝荐，闻知国佐被杀的噩耗，顿时悲愤填膺，用剑在峰前石崖之下凿下四个大字：天绝南臣。

国佐生前著有诗集《蜀弦集》、文集《班斋数句话》《旧庵拙稿》等。其诗集于清乾隆年间，由其侄孙（进士）许登庸辑纂成册。

许国佐忠国孝母的事迹以及文学上的成就一直激励着后人，为纪念和弘扬这位先贤的精神，今揭阳市成立了“许班王研究会”。

## 刘兰姐劝姑孝祖

明朝中期，浙江绍兴府山阴县有一户姓杨的人家，娶了一个童养媳，名叫刘兰姐。兰姐年方十二岁，却深明人情事理，对家人十分殷勤恭敬。她见婆母王氏动不动就冒犯长辈，经常咒骂祖母“老不死”，言辞十分粗野，兰姐听后甚为难过。

一天深夜，刘兰姐来到王氏房中，长跪不起。王氏甚觉惊异，便问何故？兰姐回答说：“媳妇担心婆母不敬太婆母，日后媳妇也以您为榜样，待您老迈之时，也把您视为‘包袱’随意虐待，那时您会多么伤心啊！太婆母长命百岁乃是我家之大幸，恳求您三思而行呀！”

王氏听后恍然大悟，生发许多感触，便面带愧色地说：“贤媳妇一席良言，惊醒梦中之人，使我获益匪浅啊！”自此，王氏痛改前非，对待祖母温良恭顺，而兰姐对王氏也是如此。终于一门和谐，邻里赞颂。

## 兄弟争罪

孙棘，是南朝宋武帝大明年间人。当时，朝廷征召壮丁去防卫边疆。孙棘的弟弟孙萨应征去充军，没有按期到达。根据当时的军法，他被判入狱。孙棘的妻子许氏，劝慰丈夫说："你是一家之主，怎么能眼睁睁看着弟弟受罪呢？姑姑临终时，要你照顾好弟弟。可是他现在还未娶妻成家，却进了监狱。你快想想办法啊。"于是，孙棘便来到郡里，表明愿意代替孙萨受罚。而孙萨从三岁起就和哥哥相依为命，也深受哥哥照顾，因此感恩之心使得他不愿意让哥哥为自己受苦，便说是自己犯法，接受刑法是合情合理的。就这样，兄弟俩相持不下。太守张岱，怀疑他们两兄弟不是真心，便将孙棘和孙萨分别安置在不同的地方，分别审问。结果两人的态度还是那么坚决，当审问哥哥孙棘时，官吏说："已经问好孙萨了，他同意你替他受刑。"孙棘听后，丝毫没有异样，甘愿替弟弟受罚。当问到弟弟孙萨时，弟弟也乐于自己受罚、不连累哥哥。官吏回报说："准许他们请求的时候，他们都是一副同样的表情，他们都心甘情愿自己受罚！"于是，太守张岱写表章禀告朝廷，皇上下诏说："孙棘和孙萨是普通老百姓，但却有如此高尚的品行，所以应该宽大处理。"最后特别赦免了他们。

## 花木兰代父从军

花木兰是一位极具传奇色彩的女子，因正史记载不详，她的生卒年和故里都有很大争议，但花木兰的故事却流传广远，一千多年以来有口皆碑。

花木兰的父亲从小就把木兰当男孩来培养。木兰十来岁时，他就常带木兰到村外小河边练武、骑马、射箭、舞刀、使棒。空余时间，木兰还喜欢看父亲的旧兵书。

有一天，衙门里的差役送来了征兵的通知，由于父亲是一个后备役军官，朝廷要征他去当兵。衰老的父亲怎能去远征杀敌？木兰不忍老父再上沙场，枉送性命，她便女扮男装，给马在集市配好马鞍，准备替父亲出征。她依依不舍地告别爹娘，开始了自己从军的艰辛历程。

花木兰虽是女儿身，但她性情洒脱，活泼勇武，尽管一路上很艰苦，但她还是坚持着随队伍到了北方边境。她担心自己女扮男装的秘密被人发现，因此处处加倍小心。白天行军，木兰紧紧地跟上队伍，从不敢掉队。夜晚宿营，她从来不敢脱衣服。作战的时候，她凭着一身好武艺，总是冲杀在前。从军十二年，木兰屡建奇功，同伴们对她十分敬佩，一直认为她是一个好汉，都赞扬她是个勇敢的好男儿。

因为有很多像花木兰一样英勇的战士勇猛作战，所以朝廷最终取得战争的胜利。皇帝召见有功的将士，论功行赏。木兰既不想做官，也不想要财物，她只希望得到一匹快马，好让她立刻回家去见见自己多年未见的父母。皇帝欣然答应，并派使者护送木兰回去。

父母听说木兰回来了，非常欢喜，立刻赶到城外去迎接。弟弟也在家里杀猪宰羊，以慰劳为国立功的姐姐。木兰回家后，看到这一切，顿时感觉十多年的出生入死是值得的。她脱下战袍，换上女装，梳好头发，出来向护送她回家的同伴们道谢。同伴们见木兰原是女儿身，都万分惊奇，没想到共同战斗十多年的战友竟是一位漂亮的女子。

这段感人的代父从军故事很快就传开了，举国的百姓都佩服她的勇敢，都为她的孝顺之心所感动。

## 赵娥手刃李寿报父仇

赵娥，东汉酒泉郡禄福县（即肃州）人，父亲叫赵君安，丈夫叫庞子夏。庞子夏去世后，赵娥在禄福县抚养儿子庞淯。

赵娥的父亲赵君安被禄福县豪强李寿所杀，而赵娥的三个弟弟又相继死于瘟疫。李寿得知后，高兴地对众人说："赵家强壮绝尽，只剩下女人了，我又怎么会怕她来复仇呢？"赵娥听此狂言，激发了长期以来的报仇之心。悲愤地发誓说:“我一定要亲手杀了李寿!”此后赵娥经常夜间磨刀，扼腕切齿，悲涕长叹，毫不在意别人嘲笑她是女流之辈。

李寿每天骑马带刀，防卫森严，行事飞扬跋扈，众人都躲着他走。终于有一天早晨，赵娥跟踪李寿到都亭前，抓住李寿的马头，大声斥骂。李寿一惊，企图调转马头逃跑。赵娥挥刀奋力朝李寿砍去，这时马因受到惊吓，将李寿摔在路边的泥沟里，赵娥找到李寿，又用力砍去，因用力过猛，刀砍到了树干被一分为二，李寿也受了伤。李寿拿着自己的刀大喊大叫，一跃而起。赵娥随即挺身奋起左手抵住他的额头，右手卡住他的喉咙，反复周旋，最终李寿气闭，倒在地上。赵娥就拔出李寿的刀，割下李寿的头，到官府自首。

当时的禄福长尹嘉，不忍心给赵娥定罪，就主动辞去官职，不受理此案。继续受理此案的官员也不愿意定她的罪，而且想私自放走她。赵娥却视死如归，坚决不做贪生怕死之人，颇有大义凛然之气。后来，朝廷大赦天下，赵娥终于名正言顺地回家了。

# 茅以升设奖学金

茅以升是我国著名的桥梁学家。对于这位驰名中外的桥梁学家来说，桥就是他的生活乐章，就是他的生命绝唱，就是他的整个世界。

然而，在茅以升的感情世界里，还有一道绮丽的“彩虹”，还有一座通往人生之路的长桥，那就是生他养他，并为他毕生敬重爱戴的母亲——韩石渠。母亲就像一座引导他不倦求知、自强做人的桥，就像一座支撑他艰苦创业、造福人类的桥。

每当茅以升回顾自己的学业时，他总会无限深情地怀念自己深明大义的母亲。茅以升十五岁时，离开家乡北上投考唐山路矿学堂。进校才三个月，辛亥革命爆发，推翻了清政府的统治，他和同学们想弃学从军。他写信给母亲，希望得到母亲的支持。

母亲回信说：“你想参军报国，想法可嘉。但你年纪还小，知识不多，就是一心想为国出力，也没多大本事。应安下心来，继续读书为好。”茅以升接受母亲的劝导，留在学校发奋读书。

后来，孙中山先生去唐山路矿学堂视察，勉励学生学好本领，为国效劳。听了孙中山的讲话，茅以升回忆起母亲的叮咛，立志做个有真才实学的人。在唐山路矿学堂的几年学习中，几乎每次考试他的成绩都是全班第一。

1916年，茅以升听说北京清华学堂招考留美预备生，想去报考。当时有人劝茅以升的母亲说，美国离家很远很远，要漂洋过海，孩子这么小，你怎么舍得让孩子离开你呢？茅以升的母亲回答说：“读书是大事，孩子的前程要紧，让他到外面见见世面，多学些知识，有什么舍不得。”母亲坚决支持儿子去北京报考。

临行前，母亲为儿子一针一线地缝衣服，准备行装。她勉励儿子说：“孩子，去吧，走后别惦念家里。凡事预则兴，不预则废，古时候大禹治水三过家门而不入，终于大功告成，你一定要学大禹治水的精神！”茅以升终于考取了清华留美生，后出国留学，学成后回国成为一名桥梁专家。

在茅以升人生的每个关键时刻，他都能得到母亲的启发、教导和鼓励。修建钱塘江大桥时，茅以升遇到了重重困难。母亲对他说:“唐僧取经，八十一难，唐臣（茅以升的号）造桥，也要遇到八十一难，只要有孙悟空，有他那如意金箍棒，还不是一样能渡过难关吗?”在母亲的鼓励下，茅以升克服了各种困难，造好了钱塘江大桥。

茅以升常把自己一生的成就归于母亲的教养之恩，他对母亲极为孝敬。茅以升在贵州平越时，生活极规律，每天早晨必定先去母亲房间问安，然后才去上班。

为母亲庆祝七十大寿时，兄弟几人在茅以升家商量怎么为母亲祝寿。哥哥说:“母亲爱子胜于爱自己，她发现我们有不良倾向时，总是耐心开导，从不暴躁训斥。现在我们学有所就，能报效祖国，得感谢她老人家的养育之恩。我们兄弟几家合在一起为母亲祝寿吧!”

弟弟说:“母亲为了儿子们的成长操劳了一辈子，我们应该在家乡建造一座花园小楼，让母亲过个幸福的晚年。”

茅以升说道:“我们兄弟几人能够学有成就，全靠第一任老师——母亲。我们大力弘扬母亲孜孜以求、诲人不倦的精神，就是对母亲七十寿辰的最好祝贺。我建议以母亲的名字设立‘石渠奖金’，奖励研究土木工程学的优秀学员。”茅以升的主张得到弟兄们的赞同，兄弟几人共同出资，请中国工程师学会在唐山工程学院设立以母亲名字命名的“石渠奖金”，奖励研究土木学有成就的学员。

# 事君章第十七①

## 原文

**子曰："君子之事上也，进思尽忠，退思补过②，将顺其美③，匡救其恶，故上下能相亲也。《诗》云：'心乎爱矣，遐不谓矣。中心藏之，何日忘之④。'"**

## 注释

①事君章：此章是说明如何忠心侍奉国君的道理，故以"事君"为名。

②进思尽忠二句：语出《左传》宣公十二年。

③将：帮助，支持。

④《诗》云二句：见《诗经·小雅·鱼藻之什·隰桑》。遐：远。

## 古文今译

孔子说："君子在朝廷侍奉君王，他们上朝时就想着怎样为国君竭尽忠诚；退朝以后，还想着怎样弥补国君的过失；对于国君的正确举动，总想着怎样帮助促成；对于国君的错误举动，总想着怎样匡正阻止；所以君臣之间能够相亲。《诗经》上说：‘打心眼里热爱国君，虽然从他的身边离开，但也不以为遥远。忠君的念头深藏心底，没有一天能够忘记。’”

## 名篇仿作

# 《女孝经》母仪章第十七

### 原文

大家曰："夫为人母者，明其礼也。和之以恩爱，示之以严毅，动而合礼，言必有经。男子六岁，教之数与方名。七岁，男女不同席，不共食。八岁，习之以小学。十岁，从以师焉。出必告，反必面。所游必有常，所习必有业。居不主奥，坐不中席，行不中道，立不中门。不登高，不临深，不苟訾，不苟笑，不有私财。立必正方，耳不倾听。使男女有别，远嫌避疑，不同巾栉。女子七岁，教之以四德，其母仪之道如此。皇甫士安叔母有言曰：'孟母三徙，以教成人，买肉以教存信。居不卜邻，令汝鲁钝之甚。'《诗》云：'教诲尔子，式谷似之。'"

## 古文今译

曹大姑说："作为母亲，要明白礼制。对待自己的孩子，要多给些爱护，同时也要以严厉刚毅作出示范，行动的时候，要合乎礼制，言语必须规矩。在男孩六岁的时候，要教他们数数并教他们知道方位。在七岁的时候，男孩和女孩就不可坐在一起，不可在同一桌上吃饭。八岁的时候，就要教他们识字。十岁的时候，就得给他们请老师。要教导孩子，出门的时候必须得告诉家人，回家的时候必须得向家人报告一声。外出应当有常去的地方，所学的必须有正当的职业。住的地方，不可在主卧室，坐的时候，不可在中席之上，走路的时候，不可当道，站立的时候，不可挡住了门。不要爬到高处，不要到深水边，不要怨恨，不要大笑，不可有自己的私人财产。站的时候必须得站直，不要到处去打听别人的闲事。男女有别，要远去嫌疑，不可共同使用盥洗用具。女孩在七岁的时候，就要教育她们学习四德，这是作为母亲仪表的要求。皇甫士安叔母说：'孟子的母亲三次迁徙，目的是教孟子如何做人，买肉的典故是教孟子如何讲信誉。要是居处不选择好的邻居的话，将来会让你的孩子变得非常愚钝。'《诗经·小雅·节南山之什·小宛》中说：'教诲你的儿女，让他们的道德像你一样高尚。'"

# 《忠经》报国章第十七

## 原文

**为人臣者，官于君，先后光庆，皆君之德，不思报国，岂忠也哉？君子有无禄，而益君，无有禄，而已者也。报国之道有四：一曰贡贤，二曰献猷，三曰立功，四曰兴利。贤者国之干，猷者国之规，功者国之将，利者国之用，是皆报国之道，惟其能而行之。《诗》云“无言不酬，无德不报”，况忠臣之于国乎！**

## 古文今译

作为臣子，因为给君王做事，使自己的祖先和子孙都得到了荣耀，这些都是源自于君王的高尚品德，臣下如果不想着报效国家，这样的人能够称得上是忠臣吗？作为君子即使没有俸禄也要辅助君王，当然如果是无法生存也就罢了。君子报效国家有四种方式：一叫做“贡贤”，二叫做“献猷”（献计），三叫做“立功”，四叫做“兴利”。贤能的人是国家的栋梁之材，善于计谋的人能够向君王提出规划，勇于立功的人是国家的良将，善于兴利的人能够为国家创造财富，这些都是报效国家的方式，只有有能力的人才能够做到这些。《诗经·大雅·荡之什·抑》说“说出的话没有一句话不作出反应，哪怕是一点点的恩德也是要报答的”，更何况是忠臣对于国家呢！

**故事**

## 薛包孝亲爱弟

汉安帝时候，汝南有一个叫薛包的人，他为人敦厚，事亲至孝。不幸母亲早年去世，父亲娶了后妻以后，开始嫌弃薛包，逼他分家而居。薛包心中悲戚，不忍离开父母，以至于被父亲殴打。

不得已，薛包就在父母的房子旁边搭建一个小屋住下，每天早上仍去父母家中打扫。可是，父母仍然坚持要赶他走。于是，他就在远一点的地方搭建一个小屋住下，但从不忘记早晚去父母那里问安。

这样过了一年多，父母对自己的行为感到万分羞愧，就让他回来居住。父母去世后，薛包为他们守丧六年，时刻沉浸在悲伤之中。

后来，弟弟要求分财产，各自生活。薛包尽力劝止，但弟弟始终不肯听。薛包便将家产平分，年老奴婢都归自己。他说：“年老奴婢和我共事年久，你不能使唤。”田园庐舍荒凉颓废的，也分给自己，他说道：“这是我少年时代所经营整理的，心中系念不舍。”衣服家具，自己挑拣破旧的，他说：“这些是我平素穿着食用过的，比较适合我。”

兄弟分居以后，弟弟不善经营，生活又奢侈浪费，数次将财产耗费殆尽。薛包又屡次拿出自己的钱财接济他。

薛包孝亲爱弟的德行，很快就远近闻名。汉安帝建光年间，朝廷公车官署特地征用薛包，官拜侍中。薛包生性恬淡，不喜官场，所以称病不起，朝廷允他告老还乡，更受尊礼，享年八十余岁而善终。

# 冯玉祥敬父感人

爱国将领冯玉祥出身贫寒，父亲是军队里一名下级军官，母亲早逝。他小时候只读了几个月的私塾。后来，父亲营里有了一个缺额，父亲的朋友为了照顾他家的困难，就叫冯玉祥去顶替。从此，他便开始了戎马生涯。

冯玉祥当兵后，他的父亲骑马时从马背跌下来受了伤，卧床休养，家中全靠冯玉祥每月领来的一点微薄的军饷维持一家老少五口的生活。

每天清晨，冯玉祥离家去营地打靶，父亲总要交给他几枚铜钱让他在路上买烧饼充饥。

“我不饿，不要钱。”冯玉祥总是推辞。

“打靶时间长，来回要走二三十里地，怎么不饿？你正长身体，快拿着！”

冯玉祥想，父亲失业后，总是粗茶淡饭，这点钱是他从牙缝里省下来的，我舍得花光吗？于是他就下决心省下钱来给父亲买几斤肉，让他补补身子。

一天傍晚，父亲从外面回来，一进家门就闻到一股肉香，看到桌上有一碗炖肉，不禁问道：“从哪里弄来的炖肉？”

“您老人家只管吃好了！”冯玉祥站在桌旁，低着头轻轻地回答。“从哪里弄来的炖肉？”父亲看到玉祥吞吞吐吐，越发要问个清楚。

冯玉祥只好讲清原委，说：“每次打靶，营里规定每人领五十条火药，打满十响就达到标准，余下的火药可以卖钱，我每次都有积余，一个月也可积几个钱，加上您每次给我的，凑起来就够买肉了。”

冯玉祥看了父亲一眼，继续说：“知道您老人家喜欢吃炖肉，今天我特地上铺子称了二斤肉，想让您高兴高兴，也给您补补身子。”

父亲听着，顿觉心酸，泪水不住地往下流。此刻的情景，永远地留在了冯玉祥的记忆里。二十年后，他想起此事，欣然提笔，写下一首打油诗：

肥肉二斤买回家，

亲自炖熟奉吾父。

家贫得肉食非易，
老父食之儿蹈舞。

## 温五夫妇的惨死

温五，是一个浓眉大眼，身躯高大的彪形大汉。性情横暴，行为粗鲁，乡人都畏之如虎。在家庭中，他常常辱骂父亲，殴打哥哥，他的哥哥是一无知乡愚，懦弱无能，绝对不敢与他计较，只得携着妻子，迁到遥远的地方居住，避免与他冲突。可是温五对哥哥还是不肯放松，常常寻到哥哥家中，坐索酒食，强借金钱，稍不如意，兄嫂都要受他的凌辱。这样一个横暴的恶汉，倘有贤良的妻子予以劝导，或许稍可改变他的恶性。但不幸得很，他妻子对丈夫的恶行，不仅不加规劝，反而助纣为虐，协同他忤逆父亲。有一天下雨，他呼唤父亲上街买菜，父亲知道自己儿子脾气很坏，不敢不从，但雨天道路泥泞，无法行走，然恐触怒儿子，不得已宰烹自养母鸡供养儿媳。温五毫不客气地带着妻子围坐而食，狼吞虎咽，吃个精光，并不留一些余食给父亲。锅中仅剩残余的鸡汁，父亲私取残汁尝尝，给温五看到了，拍桌大骂父亲口馋，盛怒之余，还连汤带饭倾入厕中。他父亲遭遇如此的羞辱，怨无可诉，只得跪在灶神前面泣诉，温五认为父亲是在灶神前咒他，更暴跳如雷地说："你要咒死我吗？我是天不怕地不怕的。"有一天，父亲抱着孙儿嬉戏，偶一失手，不慎把孙儿跌倒在石台上，额部跌伤，温五认为伤害了自己的儿子，拿起棒来要打父亲，他父亲急忙躲入床下，他一棒打在床上，把床打得倾斜破碎。他父亲呼号求救，声达四邻，但邻居们都畏惧温五凶暴，闭户不敢过问。初秋的八月，正是台风的季节。黑夜中，狂风怒吼，暴雨如注，接着大地震动，房屋摇摇欲倒，温五急忙携妻抱子，出外避难。年老的父亲，行动不便，拉着温五的衣袖说："儿子救我！儿子救我！"可是残忍成性的温五，不管老父的危险，反把父亲推倒在地上，只顾自己带着妻子逃命，刚逃到巷口的时候，大地震动更加厉害了，巷墙倾斜，巷口两边砌着的大石磨相对着倒下，将温五夫妇拦腰夹住，墙上砖石倒如雨下，把这对忤逆不孝的夫妇打成齑粉。事情发生以后，很多人都看到石磨上斑斑的血迹，深信这是忤逆不孝的恶报。

## 吉翂代父得宥

吉翂，字彦霄，南朝梁冯翊莲勺（今陕西省）人。吉翂从小就非常孝顺。十一岁时，母亲去世，他悲伤地不吃不喝。吉翂的父亲在担任吴兴郡原乡县令时，遭到奸吏诬陷，被判死罪。吉翂当时只有十五岁，听说了这件事就去击鼓申诉，请求以自己的性命换回父亲的生命。梁武帝感到非常惊奇，但却认为一个孩子能有如此孝心，可能不是自己情愿的，可能是有人给出的主意，于是就命廷尉蔡法度在公堂上摆满绳索刑具，厉声审问吉翂是什么人指使他这么做。吉翂回答说："我虽年幼蒙昧，但怎么会不知道死的可怕呢？我不忍心眼看着父亲被处死，而自己却无能为力。如果能以我的性命救回父亲的命，我无怨无悔。这是我自己的主意，怎么会是别人指使的呢？"蔡法度又转变态度，诱哄他说："皇上知道令尊无罪，也知道你是个好孩子，如果你现在反悔，你们父子都会得到赦免。"吉翂说："谁都爱惜自己的生命，只是我父亲按刑律被处死，如果不死一个人的话，是不符合律法的。所以想用我的死，来延缓父亲的生命。"梁武帝得知详情后，免去了他父亲的死罪。后来，丹阳尹王志要推举他为孝廉，吉翂却说："父辱子死，理所当然。我要是因此当了孝廉，就是在做因父买名的浅薄行为，这比父亲被侮辱还要令人痛心。"因此始终没有答应。

## 乐羊子妻自刎救姑

乐羊子妻，东汉河南人乐羊子的妻子，姓氏不详。她是一位知书达理、勤劳贤惠的好妻子，她总是帮助和辅佐丈夫力求上进，做个有抱负的人。

一天，乐羊子在路上捡到一块金饼，高兴地拿回家，妻子却没有丝毫喜悦，反而说:“有志之士不应该去拾捡别人丢掉在路边的东西，贪图不义之财，是会玷污自己的高尚品行的。”乐羊子听后很是惭愧，就把金饼扔了。

妻子常常跟乐羊子说:“你是一个七尺男子汉，要多学些有用的知识，将来好做大事，天天待在家里开阔不了眼界，不会有什么出息的。”于是乐羊子就按照妻子的话收拾好行李出远门了。妻子虽然思念丈夫，记挂他在异乡求学的情况，但她把这份惦念埋在心底，只是每天不停地用织布干活来排遣这种心情，尽全力不让丈夫牵挂自己和家人。可是刚刚过了一年，乐羊子就怀着思念回来了。乐羊子妻看到久别的丈夫，先是惊喜，后来知道丈夫学无所成，则很是难过。她抓起剪刀，快步走到织布机前“咔嚓咔嚓”地把织了一大半的布都剪断了。乐羊子吃了一惊，问道:“你这是干什么?”妻子回答说:“布是一丝一缕地织出，一寸一寸地积累而成。现在我把它剪断了，白白浪费了曾经织它的时间和精力，它永远不能恢复如初了。学习也是一样的道理，要一点点地积累知识才能成功。你现在半途而废，不愿坚持到底，不是和我剪断布一样可惜吗?”乐羊子听了这话恍然大悟，意识到自己错了，不由得羞愧不已。他再次离开家去求学，整整过了七年才终于学成而返。

乐羊子妻侍奉婆婆十分孝顺。后来，家里遭了强盗抢劫。强盗先是劫持了婆婆，并以此要挟欲侮辱乐羊子妻:“只要你答应跟我们走，我们就不伤害你。否则，先杀了你婆婆。”乐羊子妻为了保持贞节名誉，不甘受辱，拔出刀自刎而死。强盗被震惊了，慌乱之余放了婆婆，仓皇逃匿。太守知道此事后，捕杀了强盗，赐给乐羊子妻丝绢并按礼法埋葬了她。

## 吴冯氏感化婆婆

明朝的时候，有一个人叫吴子桂，家里十分贫苦，母亲很早过世，留下兄弟三人与父亲相依为命。后来，父亲娶张氏为妻，可张氏却是一个性格暴躁、又喜欢辱骂人的人，对子桂兄弟三人也不能悉心照顾。

吴子桂到了适婚年龄，便娶了一位姓冯的女子为妻。冯氏自小孝顺父母，勤劳善良，不但性情温和，而且为人通情达理，备受邻人的赞赏。

冯氏嫁到吴家后，辛苦地操持家务，不论寒暑，每天都早早起来烧火做饭、洒扫庭除。夏天，天气十分炎热，吴冯氏除了打理家务外，还要跟丈夫一起到田地劳动，常常是一身的汗水、泥污。冬日，天寒地冻，吴冯氏也不懈怠，每日劳作不息，即使双手因寒冷长了冻疮，裂口流了血，疼痛难忍，吴冯氏也未吭过一声，仍在冰冷的河水里洗一家人的衣服。回来后，又劈柴生火，做好饭食，照顾一家饮食。

虽然很辛苦，吴冯氏却从未叫过苦，仍然尽心照顾婆婆，不仅三餐尽量做好吃的饭食奉养婆婆，每晚，还为婆婆端上洗脚水，给婆婆泡脚、按摩，尽量给老人家最好的照料。吴冯氏自己的生活却十分俭朴，吃着粗劣的饭食充饥，身上的粗布衣服，也常常是补了又补。

尽管吴冯氏如此孝敬，婆婆张氏却对吴冯氏很是挑剔。张氏性格急躁易怒，稍有不顺意，便会大发脾气，横眉瞪眼地辱骂训斥吴冯氏。

平日里，婆婆总是阴沉着脸，令人畏惧。可即便如此，吴冯氏也未有丝毫埋怨不满，对婆婆的挑剔虐待，都一一顺从，还很耐心地安慰婆婆，极力让婆婆顺心满意。

左邻右舍因为经常听到张氏对吴冯氏辱骂呵责，都觉得婆婆对媳妇太过刻薄，时间久了，大家心中不忍。有一天，邻居的妇人们相约要去劝说婆婆张氏，让她不要再辱骂媳妇。

可当吴冯氏听说大家要去劝说婆婆时，却连忙制止了邻居，恳切地对她们说："大娘、婶婶、姐姐们，你们的好意，我心领了，真是很感激大家。只是婆婆骂我，是因为我做得不好，不能顺从婆婆的意思，我会再努力。但如果各位来劝我的婆婆，则表示是婆婆错了，这未免要犯不孝的大罪了，这样，就是我做媳妇的罪过了。"

听到吴冯氏诚恳的自责，邻居也很受感动，明明婆婆做得不好，媳妇却不忍埋怨婆婆之过，还把责任揽到自己身上，因此也都打消了劝说张氏的念头，各自回家去了。

之后，吴冯氏更是尽心侍奉婆婆，没有怨色，当吴子桂看到妻子如此孝顺时，自己也备受感动，对继母更为孝敬。

后来，吴子桂的两个弟弟也相继娶了妻子，两位妯娌嫁过来后，吴冯氏对她们就像亲妹妹一样照顾关怀。然而，婆婆张氏对这两位媳妇也不好，不是看这个不顺眼，就是看那个不合意，总要找一些事来教训她们。她们若是稍有疏忽，张氏看到，就大发雷霆，辱骂她们，让她们难堪。

两位弟媳生性善良朴实，受到了婆婆的虐待后，内心既委屈又痛苦，可又不知该怎么办。似乎她们怎么做都不对，婆婆每天都要板起脸孔对自己，就算再小心谨慎，也仍要被责骂。过了些日子，两位弟媳实在是受不了了，觉得这样的日子没有希望，就起了轻生的念头。

她耐心劝慰她们说："嫂嫂知道你们心里很苦，很委屈，只是也不该那么傻，寻短见啊！家里还有那么可爱的孩子，你们怎么忍心丢下他们呢？"

"如今婆婆年纪也很大了，身子骨又很不好，脾气大一些也是难免，我们不要往心里去就好了。婆婆年纪轻轻嫁过来，就要照顾三个孩子，家里又穷苦，有上顿没下顿，婆婆整日忙里忙外，却连饭也吃不饱，跟着挨饿受冻！如今她老了，仍没有自己的骨肉，她心里也苦啊！”

“再说，你我也都有老的时候啊！我们到老了，不也希望儿女能孝顺吗？人家说，对待老人，就要像对小孩子一样。孩子天天哭闹，我们也不曾嫌弃，还会耐心哄他照顾他。现在，婆婆也不过发些脾气，只要我们能尽到媳妇的本分，她老人家虽然嘴上不说，心里也会感到安慰的。终有一天，婆婆也是会感动的……”

经过吴冯氏的委婉劝解，两位弟媳都放弃了轻生的念头。三位媳妇齐心协力，对婆婆尽心侍奉，不论张氏如何打骂，她们仍一心照顾婆婆，没有半句怨言。

婆婆张氏在三位媳妇的感化下，渐渐悔悟了，想到自己平时那么打骂她们，她们不但不顶嘴、不记恨，还能没有怨言，尽心地侍奉自己，处处讨自己欢心，就算自己的亲生骨肉，也未必能这样啊！她一改往常态度，像对自己的亲生女儿一样，不但不再辱骂，还对她们关怀有加。吴家从此上敬下和，一片和睦的气氛。

# 丧亲章第十八①

## 原文

子曰："孝子之丧亲也，哭不偯②，礼无容，言不文，服美不安，闻乐不乐，食旨不甘。此哀戚之情也。三日而食③，教民无以死伤生，毁不灭性④。此圣人之政也。丧不过三年，示民有终也⑤。为之棺椁衣衾⑥，而举之；陈其簠簋，而哀戚之⑦；擗踊哭泣，哀以送之；卜其宅兆⑧，而安措之；为之宗庙，以鬼享之⑨；春秋祭祀，以时思之。生事爱敬，死事哀戚，生民之本尽矣，死生之义备矣，孝子之事亲终矣。"

## 注释

①丧亲章：亲，指父母。首先是指父亲。本章讲父母去世以后孝子应该做的一系列事情，故以"丧亲"为名。

②偯（yǐ）：尾声从容有余。

③三日而食：按《礼记·问丧》："亲始死，水浆不入口三日，故邻里为之糜粥以饮食之。"

④毁不灭性：毁，因丧亲过度悲痛而损害身体。按《礼记·檀弓下》："毁不危身，为无后也。"

⑤丧不过三年二句：按《礼记·三年问》："三年之丧，二十五月而毕，哀痛未尽，思慕未忘，然而服以是断之者，岂不送死有已、复生有节也哉?"

⑥椁（guǒ）：棺材外面套的大棺材。衣衾：小敛、大敛时所用的衣服和被子。

⑦陈其簠簋二句：既殡之后，下葬以前，每天的早晨和傍晚都要在殡官为死者设奠，同时哭泣，以寄托对死者的哀思。簠簋，这里指盛放供品的祭器。

⑧宅兆：宅是墓穴，兆是茔地。

⑨为之宗庙二句：下葬以后，回家接着举行虞祭；虞祭之后，接着举行卒哭之祭；卒哭以后，接着举行附庙（将死者神主按昭穆顺序安放到祖庙）之祭，从此以后才将死者当作鬼神看待。在此以前是把死者当作生人看待。

## 古文今译

孔子说："孝子在父母去世的时候，哭得是上气不接下气，而不是尾声从容有余，平常举动进退应有的礼节此时就不再那么讲究，说话也不讲究文采，穿上美好的衣服也不觉得舒服，听着动听的音乐也不觉得快乐，吃着美味的东西也不觉得味美。这都是由于哀伤悲戚的心情而造成的。在父母去世三天以后，孝子就应开始喝点稀粥，这是教育百姓不要因为痛心死者而把活人也带累得身体受损，形容可以因悲哀而憔悴但绝不能走到危害性命的地步。这是圣人做出的规定。居丧的时间不能超过三年，这是告诉人们悲哀不能没有一个尽头。为死者置备棺椁衣衾，然后抬起尸体放入棺内；然后摆好祭器，朝夕祭奠，以寄托哀思；然后捶胸顿脚，哭天嚎地，十分悲哀地把死者送往墓地；通过占卜选择一块风水好的墓地，然后把死者安放进墓穴；然后把死者的神主放进宗庙，以对待神鬼的礼节进行祭飨；然后四时举行祭祀，表明做儿子的每逢季节变化都在思念亲人。父母活着的时候，孝子以爱敬之心事奉他们；父母去世以后，孝子以极大的悲哀为他们料理后事。人一生的根本问题都包括在这里边了，儿子对父母生前和身后应尽的义务都尽到了，孝子的事奉父母也就到此结束了。"

## 名篇仿作

# 《女孝经》举恶章第十八

### 原文

诸女曰："妇道之善，敬闻命矣。小子不敏，愿终身以行之。敢问古者亦有不令之妇乎？"大家曰："夏之兴也，以涂山；其灭也，以妺喜。殷之兴也，以有莘氏。其灭也，以妲己。周之兴也，以太任；其灭也，以褒姒。此三代之王，皆以妇人失天下，身死国亡，而况于诸侯乎？况于卿大夫乎？况于庶人乎？故申生之亡，祸由骊女；愍怀之废，衅起南风。由是观之，妇人起家者有之，祸于家者有之。至于陈御叔之妻夏氏，杀三夫、戮一子、弑一君、走两卿、丧一国，盖恶之极也。夫以一女子之身，破六家之产，吁！可畏哉。若行善道，则不及于此矣。"

## 古文今译

诸女说："做妇人之道的好的一面我们已经听说了，我们虽然不敢说敏慧，但愿意终身身体力行。请问古代是否也有表现不好的妇人呢？"曹大姑说："夏的兴起，是因为夏禹的妻子涂山氏聪明贤惠，但是，夏的灭亡，则是由于夏桀的宠妃妹喜败国。商朝的兴盛，是因为商汤的妻子有莘氏的帮助；商朝的灭亡，则是因为商纣王宠幸妃子妲己的原因。周朝的兴盛，是因为周王季历的妻子太任的贤能；而西周的灭亡，全在于周幽王的宠妃褒姒的一笑。这三代，全都是因为妇人的原因而丧失天下，君王因此而身死国灭，更何况是诸侯、卿大夫、庶人呢？所以说，春秋时的晋献公杀掉世子申生，全都是骊女在其中挑拨离间的结果，愍怀太子被废，祸患就是由于南风。由此看来，妇人能够让家庭发展的有，祸患家庭的也有。陈御叔的妻子夏姬导致儿子夏征舒被戮杀、国君陈灵公被弑杀、两个卿士被逼走，最后致使陈国被诸侯灭掉，这样的女人，真是罪大恶极。以一个女子之身，导致了六个家族的败亡，这真是可怕啊！如果她多做善事，就不至于造成这样的后果啊。"

# 《忠经》尽忠章第十八

## 原文

**天下尽忠，淳化而行也。君子尽忠，则尽其心；小人尽忠，则尽其力。尽力者，则止其身；尽心者，则洪于远。故明王之理也，务在任贤，贤臣尽忠，则君德广矣。政教以之而美，礼乐以之而兴，刑罚以之而清，仁惠以之而布。四海之内，有太平音，嘉祥既成，告于上下，是故播于《雅》《颂》，传于后世。**

## 古文今译

所有的国人都尽忠于国家的话，敦厚的风气就会在全国推行。君子尽忠，主要是对君王尽心；小人尽忠，则主要是尽自己微薄的力量。尽自己微薄的力量的话，这种人只能够惠及自身；臣子要是对君王尽心的话，就会惠及他人。所以，明王在治理国家的时候，势必要任用贤能的人，贤能的人能够对君王尽忠，那么，君王的道德就能够得到推广。政治教化因此而能够得到推广，礼乐也会因此而兴起，刑罚因此而减少，仁义因此而广施天下。四海之内，呈现一片太平景象，瑞祥之气充塞天下，上下喜庆，因此才能够将《雅》《颂》之乐传播于后世。

故事

## 孟升匿丧被赐死

一个普通小官员因为匿母丧而被皇帝赐死，这可能是中国历史上有记载的仅有一起案例。此事发生在五代十国的后唐明宗天成三年（公元928年），当时滑州（今河南汲县一带）有个书记官孟升，因贪恋官位，匿母丧不报，此事被人揭露，先是经由大理寺审判，处以流刑。然而，让人想不到的是，当时的明宗皇帝竟然为了这个小官吏匿母丧的事特地下了个诏书。明宗皇帝在诏书中历数了孟升不孝的罪状，说孟升身穿儒家的官服，身处幕僚的位置，竟然为了贪图荣华富贵匿母丧不报，作为人子者，竟然败坏到了这一步，实在是伤风败俗，其罪恶重于十恶。这样的罪人，与其将他投到荒芜之地，不如让他死掉好了。于是，明宗皇帝就干脆赐孟升自尽。与孟升有关的官员——观察使、判官录事、参军等人，因纠察失职，都受到了处罚。在此同时，还发生了一事，有个襄邑县民叫闻威的，他的父亲被别人给杀了，他不但没有替父亲申冤，还私下里与杀人者和解，他也因此被明宗皇帝处死了。

## 贾黯拒提不孝官

这是发生在北宋仁宗朝的一个著名的典故，常常被后世所提及，视为美谈。这个“贾”是北宋时的贾黯，他是邓州穰县（今天的河南邓州市）人，是仁宗时期的状元。由于他这个人性格耿直，敢说敢做，就一直负责地方官的铨选工作，也就是负责对地方官的年度考核。这个工作要是不认真做的话，就是流于形式，事实上也是这样的，在贾黯之前，这项工作一直都是走走过场。但是，贾黯是一个认真负责的人，他认为，北宋自建立已近百年，尤其是在仁宗统治期间，天下太平日久，官吏养成了懒惰的性格，应当在官吏的考核上严格把关，以起警示的作用。贾黯认真磨勘（唐宋官员考绩升迁的制度），结果查出了益州（今四川）推官桑泽在四川做官三年，竟然不知道自己的父亲已死，贾黯提出桑泽不应当在考查之列，也就是剥夺了桑泽的考查资格。桑泽赶紧请求回原籍替父亲补丧。等到桑泽为父亲服完丧之后，就又回来找贾黯，要求再对自己进行磨勘，结果遭到了贾黯的反对。贾黯的意思是，桑泽虽然不是有意识地匿丧，但在外做官三年，竟然对家里的父母亲不闻不问，不通音讯，也是不孝，这样的人怎么可以让他继续做官呢。最后，桑泽只好断绝了做官的念头，回到了原籍，再也没有出来谋求官职。

## 逆子悔改行孝

顺天有一个逆子，名叫彭德。有时，他把年老的母亲叫做皱皮母猪，妹妹叫做烧火冤家，妻子叫做月中丹桂，儿子叫做掌上明珠。由此可见，他平日何等忤逆了。

因为不孝的缘故，彭德屡次生的子女都夭折。后来，又生了一个儿子，便更加爱惜，因此称他为掌上明珠。

有一次，彭德远出做生意的时候，寄信回家给妻子。而带信的人，却误把信交给他母亲。他母亲拆信后，请教书的老师读给她听。信上说:“皱皮母猪死未死？烧火冤家离未离？月中丹桂常时记，掌上明珠乖不乖？”

彭母听后大怒，哭着说:“这个忤逆子，气杀我了!”于是把信内每句改换两字，请老师代书回信给儿子。回信说:“皱皮母猪未曾死，烧火冤家未曾离，月中丹桂常时病，掌上明珠沤草皮。”

彭德接信，当天便哭号着回家。到家看见妻子及儿子皆无恙，便怒骂母亲说:“你是不是想媳妇病了、孙儿死了，你才高兴!”

彭母也怒说:“你这忤逆子，把辱骂母亲当作平常小事，难道真的没有家法了吗!”彭母便将彭德日前寄回家的信送给乡绅父老们看，他们都为彭母抱不平，就把彭德捉到祠堂重打三十板，以告诫不孝的人。彭德从此改过，孝顺母亲，其儿子方得养大成人。

还有一个做屠户的吴某，是宝应人，生性极为吝啬。他的母亲年已七十，有一次想吃猪肉，便叫人到儿子处拿肉，吴某不想给她，但来人坚决请求，便只给了少许。

过两天，他母亲又叫人去拿肉，吴某怒说："取了又取，我今天即使把手指斩下来也不给了！"

说完后，不知为什么，忽然误把手指切下来，他痛极趴倒在地上。

来取肉的人，就找药为吴某敷上，并告诉他："这是鬼神惩罚你不孝，不然怎会刚刚说完便立即应验呢。"

吴某自知理亏，而且良心发现，以后再也不敢不给母亲了。从那之后，他母亲叫他改做油糖生意，免得因为做屠户多杀生命。转业后，生意兴盛，因此赚了很多钱。

## 火未焚庐

章溢，字三益，号匡山，别号损斋，明朝浙江龙泉人。他的才华与人品深得知府秃坚不花的赏识。一次，他们在去秦中的路上，章溢突然心有惊悸，内心忐忑不安，料想家中有事，就辞别秃坚不花回家。到家后不久，父亲就病逝了。在料理后事的时候，家里又遭了火灾。章溢为了保护父亲的灵柩，不顾自己的安全，在熊熊大火边叩头祈天。火被乡亲们扑灭了，没有烧到灵柩。后来，贼寇作乱，洗劫龙泉。章溢把乡亲们组织起来保护家乡，官府也出兵追杀贼寇。但是章溢却说："这些贼寇以前都是平民百姓，只因无以为生、饥饿难挨，才落草为寇的。所以，要具体情况具体分析，不能全部都杀了。"官府听了他的意见，改用贴告示的方法，抚饥民。章溢五十六岁的时候，因母亲去世。悲哀过度，所以深染疾病而逝。

## 双鹤助哀

吴隐之，字处默，是晋代濮阳鄄城人。他容貌很美，善于言谈，广泛涉猎文史，以儒雅著称。他小时候就很独立，有操守，绝不吃不属于自己的饭食。虽然家里很穷，但绝不拿不义之财。在他十多岁时，父亲就去世了。他悲痛的哭声，引得路过的行人都心酸流泪。从此，他侍奉母亲更加孝顺谨慎。母亲去世时，他哀伤的表现甚至超出了礼制的规定，可见他的孝顺程度之高。他家里贫困，没有钱请人吹奏，每当他哭吊母亲时。就有两只仙鹤飞来鸣叫。到母亲丧期进行祭祀的那天傍晚，又有一群大雁会集在他家附近，当时人们都认为是他的孝心感动天地所致。他家与掌管国家祭祀礼乐的太常韩康伯为邻，韩母每听到吴隐之的哭声，也跟着难过得吃不下饭，并告诫儿子："你以后当官，一定要推举像吴隐之这样的孝子啊！"果然，韩康伯后来做了吏部尚书，就引荐吴隐之做了辅国功曹。



## 先试针灸

庾沙弥，南朝时期颍川鄢陵人，晋代司空庾冰的玄孙。他的继母刘氏得了重病，卧床不起已经很久了。庾沙弥就像侍奉亲娘一样，细心照料，不分昼夜。每次在给继母针灸治病时，庾沙弥都要先在自己身上试针，以防出现意外情况。当继母病逝后，他异常伤心，好几天水浆不入口。开始只吃点大麦面糊，一百天之后，他才吃些稀饭，服丧期间他不吃盐酱。冬天不穿棉衣服，夏天也不脱丧服，从不出家门。日夜痛哭，邻居都不忍心听到他的哭声。时间长了他坐的草垫也被泪水浸湿而腐烂了。继母生前特别喜欢吃甘蔗，他为了怀念继母，以后就再也没有再吃过甘蔗。他的孝心孝行受到了朝廷的表彰。梁武帝很欣赏他，让他做了县令，又迁官为邵陵郡王参军。后来，他的生母也去世了，他护送生母的灵柩回家乡，途中需要坐船。当船驶到江中流时，忽然刮起狂风，巨浪猛扑过来，眼看船就要翻了。庾沙弥悲痛欲绝，抱着母亲的灵柩失声痛哭。浪竟然退去了，风也停了，他们的船只安稳地驶回家乡。

# 地灭逆媳

清代嘉庆二十三年，江苏省无锡县北乡曹溪里，有王姓的儿媳，是一个泼辣凶悍的逆妇，平日懒于操作家事，一切煮饭洗衣，乃至打扫等杂务、都要老态龙钟的婆婆动手。可是婆婆年老力衰，对于家事的操作，当然不能做得理想，或是房屋打扫得不够整洁，或是菜肴烹调得不够味儿，因此时常遭受逆媳的恶言咒骂。那逆媳的丈夫，亦即婆婆的儿子，是一个懦弱无能的人，坐视妻子忤逆自己的母亲，不敢加以劝导，更谈不上管教。邻居的人，有时看不顺眼，偶尔从旁劝解，总无法遏制逆媳的恶性，至于婆婆本人，为了爱护孙儿，竟甘受逆媳的凌辱，逆来顺受，日子一久，逆媳益发肆无忌惮。有一天，婆婆带着孙儿玩，不知怎的，孙儿跌了一跤，跌破了头。逆媳认为是婆婆太不小心，以致跌伤了自己的儿子，竟对婆婆破口大骂。正在咒骂得凶狠，使婆婆痛心万分的时候，忽然乌云四布，大雨倾盆，不一会儿，房屋内外，都积满了水，逆媳两脚踏在泥地上，因泥地被洪水冲得很松，逆媳竟陷入泥土中，越陷越深，她不禁惊慌起来，急忙大呼："婆婆救我！婆婆救我！"婆婆看到媳妇陷入危急状态中，虽已忘了平日的怨恨，很想救她，但在狂风暴雨中，束手无策，逆媳身体的大部分，都已陷入地下深泥中了，她放声痛哭起来，可是哭也无用，不到一小时，全身灭入地中。狂风暴雨过后，邻居们把逆媳从泥地中挖掘起来，可是已经窒息毙命。这样的惨死，好像是被活埋一样，远近的人，看到逆媳死得如此之奇，都说显然是忤逆的现身恶报。当时有人作了一首诗说："大地难容忤逆人，一朝地灭尽传闻。婆婆叫尽终无用，何不平日让几分！"

# 二十四孝

## 一、孝感动天

### 原文

［虞］舜[1]，姓姚，名重华，瞽瞍[2]之子，性至孝。父顽，母嚚[3]，弟象[4]傲。舜耕于历山[5]，象为之耕，鸟为之耘[6]。其孝感如此。陶于河滨，器不苦窳，渔于雷泽，烈风雷雨弗迷。虽竭力尽瘁，而无怨怼之心。帝尧[7]闻之，使总百揆，事以九男，妻以二女[8]。相尧二十有八载，遂以天下让焉。

诗曰：队队春耕象，纷纷耘草禽。

嗣尧登宝位，孝感动天心。

## 注释

①舜：上古帝王名。故事中提到的人物，均见于《尚书·尧典》。

②瞽（gǔ）瞍（sǒu）：瞎眼老人。

③嚚（yín）：愚顽；奸诈。

④象：舜弟之名。下面“象”字指大象，古代黄河流域有大象。

⑤历山：在今山东历城县南，又名舜耕山、千佛山。另一说在今山西永济市东南，又名雷首山。还有其他说法，如在河南、安徽等。

⑥耘：除草。

⑦尧：上古帝王名，让位于舜。

⑧“事以”两句：见《孟子·万章章句下》，意为派九个儿子侍奉他，把两个女儿（娥皇、女英）嫁给他。

## 古文今译

虞舜，即舜，姓姚，有虞氏，名重华。父亲是一个瞎子，天生就懂得大孝。他父亲脾气古怪，继母性情变化无常，同父异母的弟弟名字叫象，非常不懂事。舜每天去历山耕田种地，干活时有大象跑来替他拉犁，小鸟飞来如他播种。舜在黄河边制作陶器，制造的器物质量都很好。他到雷泽打鱼，虽遇到烈风雷雨也不会迷失方向。虽然竭尽心力与劳苦，却没有怨恨之心，帝尧听闻到舜的至孝，使他总管国家大事。还让九个儿子侍奉他，并将女儿嫁给他。经过多年的观察和考验，最后把天下禅让给了舜。

## 故事

很久很久以前，在离九曲十八弯黄河不太远的地方有一户人家，只有夫妻二人。农夫名叫瞽瞍，他老实巴交，但愚笨迟钝，顽固不化，且耳软心粗，极易被谎话欺骗。他的妻子名叫握登，心地非常善良，秀外慧中，精明能干，真的是里里外外一把手，这个家一大半是靠她支撑的。自从她来到这个家，日子才好过了一些，虽说不上富裕，但也衣食无忧。

可好景不长，没过几年就遭遇上了十年九不遇的大旱。那一年，赤地千里，颗粒不收。往年虽积存了一点粮食，但在这荒时暴月里无异于杯水车薪，难免饥肠辘辘。两人左思右想，毫无办法。无奈之下，只得忍着饥饿，爬山越岭，如同野兽一般在野外寻找食物，春天捋榆钱，夏天挖野菜，秋天摘野生植物的果实，冬天下套子捕捉野兔，再加上一顿稠、一顿稀的合理安排，周密调剂，还能凑合着度命。

难以预料的是一关未过，一关又至。他妻子有喜了。按理说，这应该高兴、庆贺。可他们俩无论如何也高兴不起来。遇上闹灾荒，两个人已度日如年，要是再添丁，多一个嘴，那日子更没法过了。两人为此愁眉不展。

满脸愁云未散，令他们愁苦的事情又接踵而至。妻子妊娠反应特别厉害，不用说到外面寻找食物，连家里的活也干不成了。稍微吃一点，就呕吐不止，甚至一闻到饭菜的味儿就反胃。可口的饭菜一点没有，勉强吃上几口又都呕吐了。这样一直折腾了近两个月，人一下子瘦了很多，与先前相比，简直判若两人。

家中积存的一点粮食即将告罄，可旱象依然严重。若不能尽快找到解决办法，那就非得饿死不可。

两人商量来商量去，觉得只有到远在二三百里外的深山老林一带采摘可食的野生植物的果实，才有活下来的可能。

瞽瞍背着简单得不能再简单的行李卷儿，妻子拖着日渐沉重且日益疲软的身子一路同行。一路上，他们看到尽是土地龟裂、田园荒芜、饿殍遍野、白骨累累的悲惨景象，伤心的眼泪直往下落，并产生了不想活的念头。转念一想，我们可以一死了之，可一个无辜的小生命不就被作践了吗？那可是造孽啊，天理不容！必须坚强地活下去，才能对得住那还在腹中的小宝贝。

到了深山老林，两人居山洞，饮泉水，食野菜、野果。若有剩余，都放在背阴处阴干。几个月下来，除了自己吃，还积攒了不少的干菜、干果。

天渐渐冷了起来，再待下去，虽然饿不死，却可能冻死在山洞中。就在打算回家的前一天，不幸的事发生了。握登在上山途中，一脚踩空，从山上滚了下去。一只胳膊的桡骨碰在了坚硬的石头上，断成两截，幸好胎气未伤。

回到家中养了一段日子，伤势倒有些好转，但仍时常隐隐作痛。此痛未消，又添新痛。腹痛一日比一日加剧，这是临产的前兆。她强忍着钻心似的疼痛，三天后才分娩，一个小男孩呱呱坠地了。

这个小男孩，就是后来的虞舜。父母为他起了个姚重华的名字。他浓浓的眉毛，大大的眼睛，活泼可爱，还不足三岁就懂得给疾病缠身的母亲端饭倒水，经常依偎在母亲的怀里，用他丰满而柔软的小手轻轻地抚摸着母亲的脸庞，显得十分亲昵。他的母亲凝视着如此聪明懂事的儿子，心里比喝了蜜还要甜。

小重华的母亲由于长期营养不良，病魔缠身，身体状况越来越差，瘦得皮包骨头，面色蜡黄，气力衰减。如同一盏残灯，随时可能熄灭，又好像风雨飘摇中的一只破船，随时可能沉没。

小重华的母亲在期盼儿子快快长大的幻想中顽强地同死神斗争着。可天公不作美，一场突如其来的流行病还是让她过早地离开了人世。

小重华刚刚四岁就没有了疼他爱他的娘，经常背着父亲偷偷哭泣。小小年纪的他哪里知道灾难和不幸正在悄悄降临。

小重华和父亲相依为命，虽然生活清苦，每日粗茶淡饭，几个月连一丁点儿荤腥也见不到，可仍能经常听到欢声笑语。

过了一年左右，他的父亲在别人的撺掇下张罗续弦。不久，娶来了一个如花似玉的女人，从外表看，确实年轻貌美，比小重华生母要漂亮一些，但心地却不像小重华生母那样善良，而是蛇蝎一般的心肠，且又会花言巧语，背后捣鬼，阴一套，阳一套。成年人恐怕也对付不了，何况是年仅五岁的小孩儿！

但小重华生性孝顺，尽管是个继母，仍把她视为生母一般，一口一个娘地叫个不止。可他的继母从一进这个家门，就把小重华视为眼中钉、肉中刺，横挑鼻子竖挑眼，没有一样使她满意，差不多每天都得把小重华毒打一顿。开始是背着小重华的父亲打，后来是当着他父亲的面毒打。小重华被打得体无完肤，行动都有些不便，可继母还要让他干这干那，一会儿都不让他闲着。

继母如此待他，可小重华从来不在父亲的面前说继母的不是，而是反复检查自己，心里老是在想：自己哪一点做得不好？为什么总是惹得继母不高兴？……

又过了一年，小重华的继母有了自己亲生的儿子，起名象。继母对她的亲生儿子真是宠爱有加，视若掌上明珠，捧在手里怕掉了，含在嘴里怕化了。而对小重华的态度却更加恶劣，手段也非常残忍，非要把他置之死地。当她想到她的亲生儿子因为小重华的在世而不能享有财产继承权时，更是恨得咬牙切齿。

虐待小重华是她的第一招。她让小重华干非常繁重的体力劳动，稍微歇息，劈脸就是一个大嘴巴，打得鼻青脸肿，而流出来的鼻血还不准擦洗。挨骂那更是家常便饭了，粗话、脏话张口就能说得出来，每天最少也得骂上三五次。吃的是残汤剩饭，穿的是褴褛的衣衫。从外表看，和叫花子没有两样。

俗话说："旱地的葱，后娘的心。"此话一点不假。小重华继母刻毒的心比别的后娘有过之而无不及。她对瞽瞍的性格比谁都了解，知道他耳软心粗，非常容易哄骗。因此她就千方百计地编造谎言，在瞽瞍面前时常说小重华的坏话，挑拨离间，恶语中伤。渐渐地，父亲也站在继母一边，合伙折磨小重华。这是她的第二招。

第三招是更损的一招。小重华的继母为了免背恶名、骂名，施展了更损的一招，这就是背后教唆其亲生儿子象肆意羞辱小重华。象生来就是傲慢无礼之辈，再加上父母的宠惯，更为狂率不逊。小小年纪就好吃懒做，耍赖撒泼，平时就倚仗着父母欺负其哥哥小重华。这一回有其母亲明目张胆地撑腰，更加肆无忌惮。有一天，他按照母亲设下的毒计，坐在炕上干嚎，一边干嚎一边嚷着要骑马，其母亲乘机把小重华喊来，叫他当马让弟弟象骑上。这小东西心狠手辣，骑在小重华的身上还嚷嚷着快点爬，并用小木棍在小重华的屁股上使劲地抽打。不一会儿，小重华已汗流浃背，累得爬不动了。可象还是不依不饶，骑在小重华的身上赖着不下来。小重华只好缓慢地爬行，象十分不高兴，抡拳砸向小重华的后脑勺，接着从后面又打了小重华几个耳光，这才罢休。

如此泯灭人性的羞辱仍然不能解其继母心头之恨，她还要和其丈夫、亲生儿子合谋害死小重华。

有一天夜里，等小重华熟睡后，他们三个人来到一间黑咕隆咚的小屋里，在这里密谋烧死小重华。天刚麻麻亮，他们就迫不及待地把小重华喊了起来，令其在日上三竿前把粮仓修葺完毕。正当小重华专心致志地往仓顶上抹泥之时，小重华的弟弟象鬼鬼祟祟、蹑手蹑脚地进了粮仓，乘机把梯子搬了出去。接着小重华的继母就纵火烧起粮仓来，顿时粮仓变成一片火海。这突如其来的大火，把小重华吓呆了。稍过了一会儿，他才清醒过来，急忙用一顶斗笠遮挡着身边烧过来的大火，一只手拿起铁锨从仓顶捅去，不知是从哪里来的那么大的力气，竟然一下子捅出了一个大窟窿，他借机钻了出去，用力一蹦，蹦到了院墙外面，逃过了一劫。

小重华的继母看到小重华安然无恙地归来，气得差点儿背过气去。

一计不成，又生一计。小重华的继母阴险诡诈，花花肠子特别多。她又同丈夫合谋害死小重华，谎称地里要打井取水浇田，利用小重华下去挖井的机会往井里填土把小重华活埋。小重华特别乖顺，大人们叫干啥，他就去干啥，从来不往坏的方面想。在挖井的过程中，小重华一直就在井下面挖土，他父亲在上面用小筐子提土。在一上一下中，下面装土的人相对轻松一点，小重华从小就非常勤快，又好动，在闲着的那一会儿，突发奇想，从井筒旁往倾斜向上处挖了一个暗道，以供捉迷藏之用。挖好不久，小重华正在往小筐子里装土的时候，忽然从井口处掉下来一大堆土和小石头，砸在小重华的身上，接着又是一大堆。小重华急忙跑到为捉迷藏所用的暗道里躲了起来。

小重华的父亲把从井下提上来的土和石头全部推到井里，兴冲冲地回家向老婆报功。他老婆听他一五一十地说完，高兴得蹦了起来，并夸赞了她丈夫一番，同时允诺用过年时才能吃上的饭菜奖赏有功之人。

小重华的父亲、继母和弟弟象正狼吞虎咽地吃着美味佳肴、庆贺小重华被活埋时，小重华满身泥土地回到了家里。他们一个个目瞪口呆，脸色通红。

尽管如此，但小重华的继母仍然贼心不死，不善罢甘休。于是又密谋了一个更为残忍的淹死小重华的毒计。

小重华的继母暗中将这个毒计告诉她的亲生儿子，安排他要下毒手，在池塘里从后面突然推倒小重华，摁住头在水里淹上几分钟，管保让小重华见阎王。

象把小重华骗到河塘边，按照他母亲的鬼主意行事，很快就把小重华淹在了河塘里。在他看来，小重华必死无疑。

善有善报。小重华平时就善待他们家养的那条狗，宁肯自己饿着肚子，也要喂一喂狗。因此，那条狗也设法保护小重华。那天，狗就一直蹲在不易被人发现的地方看着河塘边发生的事情。它看见小重华被象淹在河塘里时，就想去救。待象离开后，它急忙冲进河塘里，用牙咬住小重华的衣服，把小重华拖到河塘边。幸好小重华昏迷那会儿喝进去的河塘水并不多，拖到河塘边控了一阵水，就慢慢地苏醒了。

小重华回到家里，浑身还是水淋淋的。他不敢向父亲说出事实真相，只说是自己不小心掉进了河塘里。

小重华一向是逆来顺受的。对父母从不怨恨，依然竭尽全力地孝敬父母，照样端饭送水，嘘寒问暖。他对小弟弟象比过去更关心，他觉得这是当哥哥的责任。多替父母分点忧，这也是孝敬父母啊！

即使这样，小重华的继母仍不放过小重华。她对小重华的父亲说："小重华是咱们家的祸根，除不掉，也必须把他撵得远远的，不要让我看到。否则，这日子就没法过了。"

小重华的父亲也有此意，一拍即合。

翌晨，他们把小重华喊来。小重华的继母一脸怒色，对着小重华厉声喝道：

"你这个小杂种，给我好好听着！从今天开始你就必须离开这个家，到历山（今山东济南东南）给我种地去。假如有一棵草没有锄掉，就要了你的命！"

小重华听完继母的怒叱，向二老磕过头，便扛着锄头往历山走去。

历山地广人稀，几十里内没有人烟。但野兽成群，凶猛异常，一不小心，就有可能成为它们的食物。

在这种险恶的环境下，小重华从不担心自己的安危，而是日夜思念自己的父母和弟弟，担忧家里的活没人干，为父母的身体安康与否而担心，为弟弟如何才能走上正道而发愁。

在这里，他对虎豹豺狼虽然避之唯恐不及，但对大象之类的不伤害人类的动物却能善意地对待，相处和谐，关系融洽，连小鸟都在他的善待之列，一群一群地在他的田地上空不停地盘旋。

小重华在历山耕田种地时，大象从山上下来帮助耕田，小鸟从林间飞来帮助除草。为了防止凶猛、残暴的老虎、狮子伤害小重华，猴子在树上瞭望、放哨；为了给小重华消愁解闷儿，百灵鸟飞到树枝上不停地唱歌。

闲下来的时候，小重华仰望天空中朝着家乡方向飘去的朵朵白云，诚请它们代自己问候父母。

当春天小燕子飞来的时候，小重华就请它给弟弟带个话，希望他孝敬父母，明了事理。

假若遇到过往行人，他一定要麻烦人家给他的父母亲捎封信，婉言劝说他们不要干力所不及的活，待他回去由他来完成。

小重华在农闲的时候，就出外走村串户，了解民俗风情。当他得知周围的农户常常因为争夺田界而拳脚相向、邻里不和，更为严重的是部落之间因此发生过多次仇杀。小重华用自己尊老爱幼、礼让他人的实际行动，感化了当地的人们，他们从此开始谦让起来。

有一次，小重华到雷泽这个地方打鱼，看到当地年轻力壮的小后生，都占着鱼较多的地方，而一些年纪大、身体弱的人却在鱼比较少的地方打鱼。他带头把水深鱼多的地方让给这些老人，而自己却到水浅鱼少的地方打鱼。小后生们见此情形，也都纷纷让出水深鱼多的地方给年老的人。

不到一年工夫，这里的社会风气彻底改变了，尊老爱幼、礼让他人已蔚然成风。很多外地人从几百里之外的地方搬到这里居住。

小重华的孝心和高尚的德行，不仅方圆几百里的人受到了感化，而且孝名得到了传扬，连尧帝的大臣们都知道了姚重华历经磨难而依旧孝心不改的动人事迹。

尧帝多年来一直在觅求德才兼备的人，尤其重视有孝心的人，希望将来能使仁孝行天下，尧帝也打算启用这样的人来辅弼自己治理天下。

当大臣们纷纷向尧帝举荐姚重华时，尧帝当时十分高兴。高兴之余，觉得有点不太放心，决定明察暗访一番。

尧帝到历山微服私访，沿途看到民风淳朴、生产发展的景象，十分欣慰。再细细一打听，农夫们几乎都对姚重华赞不绝口。老百姓的口碑，是一个人德行的最好的见证。

尧帝决定启用姚重华，令大臣把姚重华请到宫中来。

姚重华得到尧帝的召见，与尧帝一起纵谈天下大事，探讨治国之道。

姚重华的许多见解，尧帝非常赏识，并希望他留在朝中。

姚重华向尧帝述说了家中的情况，三番五次地请求尧帝让他回家服侍父母，照管兄弟。尧帝摇头不许。

姚重华无奈，便留在朝中辅弼尧帝。

姚重华在朝中对所有官员都提出上下谦让和宽容的要求，又极力提倡孝道，并带头执行。由此朝中风气大变，官员们相互尊重，和睦团结，尧帝感到十分满意。

从此，尧帝几乎就不再像过去那样为朝廷的政事而日夜操劳了，由姚重华主持朝政，大小事悉数由他全权处理。只不过有时过问一下，或者指点一下。

尧帝看来看去，觉得姚重华德高望重，值得信任。当时，尧帝有两个聪明伶俐、神采飘逸的女儿，一个叫娥皇，一个叫女英，姐妹俩正待字闺中，尧帝就决定把这两个可爱的女儿嫁给姚重华。

姚重华自主持朝政以来，殚精竭虑地处理多种政务，忙得不亦乐乎，很少有空闲。待晚上回到家里已筋疲力尽了。虽然困乏之极，但由于思念父母和弟弟，还是经常失眠。

尧帝发现姚重华瘦了，精神也大不如从前，便问其缘由，姚重华如实禀告。尧帝只得准其省亲。

回到家中，依旧向父母三跪九叩首，并把同他一起回来拜见父母的两个妻子介绍给父母亲。还未等两个儿媳妇给二老行大礼，姚重华的父母就破口大骂起来。

他们骂道：

“一个穷小子还竟然娶了两个老婆，还想当个花花公子，你撒泡尿照一照自己，配不配？真的是个败家子！”

持续骂了很长时间，有些话简直不堪入耳。但他们仍然觉得不解气，又把姚重华狠狠地打了一顿。

弟弟象妒火中烧，就想杀兄霸嫂。他以井里沙子和土太多，需要淘一淘为由，让其哥哥下去淘井。娥皇和女英从象凶恶的目光中看出下井是凶多吉少，便悄悄地将对策告诉了姚重华。当象投下石头妄图砸死其哥哥时，姚重华早已躲到安全地带，这才得以逃生。

父母和弟弟这样对待他，姚重华既无怨言，也不计较，而且还原谅了他们，继续履行为人之子的义务，担当起为人之兄的责任。

省亲期限已至，姚重华带着两位妻子恋恋不舍地离开家中，回到宫里。

姚重华继续主持朝政。为便于称呼，上上下下一律叫他舜。

尧帝用心栽培舜，派他治理夏地。他爱民如子，以高尚的德行感化人。舜的行孝天下，感动了天。夏地在他治理的几年内，风调雨顺，五谷丰登，六畜兴旺，经济繁荣。不久，四处的人闻风而来，人口数量骤然上升。夏地很快就由一个村庄发展成为一个大都。

舜在夏地期间，到一个地名为陶河的地方，用孝道教化人们，不但感化了人，而且还感动了地。这里用来做陶器的土质量不好，做出来的陶器格外粗糙。后来，土质渐渐变好，做出来的陶器质地细腻、光滑，质量上乘，成了远近闻名的陶都。

十年后，尧帝诏令舜回到都城平阴安邑，在朝中当了国相。

接着，舜把父母和弟弟都接到宫中。如同先前在家一样，清晨起来向父母跪请早安，晚上也要跪请晚安，端茶送水，照顾十分周到。舜的孝心终于感化了父母，继母的态度一百八十度大转弯，由原来的视同仇敌而变得亲密无间。弟弟对哥哥的态度也开始转变了，兄弟俩真的是情同手足。

舜代理朝政二十八年后，尧帝经过对舜的各种考验，认为舜能够担当得起继往开来的大任，实现宏图大业，又因自己年事已高，神思困倦，因而作出了把帝位让给舜的决定。舜多次推让，但尧帝态度非常坚决，一定要把帝位让给他。

舜推让不掉，便接受了重托，从此便是舜帝时期。

舜帝果然没有辜负尧帝的重托，执政期间，重视教化，推行仁政，关心民生，体察民意。不几年工夫，孝行天下，财源滚滚，百姓富裕，社会安定，一派太平盛世的景象。

因此，他受到了人们的拥戴，成了人们心目中的圣人。

# 二、戏彩娱亲

## 原文

［周］老莱子[①]，楚人。至孝，奉二亲极其甘脆[②]。行年七十，言不称老[③]。常著五色班蓝[④]之衣，为婴儿[⑤]戏舞于亲侧；又尝取水上堂，诈跌卧地，作婴儿啼，以娱亲意。

诗曰：戏舞学娇痴，春风动彩衣。
双亲开口笑，喜色满庭闱。

## 注释

①老莱子：春秋时楚隐士。《史记》载："或曰：老莱子亦楚人也，著书十五篇，言道家之用，与孔子同时云。"（《老子韩非列传》）

②甘脆：美味食品；美味。

③言不称老：不说自己老。

④班蓝：即斑斓，灿烂多彩。

⑤为婴儿：装作孩子。

## 古文今译

老莱子，春秋时期楚国隐士，为躲避世乱，自耕于蒙山南麓。他孝顺父母，尽拣美味供奉双亲，七十岁尚不言老，常穿着五色彩衣，手持拨浪鼓如小孩子般戏耍，以博父母开怀。一次为双亲送水，进屋时跌了一跤，他怕父母伤心，索性躺在地上学小孩子哭，二老大笑。

## 故事

老莱子，楚国人，春秋末年著名的思想家。他著书立说，传授门徒，宣扬道家思想，是名副其实的学富五车、才高八斗的一代贤人。

老莱子因看不惯尘世间的名利角逐和诸侯争霸，不愿受人官禄，为人所制，隐居山林。楚惠王五十年（公元前479年）发生了“白公胜之乱”，继而陈国南侵，为避乱世，他携家人逃至纪南城北百余里的蒙山之阳，过着垦荒耕种、饮泉水、食杂粮、树枝架床、蒲草作垫的艰苦日子。

老莱子对父母特别孝敬，他生怕二老遭难受罪，始终不出门远行，不受聘居官。据说楚惠王很赏识他，欣赏他渊博的知识，看重他高尚的品格，曾亲自登门请他出山，他都婉言谢绝了。

他对楚惠王说：“一个人不能在家奉养双亲，只图高官厚禄，只贪自己享受，不是有违人性吗？”

楚惠王无言以对，只好打道回府。

老莱子蒙山自耕，用辛勤汗水换回了衣食丰足。他和妻子给双亲做最香甜可口的饭菜，给二老穿质地最精美的衣服。晨夕侍奉，天天问候，使父母心情愉悦，安度晚年。

老莱子不仅自己孝顺父母，还要求儿孙们也必须孝敬，做不到或做得不好的，竟按家规惩处。

有一年旱魃为虐，几十天滴雨未下，禾苗枯焦，致使颗粒未收。

尽管老莱子辛勤耕耘，子孙们也能勤俭节约，但天旱造成的深重灾难，使一家人缺吃少穿，经常处于揭不开锅，不能按时节换衣的困难境地。

为了免除两位老人的忧愁，老莱子想尽办法，尽量在老人面前假装出丰衣足食、衣食无忧的样子，也安顿儿孙们不要在两位老人面前说出实情。

一般情况下，都是老莱子陪着父母吃饭。老莱子每次都把三碗大米饭端到炕桌上，给老父母各一碗，自己留一碗。其实，他自己吃的那碗大米饭，只有上面那一点点米饭，下面的全部是野菜。一次，忙乱中出了纰漏，把一碗本应留给自己的饭错给了老母亲。当他发现时，立马要和老母亲换了过来。

老莱子的老母亲虽然是九十多岁的人了，但眼不花，耳不聋，也不糊涂，马上就明白了。她知道儿子的一片孝心，激动得泪流满面，同时也把儿子责备了一番。

他的老母亲情真意切地说：

“渡过灾荒不是一个人的事情，一家人都要共患难，齐心合力过难关。你每天还要干活，这样长期下去，弄垮了身体，这个家靠谁来撑呢？”

老莱子急忙向老母亲解释，他说野菜极富营养，对身体大有益处。说完，腰一挺，用力拍了拍胸脯，便问母亲他像不像个大小伙子，逗得父母开怀大笑。

自此以后，他再也不敢和老父老母一块儿吃饭了。他急急忙忙地吞完糠、咽完菜后，再给两位老人端饭，且边走边佯装打饱嗝。有时父母让他再吃点儿时，他便装作生气的样子，一边跺着脚，一边揉着肚子说：

“肚皮都快撑破了，还要让人吃，莫非想叫人真的撑死不可！”

老莱子说着躺在父母身边让二老为他揉肚子，还不停地撒娇，逗得父母几乎喷饭。

还有一次，老莱子想给父母亲改善一下伙食。他把家里稍微值钱的东西拿出去，在街上换回一斤猪肉。

香喷喷的猪肉菜做出来后，老莱子已饥肠辘辘，馋得哈喇子都快要流出来了。他怕父母强迫自己吃，便用猪油在嘴唇上抹了一圈，好似满嘴流油刚刚吃过的样子。之后才端着佳肴送给父母。

老莱子的父母看到他嘴上油乎乎的，又一次相信了他的善意的谎言。

经过千磨万难，终于熬到了年关，可过年的新衣服还没有着落。老莱子首先想到的是如何才能给二老做一身新衣服。

老莱子到离家一百多里的一个较大的村庄里，找到一个熟悉的人做保证人才在一户富裕的人家借到了一匹土粗布。

衣服总算做好了，可好说歹说父母就是不穿。

老莱子的父亲硬要把新衣服给儿子穿，声音颤抖地说：

“儿啊！你的心意我明白。我一个长年坐在炕头的人，穿啥都一样。你到外面，穿上破衣烂衫，让人笑话。”

老莱子的母亲接着说：

“莱儿，你爸说得对。给我做的衣服，你拿去给你媳妇穿吧。我一个老太婆有个穿上的就行，你媳妇难免抛头露面，穿得不体面，让人寒碜，也丢咱们家的脸！”

老莱子左说右说，父母始终不应承。子夜将近，老莱子突然穿起色彩斑斓的花衣裳、大红大红的布鞋，又把老虎帽戴在头上，耍着拨浪鼓，给父母唱起了儿歌：

蹦，蹦，蹦高高，

一蹦踩疼了爷爷的脚，

二蹦碰伤了奶奶的腰，

三蹦自个儿脑袋起了个大包包，

……

老莱子的父母听着儿子唱的儿歌，笑得前仰后合，老莱子这才乘机给二老穿上新衣。

别看老莱子是七十多岁的老人，可在父母面前，从来不说自已老了，也不许儿孙们说他老了。

老莱子想尽办法让九十多岁的父母亲快乐地生活，经常扮作顽童，以愉悦父母之心。

常言道：老小孩。人老了，就如同小孩儿一样。脸就像二八月的天，说变就变。这一阵儿还又说又笑，过不了一会儿，就大发雷霆。每当父母不高兴时，老莱子就把儿童的五色斑斓的衣服和大红鞋穿上，再把花帽子戴上，一手摇着拨浪鼓，戏耍于父母身边，一直把两个老人逗得开怀大笑为止。

有一天，不知是两位老人晚上没有睡好，还是因为天气恶劣，一大早就心情不佳。刚数落完了这个，又责备那个，好像不顺心全是儿孙们造成的。老莱子急忙上前，态度极其温顺地向两位老人检讨，并说些老年人爱听的话。可好话说了千千万，两位老人仍然还绷着脸，眉头紧锁，嘴撅得老高。

老莱子眉头一皱，计上心来。他赶紧把儿孙们打发出去，自已换上了五色斑斓的花彩衣，戴上了老虎帽，又把大红大红的布鞋穿上，在两位老人面前蹦了起来。

他一边蹦，一边唱起了儿歌:.

“身穿花彩衣，

头戴老虎帽，

吓得妖怪掉头跑，

吓得恶魔嗷嗷叫!”

老莱子在唱儿歌的同时，还学着凶猛的老虎跳跃的动作，张牙舞爪，大声嘶叫。

二老连理都不理，好像没有看到、听到似的，纹丝不动。

老莱子急中生智，学起老鹰抓小鸡。他先学鸡扑棱扑棱扇着翅膀到处跑，又学大公鸡喔喔叫，再学母鸡咕咕叫，不一会他学起老鹰来，两臂张开，轻轻摆动，像是老鹰扑扇着翅膀，接着他学老鹰从天空俯冲下来，扑跌在地，并喊着:“抓到了，抓到了。”

至此才逗得两位老人扑哧一笑。

老莱子深知人越老越容易感到寂寞，也越害怕寂寞。在基本保证生活必需品的前提下，快乐是老年人最大的幸福。

因此，老莱子总是千方百计地消除两位老人的寂寞，不让他们感到一点孤单。

一次，十里八乡的人都到离老莱子家仅有二里的一个地方观看射箭比赛。按技艺说，老莱子虽然不敢与百步穿杨的杨由基相比，但十里八乡也是赫赫有名的了。

老莱子当然是应该参加比赛的最合适的人选，可他去参加比赛，家中留下双亲，他们肯定会觉得孤独。因此，他放弃了一试身手的良机，留在家中侍奉老人。

家人都去观看比赛后，原来你进我出相对热闹的家里一下子冷清了许多，两位老人的情绪也有些许变化。

突然间，老莱子挑着两只水桶，要去挑水。回到父母居住的屋子里，他故意跌倒，两桶水洒得一点不剩。

两位老人还没有完全反应过来，只见老莱子在地上又打滚，又哭闹，嘴里还不停地大声喊着：

“爹娘快来呀，孩儿跌倒啦，动弹不了啦，快来搭救孩儿呀！呜，呜呜呜……”

两位老人信以为真，正准备动身下地搀扶儿子。再一看，老莱子早已爬起来，快跑到他们面前了，并哈哈大笑起来。与此同时，双亲也突然醒悟过来，也跟着儿子笑了起来。

老莱子的老伴下午回来后，知道了这件事，心里有点内疚，同时又认为其老头子太不爱惜自己的身体，做得有点过分，便好言相劝。她非常疼爱地对老莱子说：

“对父母孝顺是天经地义的，但也不能不爱惜自己的身体。为了博得父母的欢心，你在父母面前屡扮童子，故意作态，这么折腾自己你怎么能受得了呢？要是出个意外，这么大的一个家该怎么办呢？再说你也是白发苍苍的老人了，又是儿孙满堂，应该是老有老相。现在你天天穿上五彩衣，儿孙看着别扭、外人知道也会寒碜你一顿……”

老莱子不等老伴说完，就正言厉色道：

“你这是说的什么话？我就是一百岁也是我父母的儿子，报答父母之恩，从来就不分年龄大小。父母年龄越大，越需要儿女们的关心和照顾。消除老年人的寂寞，免除老年人的孤独之苦，儿孙们能代替得了吗？孝敬老人不能有一点私心杂念，只有不惜一切，才能回报父母的养育之恩。儿孙们为何不能理解我屡扮童相的苦心，他们就成不了孝子贤孙。说闲话的外人，也是不明事理之辈。以后你再也不要说这套话了，少讨没趣。”

从此，老莱子的老伴经常教诲儿孙们要以老莱子为楷模，做一个名副其实的孝子。

老莱子的孝名自此之后便很快地在天下传扬开来。

# 三、鹿乳奉亲

## 原文

［周］郯[1]子，性至孝。父母年老，俱患双眼，思食鹿乳。郯子顺承亲意，乃衣鹿皮，去深山，入鹿群中，取鹿乳供亲。猎者见而欲射之。郯顺承亲意，子具以情告，乃免。

诗曰：亲老思鹿乳，身挂鹿毛衣。
若不高声语，山中带箭归。

## 注释

①郯（tán）：姓。

## 古文今译

郯子，春秋时期人，非常的孝顺。父母年老，患眼疾，需饮鹿乳疗治。他便披鹿皮进入深山，钻进鹿群中，挤取鹿乳，供奉双亲。一次取乳时，看见猎人正要射杀一只麂鹿，郯子急忙掀起鹿皮现身走出，将挤取鹿乳为双亲医病的实情告知猎人，猎人敬他孝顺，以鹿乳相赠，护送他出山。

## 故事

在高高的马陵山的山麓下，有一户家贫如洗的人家在这里居住。

夫妻俩在山上特别贫瘠的几亩田地上终年辛勤耕耘，可由于自然环境恶劣，官府无情地剥夺他们的劳动成果，一年到头仍是经常愁了上顿愁下顿，日子过得十分清苦，两人常常相对泪语凄咽。

在这样悲惨的境遇下，添丁无疑是雪上加霜。自然规律真的是无法抗拒的，就是这样的一个家庭还是生下了一个男孩。人到中年，得子应是高兴的事情，可他们俩口子无论如何也高兴不起来，因此便非常随意地给这个男孩起了一个郯子（这个家庭的男主人姓郯）的名字。

一个小生命来到这个世界上，不管你喜欢与否，也不管你是否重视，他还是要张嘴吃饭的。一个本来就捉襟见肘、日益穷困的家庭，一夜之间又添了一张要吃饭的嘴，你说，轮到谁的头上，能不犯愁呢？

两口子整夜整夜地辗转反侧，愁得睡不着觉。他们在无法可想的情况下，也曾想过以死了断。在谁先走一步这一问题上，两个人争来抢去，最后还是觉得无论谁走这一步，都不能使困窘的生活得以改变，同时还会对这个小生命造成难以挽回的伤害。

因此，他们俩商定，吃多少苦也得把小儿子拉扯成人。

从此夫妻俩便早出晚归，没明没夜地在田里干活。虽然又苦又累，但看着小郯子一天一个样，长得十分可爱，心里也甜滋滋的。

小郯子长到五六岁时，就已经很懂事了。家里的一些活，他尽自己最大努力去干，挑不动一担水，就用小桶子往家里拎，扫地、扫院的活，他全包了，不让父母为此而再受苦受累。吃饭时，他总要把盛在自己碗里的饭菜分给父母一些，吃个大半饱时，就放下碗筷，说自己吃饱了，其目的是让到田里干活的父母多吃一点。

村子里的人都夸小郯子是个孝子。

小郯子还是个很有心计的孩子。别看只有五六岁，实际上他比十来岁的娃娃们想的事还要多。他看着人家地里的庄稼秆子粗壮，颗粒饱满，就探询其原因，回家就告诉父母；他看到人家喂养家畜、家禽，就向父母提出畜养牲口、喂养家禽的建议。

郯子的父母依照小郯子的建议，在田里开始施肥，并挖渠引水浇灌庄稼，再加上精耕细作，长势也是十分喜人，产量骤然猛增。院子里家禽、家畜也渐渐地多了起来，鸡鸣狗叫，牛羊撒欢，一派醉人的田园风光。

小日子逐渐好了起来，小郯子也长大了。

郯子并不满足现状。他要读书，不断增长知识，开阔视野，并树立了不仅要改变家境，而且要改变家乡面貌的远大志向，要使父母过上幸福的生活。

郯子的父母在长期的劳累中，原来很健壮的身体，现在已瘦骨嶙峋了。背驼了，腿脚也不灵便了。虽说才五十刚过一点儿，给人的感觉已和七旬老人差不了多少。

即便这样，郯子父母仍在不停歇地劳作着。他们都想让郯子腾出一些时间上学读书，以使其夙愿得偿。

谁知天不如人愿，郯子父母蓦地患了眼疾，两眼红肿，见风流泪不止，看东西模模糊糊，下地走路都得有人搀扶，否则就有可能跌跤。

两位老人在家养了几天，不仅不见好转，而且还愈来愈严重了。

他们想到眼疾发展下去的可怕后果，不由得哭泣起来。

郯子闻声赶来，当听完父母悲痛欲绝的哭诉后，郯子心情十分沉重，作为父母的儿子，不能使父母从痛不欲生的悲苦中摆脱出来，不能为双亲消除病痛的折磨，还能算一个有人性的人吗？

他定了定神，紧握着父母长满老茧的手语气坚定地说：

“老爹老娘活着，是儿子我的幸福，绝不是累赘。你们养我小，我必须养你们老，这是天经地义的。你们二老怎么能舍得撇下我，让我一个人孤苦伶仃地活在这个世界上。再说，爹娘的病又不是不治之症，儿子我就是上刀山入火海，也要把根除眼疾的药物给你们找来！”

说罢，找到邻居家的一位大叔，向其说明缘由并托其照顾二老后，便急匆匆地、大步流星地上路了。

一路上，郯子跋山涉水，风餐露宿，吃尽了苦头。尽管见人就询问，逢人便打听，也走了好几百里，鞋底磨穿了，脚上打泡了，但仍未查访到一位名医。虽然也请教过几位乡间医生，听他说完情况后，一个个都直摇头，言称从未遇到过这样的病人，自然也不知什么药可以根除这种疾病。

郯子心情沮丧极了，恨不得放声大哭一场。不过，他突然想到了天无绝人之路这句话，立马又振作起来。

他沿着一条崎岖的山路急速行走。走到半山腰处，只见云雾缭绕，幻化作各种奇异景观。他无心欣赏这云海奇观，低头弓腰继续前行。忽然，在云雾的尽头处走来一位老者。这位老者鹤发童颜，背着一个布囊。郯子急忙上前向老者打了一躬，并述说了家中父母处于人命危浅、朝不保夕的状况以及他寻找药物的整个过程。

这位老者别看是个采药的，其实学问很渊博，且精通医道，救过不少危重病人，只是隐姓埋名不再行医。听了郯子的诉说，他被这个十几岁的童子的一片孝心打动了。

老者知道郯子的父母患的这种病并不是药物能够治愈的，只能喝新鲜鹿奶。否则，性命难保，而且时日不多。

老者害怕这个小童心急上火，用好言好语宽慰了一番。接着将用新鲜鹿奶汁治疗眼疾是他多年积累的经验这一实情告诉了郯子，让他赶紧回家寻找新鲜鹿奶汁。老者看他年幼，办法不多，又把披上鹿皮扮作小鹿混在鹿群中取奶汁的妙计也告诉了郯子。

郯子顿首谢恩，与老者作别而去。

回到家中，按照老者的嘱咐，去猎户家借了一张小鹿的鹿皮。

第二天，郯子就急着上山了。马陵山上有一泓清泉，这里是鹿经常来饮水的地方。可一连两天，连个鹿的影子也未看到。晚上，他只好在山洞里过夜。

钻进山洞，屁股刚一挨地，瞌睡就来了。刚打了一个盹，睡意蒙眬中听到“呦呦”的鹿鸣声。他一骨碌爬起来，披上鹿皮，三步并作两步地跑出了山洞。

一群梅花鹿往那一泓清泉处跑去，郯子紧随其后，并趁机混在其中。

郯子在这群鹿饮水时，瞅准一头又肥又壮的母鹿慢慢地靠了过去。他伏下身子，用嘴含住母鹿的乳头使劲吮吸，母鹿以为小鹿羔在吃奶，也就规规矩矩地站着不动了。郯子乘机拿出准备好的盛放乳汁的器具，两手毫不停歇地挤了起来。

不一会儿，盛放的器具就快流满了。这时候，郯子高兴得不得了。

他一边往外爬，一边在心里默默地念叨："二老有救了！"

正当他要站起来的时候，一支利箭从母鹿身边飞过，接着又是一支，母鹿随即倒下。同时远处还传来猎人们说话的声音：

"那个鹿羔子也不小，一起收拾掉算了！"

郯子从利箭射来的方向看去，其中一个人已经箭在弦上，拉满了弓。他飞快地站了起来，张开两臂向猎人高声呼喊：

"猎人哥哥，我是人，不是鹿！"

郯子随即把鹿皮脱下，再一次对猎人大声说道：

"我真的是人，为救父母我才装扮成鹿！"

猎人们细细一端详，还真的是个人。他们立即放下弓，收起箭，慢慢地走到郯子的面前。

郯子惊魂未定，断断续续地向猎人们说了事情的原委。

猎人们听罢，都深深地懊悔。假如伤了这个孝子，那就等于要了郯子父母的命，这不是伤天害理吗？

郯子还是十分感谢猎人们手下留情，和猎人们告别后，端着盛乳汁的器具回家了。

郯子的父母自打喝了新鲜鹿乳后，眼疾就一天天好起来了。

一家人又开始在欢乐的气氛中生活。

郯子孝敬父母的言行感染了周围的黎民百姓，他们都以他为榜样，尊老爱幼，团结互助。不久，这里的社会风气大为改观，生产蒸蒸日上，人们生活富裕，一派安乐、祥和的景象。

郯子在帮助父母耕田种地之余，开始读书。由于其志向高远，因而在读书时非常刻苦。他记忆力特别强，能过目不忘。经过多年努力，便成为博古通今的大儒。据说，孔子都向郯子求教，以郯子为师。

郯子才华出众，人人钦佩。鲁昭公十七年（公元前525年），郯子受到鲁昭公的盛情款待。席间，一位鲁国大夫向郯子问起远古帝王少昊氏以鸟名命官之事，郯子当场数典述祖，滔滔不绝。

郯子说完，举座惊愕，对他的学识之渊博无不佩服，赞叹不绝。

郯子高尚的德行、出众的才华，受到了黎民百姓的拥戴，后来被推荐为郯国的国君。

郯子在执政期间实行仁政，孝行天下，百姓安居乐业，百业兴旺发达。虽区区小国，也令诸侯大国不敢小觑。

由于郯子治国有方，深受百姓拥护，因而威名远扬。在他离开人世后，人们为了纪念他，修建了郯子庙、郯子墓、问官祠。

郯子庙为历代文人墨客顶礼膜拜，不少游人也前来瞻仰，并留下许多脍炙人口的诗章。

在郯子庙大殿前精雕石柱上镌刻着一副楹联：

居郯子故墉纵千载犹沾帝德，
近圣人倾盖虽万年如座春风。

郯子虽与世长辞，但他治国时制定的一些典章制度却都保存了下来，对后世产生了十分深远的影响。

# 四、百里负米

## 原文

[周] 仲由，字子路。家贫，常食藜藿[①]之食，为亲负米百里之外。亲殁，南游于楚，从车百乘，积粟万钟，累茵而坐，列鼎而食[②]。乃叹曰："虽欲食藜藿，为亲负米，不可得也。"

诗曰：负米供旨甘[③]，宁辞百里遥。

身荣亲已殁，犹念旧劬劳[④]。

## 注释

①藜藿（huò）：藜是一种野菜，也叫灰菜；藿是豆类植物的叶子。藜藿之食指粗劣的饭菜。

②“从车”等句：形容做了大官的气派，跟随车子有百辆，禄米积了万钟（古代六石四斗为一钟），车垫要叠加才坐，鼎要摆好才进食。

③旨甘：美好的食品。这里指供养亲人。

④劬（qú）劳：劳累；辛劳。

## 古文今译

仲由，字子路、季路，春秋时期鲁国人，孔子的得意弟子，性格直率勇敢，十分孝顺。早年家中贫穷，自己常常采野菜做饭食，却从百里之外负米回家侍奉双亲。父母死后，他做了大官，奉命到楚国去，随从的车马有百乘之众，所积的粮食有万钟之多。坐在垒叠的锦褥上，吃着丰盛的筵席，他常常怀念双亲，慨叹说：“即使我想吃野菜，为父母亲去负米，哪里能够再得呢？”

## 故事

子路，是仲由的别名，他是春秋时期鲁国卞（今山东泗水县泉林镇卞桥村）人，又是孔子最得意的门生，在孔子的三千弟子中的“七十二贤人”之列。

子路家境贫寒，过着衣不蔽体、食不果腹的艰难日子。遇到荒年，常常以野菜充饥，所以子路一脸菜色，瘦骨嶙峋。

不过，在父母的眼里，子路却是一个非常乖顺勤快，吃苦耐劳且心灵手巧的孩子。七八岁时，就跟随着父母在田地里干活。不几年的工夫，什么耕呀，种呀，锄呀，割呀，样样都会，成了务农一把手。

子路已经成了父母不可或缺的好帮手。就在这时，孔子办起了私塾这条爆炸性的消息传到了子路的耳朵里。子路按捺不住激动的心情，悄悄地告诉了村里的其他孩子。

慢慢地，子路的父母也得知了这个消息。乍一听到，他们老两口也很兴奋。这样，他们早已有之的美好的愿望就可以实现了。可转念一想，又发起愁来：一是家里穷，去哪儿筹措几束干肉，据说要的并不多，可这个一贫如洗的家里，无论如何也是难以办到的；二是子路若去上学，家里就少了一个帮手，那日子又该怎么过呢？

子路知道家穷，从未向父母提起过上学一事，但父母早就知道儿子的心事。

一天，父母把儿子叫到身边，哭泣着说：

“儿子，我们真的对不住你！本该让你去上学读书，你也知道咱们的家底，咋能筹借到老师所要的几束干肉呢？……”

子路未等父母说完，也哭了起来。他一边哭一边说：

“爹娘！你们不要为难了，也不要伤心了。孩儿做梦都想上学，条件不允许，也就算了。再说，假如我去上学，那家里的活谁来干呢？你们一天比一天老，身体又都不太好，我去上学，心能安得下来吗？……”

从此，谁也不敢再说起上学的事来。

村子里能凑够几束干肉的孩子都到孔子的私塾里读书去了。子路用羡慕的眼光看着那些孩子。

不知是哪一个上学的孩子，非常遗憾地向孔子先生述说了事亲至孝的子路因凑不够几束干肉而不能来上学的实情。

孔子最重视一个人的德行。那个小孩说的关于子路的孝行，给他留下了深刻的印象。他觉得，年纪这么小的人就知道孝顺父母，将来一定可以成为栋梁之材。

一天，孔子来到子路的家里，向其父母说明了他的来意；子路不用送几束干肉，就可以到学堂读书；另外，农忙时可以回家帮助两位老人干活。

子路的父母连做梦都没有梦到过有这样的好事，两个人都喜出望外，热泪盈眶。他们除了向孔子先生谢恩外，还急忙让子路拜师。

子路按照乡间的规矩，向孔子先生行了叩拜大礼，拜孔子为师。

自此，子路便开始一边帮父母干活、一边到学堂读书的生活。

子路在学堂读书用心，在家帮助父母，下田干活卖力。尽管家中只有几亩瘠田，但在精耕细作下，每年收成还相当不错，再不用愁吃愁穿了。

刚刚有了点转机，不幸的是遇到了天灾。那一年，一场雨都没有下过。虽然播下了种，由于久旱无雨，秧苗枯萎，结果几乎是颗粒无收。

居家过日子，最难的是无米下锅。穿的相对好凑合，缝一缝补一补，倒也能过得去。可一旦没有吃的粮食，那日子可真的是不好过。挖点野菜，采摘些树叶仅可充饥，时间长了，身体强壮的人也扛不住。

子路的父母亲积劳成疾，落了一身毛病，特别是还有严重的胃病，疼起来满炕打滚，豆粒大的汗珠直往下掉。这种情况下，吞糠咽菜，更使病痛加剧。

疼在父母的身上，却疼在子路的心上。

子路要到集市上为父母换上一些大米，可家里又找不出值钱的东西。情急之下，想到了母亲一直珍藏却从舍不得用的妆奁，可那是母亲心爱的宝贝。他把这个主意告诉了母亲。看当时母亲的神情，子路知道母亲实在舍不得。不一会儿，母亲还是忍痛割爱从箱子底翻出来，把非常精美的妆奁递给了子路。

子路翻山越岭，到了集市一看，惊呆了！空荡荡的，别说卖米的，来往的人也屈指可数。

一打听，这地方好长时间都不卖大米了。经一个慈眉善目的老人指点，才知道百里以外的一个地方还有个大集市，说不定那里有卖大米的。

抱着侥幸的心理，子路向百里之外的另一个集市心急火燎地走去。

一路上，渴了，找个水井灌上一肚子凉水；饿了，找点野菜吃上几口。子路心里只想着父母忍受病痛，把自己受的苦累早已抛之脑后了。

走了一天一夜，终于在东方露出鱼肚白的时候，子路来到了这个集市。

尽管这么早，他还是来迟了。集市上早已人头攒动，黑压压一片，长长的队伍早就排在半里之外。子路依照规矩站在了长长的队伍后面。

“卖开了！”前面队伍里不知谁吆喝了一声。子路延颈企踵，但队伍移动还是十分缓慢。他前面只剩下一二十个人了，突然，队伍散开了，听见前面的人说大米已卖完了。

子路焦急地等了半天，竟然落了空，心里十分懊丧。

又苦苦地熬了一天一夜，第二天运气还算不错，总算换上了大米，但只换回了 50 斤。

子路想到家中父母还等着吃，背上大米就急急忙忙往回赶。

刚一背上走，出气还很匀，不一会儿，就气喘吁吁，脚也抬不起来，全身上下直冒汗。

到烈日当头的时候，子路又饿又渴，身上一点力气都没有了，几乎是一步一步地挪着走。走到一片树林间，他就晕倒了。过了约莫半个时辰，他才渐渐醒了过来。

又走了一阵，突然狂风大作，卷起来的尘土让人连眼都睁不开。子路只好闭住眼睛凭着感觉走。一块大石头把他绊得跌了一跤，摔得鼻青脸肿，全身疼痛。

子路爬起来连步子也迈不开了，他强忍着疼痛继续前行。

老人们常说：风是雨的头儿，狂风刚刚停息，暴雨就接踵而至。瓢泼似的大雨劈头盖脸地浇下来，身上的大米不知一下子重了多少，几乎把子路压得趴在地上。

道路十分泥泞，子路深一脚浅一脚地走着，他根本记不清跌了多少跤了。

好不容易挨到雨过天晴，可他确实已筋疲力尽，连一步也挪不动了。本想歇息一会儿，一想到父母还在急切地盼着他回去时，似乎又来了点精神，背上的大米好像也轻了一些，加快脚步往前猛冲。

夕阳西下，轻烟缭绕。子路来到乱石岗前，乱石岗周围有一片大森林，森林里常有野兽出没，听老人们说不少人在这里丢了性命。子路心里嘀咕着：千万不要碰上。

俗话说：怕什么，偏偏还遇到什么。刚进林子，一条大灰狼突然出现在子路的面前。这条狼肚子瘪瘪的，显然是条饿狼。子路急忙放下大米袋，琢磨如何应对。

一眨眼工夫，这条饿狼就向子路猛扑了过来，子路急忙躲闪，才使饿狼扑了个空。子路忽然想起老人们说过的打狼办法，他趁饿狼还没有转过身的机会，捡起一根干枯了的粗大的松树枝条。

饿狼又一次扑向子路。子路按照老人们说的办法，抡起松树枝条向饿狼的前腿砸去。只听，一声惨烈的号叫，饿狼夹着尾巴瘸着腿落荒而逃。

打跑了饿狼，子路浑身瘫软，险些跌倒。可在这还未脱离危险的关头，松劲泄气就有可能再次面临险境。于是他立马背上大米，艰难地前行。

虽然离家只有二十多里，子路约莫又走了三个多时辰，才汗水淋漓地连走带爬地回到了家中。

卸下大米，子路仅仅歇息了一阵，就给父母做大米饭。

父母看着子路衣服上留下的一片片汗渍，看着子路青一块、紫一块的脸庞，手中虽然端着一碗白花花的大米饭，却一口也吃不下去，只是相对嘘叹。

子路的父母自打吃上了大米饭，胃病渐渐地好了起来，也有精神了，身子骨也硬朗了。

后来，人们都知道子路为父母从百里之外背回大米的事，都夸他是个大孝子。

子路虽然一边耕田、一边读书，由于天资聪敏，勤奋好学，再加上孔子的谆谆教诲，他成了孔子弟子中的佼佼者。

待父母相继寿终正寝后，子路守够了孝期，便随着先生孔子周游列国。子路多闻博识，孝名远扬。周游列国时，他所到之处，无一不受到热烈的欢迎，并争相聘他做宰相。

子路在楚国做宰相时，虽然出有百乘之车，进有僮仆使唤，穿的是绫罗绸缎，吃的是美味佳肴，喝的是玉液琼浆，坐的是绵软垫子，但他并没有欣喜若狂，而是常常为思念早逝的父母禁不住潸然泪下。

在宫中，当处理完政事时，子路总是暗自悲叹道："我现在是一人之下，万人之上的堂堂宰相，可以要风有风，要雨有雨。但我却不能承欢膝下。我多么怀念和父母在一起吃野菜、树叶，且乐在苦中的日子，再为他们到百里之外背大米，可现在一切都是不可能的了！"

一想到未能让父母过上一天幸福的日子，子路就心如刀绞，万般痛苦。因此在他做官期间，就把孝敬父母的一片孝心变为孝敬天下人的父母的实际行动，推行仁政，提倡孝道，到处呈现出一派长幼有序，家庭和睦，人民富裕，国家强盛的兴旺景象。

除此之外，子路还是一位"愿车马轻裘与朋友共之而无憾"的那种重友情、讲义气、古道热肠的君子，还是一位殉道尽忠、舍生取义的"卫士"，也是被孔子一向夸赞并处处护卫孔子的好学生。

子路死后，一直受到人们的尊崇。唐开元二十七年追封"卫侯"，宋大中祥符二年，加封"河内侯"，南宋咸淳三年封为"卫公"，明嘉靖九年改称"先贤仲子"。

# 五、啮[①]指心痛

## 原文

［周］曾参，字子舆，孔子弟子事母至孝。参尝采薪[②]山中，家有客至。母无措[③]，望参不还，乃啮其指。参忽心痛，负薪以归，跪问其故。母曰:“有急，客至，吾啮指以悟[④]汝尔。”

诗曰：母指才方啮，儿心痛不禁。

负薪归未晚，骨肉至情深。

## 注释

①啮（niè）：咬。

②采薪：砍柴。

③无措：没有办法；不知道怎么办。

④悟：提醒；使觉醒。

## 古文今译

周朝曾参，字子舆，是孔子的弟子，非常孝顺母亲。曾参经常去山里打柴。一天，家里有客人来，曾母没有准备，等等曾参还不回来，就自己咬自己的指头。曾参在山里忽然觉得心痛，知道是母亲呼唤他，赶紧背着干柴回去，跪下问母亲原因。曾母道："有急客来，我咬指头叫你啊。"

## 故事

相传曾参为夏朝少康子曲烈的后裔，孔子早期的弟子曾点的儿子。

到曾参出生后，家道中落，已经很难维持生计。无奈，他只好跟母亲一道，种田耕地，过着“三日不举火，十年不制衣”的清贫生活。

打小时候起，曾参就勤奋、好学，又特别懂事。俗话说，“寒门出孝子”。此话在曾参身上得到了验证。别看曾参小小年纪，到地里干活一天不误，生怕母亲累出毛病来；回到家里，不是收拾家，就是扫院子，尽量减轻母亲的负担。夜深了，他还要在昏暗的灯光下，陪着母亲说说话，才去睡觉；晨曦微露，他就起身给母亲热水，供母亲洗漱之用。

曾参时时处处心疼母亲，凡是自己能干了的活，他绝不让母亲去干，即使是他力所不及的，他也不会袖手旁观，总是想办法尽力帮忙。

家里烧的柴火没有了，他就主动地拿上斧头上山砍柴。

一天，曾参又一个人上山砍柴。母亲站在门口望着渐行渐远的曾参，直到望不见了才转身回家。

过了一会儿，家里来了客人。曾母礼节性地给客人端茶递水，相互问讯了一番，就急忙下厨房给客人准备饭菜。

到厨房一看，曾母傻眼了：米袋里仅剩一两把米，油瓶盐罐空空如也，煮饭的柴火也没有多少，恐怕都不够做一顿饭。

曾母在厨房里急得走来走去，寻思着怎样才能让客人不会感到怠慢，又不要让外人笑话。思来想去，曾母还是一筹莫展。

突然，曾母想到了儿子。要是儿子在跟前，或许不至于如此尴尬，能替自己想出些办法来。

曾母情急之下，不由自主地咬了自己的指头，盼望儿子赶快回来，帮助她扭转这十分尴尬的局面。

曾参来到山上，找到茂密的丛林。他脱掉外面的衣服，挥着斧头一刻不停地在砍柴。不一会，已大汗淋漓，衣服都湿透了。

当他正打算稍微歇息一会儿的时候，眼前突然浮现出母亲倚闾而望的身影。曾参立即打消了歇息的念头，又挥舞起斧头加劲砍了起来。

正当他砍柴砍得特别欢实的时候，心一下子疼了起来，且疼得如此突兀。他觉得十分蹊跷，平时从来没有过这样的事。他忽然想到了母亲，觉得很可能是老母想念他，让他回家。

曾参再未犹豫，三下五除二地把砍下的柴火捆绑好，立即大步流星地往家里赶。

一进院子，还未来得及放下柴捆，曾参就双腿跪在地上急切地向母亲问道：

“娘，是不是家里有事了？”

曾母看到曾参汗流满面的样子，心疼地先让儿子卸下柴火，之后再向他说了事情的原委。

曾参知道母亲为客人的事非常焦急，就站起来赶快拜见客人。

他按照规矩向客人行了礼，问了好，简单地交谈了几句，就要告退。可忽然想起心疼这一谜团还未解开，由于不便问老母，就向客人请教起来。

客人听完曾参的叙说，向他解释道：

“十指连心，这句话你可能知道，其中深刻含义人们未必都能了解。实际上，你娘的十指不仅连着她自己的心，而且也连着儿女们的心。儿女们即使远在天涯海角，只要母亲一咬手指头，他们立刻就会感觉到。”

客人说到这里，稍稍停顿了一下，然后语重心长地对曾参说：

“作为儿女，一定要孝顺父母。否则，苍天有眼，会遭报应的。”

从此，曾参更加孝顺父母。

曾参十三岁时师从孔子。在师从孔子时，向孔子问安亲之道，侍亲至孝，每天有五次问候父母亲着衣的厚薄，还要询问枕头的高低，睡得是否舒服，生怕父母受苦受累。谁要是侍奉得不周到，曾参绝不宽恕。有一次，他的妻子为曾母蒸一个梨，妻子未能蒸得熟透，曾参一怒之下就把妻子赶出了家门，再也不要她了。

孔子周游列国时，本想把曾参也带上，只因其父母健在，不能远游，因此未将其安排在周游者之列。而他自己也严格遵照“父母在，不远游”的训诚，从未盘算随师远游。即使父母多次劝说，也未能打动他的心，仍不改其志。

他依旧在家耕田种地，侍奉父母，利用闲暇，潜心钻研。

由于曾参性格沉静，忠诚老实，谦恭勤敏，轻利重义，又有大丈夫之勇，因而深受孔子的喜爱。

在孔子的悉心教授下，加上自己勤奋刻苦，严格修身，曾参很快就学有所成。一时间，名声大噪。

当时的各个国家纷纷派出使臣前来游说，并用高官厚禄引诱。齐国允诺做“相”，楚国应许当“令尹”，晋国许允为“上卿”，同时馈以重金。

曾参都一一婉辞回绝。他对使臣说：

“请代我向国王禀报，我无法遵命。老父、老母已风烛残年，就是尽力侍奉也来日不多了。古人云：‘父母在，不远游’，我不能背上不孝的罪名去为国王效力，还请你们替我多加解释，以免开罪国王。”

曾参说罢，又请使臣把带来的金银珠宝一并带走。他表示这样的礼物坚决不能接受。

从此以后，凡属持厚礼来的客人一概不见，在家悉心侍奉老人，从不在外过夜。

过了八年，曾参的父母相继离开人世。守丧期间，曾参仍哭得十分悲切，竟多日滴水未沾，一口不吃。

曾参在父母生前精心侍奉，在父母死后依然奉行孝道，连亡灵都怕伤害，他父亲生平喜欢吃羊枣子，在父亲去世之后，终身再没有吃过羊枣子。

曾参拒绝高官厚禄的诱惑，面壁三年，潜心研究，成为一代儒学大师。

曾参晚年，在家乡教书授徒，弟子达七十多人。其弟子中出了许多著名的人物，如乐正子春、公明仪、公孟子高、子囊、阳肤等人。春秋时著名的将领吴起，也是曾参的学生。

曾子不仅是个博学多识的人，而且笃实践履，特别注重修身养性。

有一次，他的妻子要到集市上办事，年幼的儿子吵着嚷着也要去。可妻子不愿带儿子去，便对儿子说：

“你在家好好玩，等妈妈回来，把家里养的那头猪杀掉煮肉给你吃。”

儿子听了，非常高兴，再不吵吵要去集市了。

妻子说的那些话是哄骗儿子的，是说着玩的，因此，不一会儿，她早把这事给忘得干干净净了。

不料，曾参却真的把家里的一头猪给宰了。

妻子从集市上回来后，发现曾参把猪真的给宰杀了，便非常气愤地对曾参说：

“我是哄儿子说着玩的，你怎么竟真的把猪杀了呢？”

曾参正言厉色地对妻子说：

“孩子是不能欺骗的！他年纪小，不懂事，还没有辨别是非的能力，他整天跟着父母学。你现在哄骗他，就等于教他学习欺骗，这怎么得了！再说，你现在欺骗了他，他以后就再也不相信你了，那你以后还怎么教育孩子？”

一席话，说得妻子羞愧难言。

曾参还是一个讲究礼仪，维护礼制的人，处处以身作则。

就在曾参弥留之际，鲁国季孙氏赠给曾参箦，箦是专指大夫所睡的竹席。若在箦上去世，那是违背礼制的。因此，曾参叫儿子将箦换成一般的竹席，并留下遗言，叫门人将他的尸体放在灶房里沐浴更衣，一切都按礼制的要求办。

曾参虽然从孔子游学最晚，但得道最早。当时，孔子关于孝的学说还只是停留在零散的言论上。曾参经过潜心研究，将孔子传给他的孝的思想以及搜集到的言论经过深化、加工、完善，最后形成孝的理论，这就是一部传颂千古的《孝经》。

曾参留下的著述还有《曾子》《大学》等，是孔门弟子中著述较多的一个。

曾参的思想学说所产生的影响是深远的，声誉卓著。历代统治者将曾参谥为“太子少保”“郕伯”“郕侯”“郕国公”，元代至顺元年，再被封为“郕国宗圣公”。

# 六、芦衣顺母

## 原文

［周］闵损，字子骞，孔子弟子，早丧母，父娶后母，生二子，衣以棉絮；妒损，衣以芦花。父令损御车，体寒，失靷①。父察知故，欲出②后母。损曰："母在，一子寒；母去，三子单。"母闻，悔改。

诗曰：闵氏有贤郎，何曾怨晚娘。

尊③前贤母在，三子免风霜。

## 注释

①失靷：牵牛马的绳子从手中掉下。

②出：古代指休妻。

③尊：指父亲。

## 古文今译

周朝闵损，字子骞，孔子的弟子，是个孝子。他生母早死，父亲娶了后妻，又生了两个儿子。继母经常虐待他，冬天，两个弟弟穿着用棉花做的冬衣，却给他穿用芦花做的“棉衣”。一天，父亲出门，闵损牵车时因寒冷打战，将绳子掉落地上，遭到父亲的斥责和鞭打，芦花随着打破的衣缝飞了出来，父亲方知闵损受到虐待。父亲返回家，要休逐后妻。闵损跪求父亲饶恕继母，说:“留下母亲只是我一个人受冷，休了母亲三个孩子都要挨冻。”父亲十分感动，就依了他。继母听说，悔恨知错，从此对待他如亲子。

## 故事

闵子骞的父亲是个生意人，母亲是大家闺秀，知书识礼，且慈爱和善。闵子骞出生后，虽然父亲因做生意长年在外，但由于母亲的加倍呵护，生活得也相当幸福。

人们说，人生不如意事常八九。大约是闵子骞四岁那一年，一场灾难突然降临到了他们家中，身强力壮的母亲一下子得了大病。

母亲从此卧床不起。闵子骞在母亲的教育下，从小就不仅对长辈特别孝顺，而且还格外懂事。在母亲病重期间，他不时给母亲端水，喂水，还学狗叫，老虎跳，想着法子让母亲开心。母亲吐痰，他就拿来痰盂；母亲咳嗽，他就跑来捶背。

闵子骞母亲的病一天比一天严重，整日咳嗽不止，嘴唇发紫，常常是有上气无下气。闵子骞心里又着急又害怕，经常偷偷哭泣。

闵子骞母亲看到自己的病情几天来不见好转，也慢慢地知道痊愈是没有希望的，只能趁早安顿后事吧！

一天，她把闵子骞叫到跟前。她两眼满含泪花，双手不停地抚摸着闵子骞的头，然后泣不成声地说：

“儿啊！看来娘的病是没有指望了，说不好听的，也就是有今天没明天。娘多么舍不得离开你和你爹啊！你记住，日子多么艰难，你都要好好读书，这样娘就能含笑于九泉之下。别忘了孝敬你爹。假使你爹要给你娶回一个后娘，只能苦在心里，不要对你爹说，免得他两边为难……”

未等说完，母子就抱头痛哭，泪水湿透了两个人的衣衫。

又过了一天，闵子骞的母亲把闵子骞支走，对着丈夫愁肠寸断地说：

“夫君，看来我是来日不多了。我走了之后，你一定要把子骞培养成人。你一个人拉扯肯定很难，就再娶上一个，可无论如何要对子骞好啊，咱们的子骞多可怜啊……”

过了一阵儿，妻子呼吸突然急促起来，一口痰没有咳嗽出来，就停止了呼吸，撇下父子俩撒手西归了。

小子骞闻知，回到家中伏在妈妈身上号啕痛哭，怎么拉都拉不起来。闻者无不伤心落泪。

小子骞每天都在思念妈妈，但他心里始终记着妈妈弥留之际嘱咐过的话，从不敢在父亲面前哭泣，实在想得难以忍受的话，就跪到背旮旯儿哭上一顿。

每当夜深人静的时候，总是丈夫思妻，儿念母，泪眼相对。

从此，父子俩艰难度日，相依为命。

小子骞的父亲照旧做生意，出外时就把小子骞托付给邻居家照管。

斗转星移，光阴荏苒，转眼就是两年。小子骞也长大了，该上学堂了。

小子骞的父亲犯了愁，他心里念叨着：

"儿子要是上学，无人照管该怎么办呢？总不能老是留给邻居家吧！"

村里的好心人看着小子骞的父亲过着又当爹又当娘，顾了家里顾不了家外的艰难日子，就常常到他家里提亲。

开始，小子骞的父亲都婉言谢绝了。后来思来想去，觉得这样下去对小子骞的成长有影响。于是就决定续弦，给小子骞娶个继母。

小子骞的父亲没有忘记妻子临咽气时说过的话，因此媒人来提亲时，他都叮嘱：

"我别的条件和要求都没有，唯一的一个条件，是她必须对小子骞好！"

按照女方父母的允诺，小子骞的父亲就把李氏娶进了家门。

谁能想到，这位李氏竟是人面兽心的一个女人。

开始，虽然她并不亲近小子骞，但也不算苛待，并不经常打骂。自从她有了亲生儿子后，态度和从前就不一样了。

小子骞的继母看自己的儿子样样好，常常把大儿子闵革搂在身边，把二儿子闵蒙抱在怀里，一会儿亲这个一口，一会儿又吻那个一下，如同心肝宝贝。对小子骞则是横眉冷对，怒目相视，不是打，就是骂，如同仇敌。

小子骞的父亲长年在外做生意，并不知就里。有时候问一问小子骞，小子骞总是说："继母对我可好了，比亲娘待我都好！"

小子骞的父亲听儿子的话，就信以为真了，并从心底由衷地感激妻子。

世上没有不透风的墙，纸永远包不住火。继母虐待小子骞的事终于败露了。

一天，彤云密布，北风呼啸，天气格外寒冷。不一会儿，大雪纷飞，原野变成了银色世界。小子骞的父亲想在大雪封山之前拉回一批货来，就和三个儿子一同冒着刺骨的寒风，顶着鹅毛大雪赶着马车向山里走去。

小子骞的父亲让小子骞驾车。阵阵寒风吹过，小子骞冻得直打哆嗦，马的缰绳从冻僵的手里滑落，掉在地上。驾辕的马踩到了缰绳，辕马趔趄了几下，差点儿跌倒。

坐在车上的父子三人前俯后仰，滚在一起。

小子骞的父亲一下子怒不可遏，扬起马鞭，狠劲地抽打小子骞，一边抽打一边还骂道：

“真是个没用的东西！硬是让你继母给娇惯坏了，连个车也驾不了，还能有什么出息！”

几鞭子打下去，小子骞的上衣有几处就像用刀拉开了口子，花絮马上飘起来了。

当时雪下得正大，纷纷扬扬，与芦花絮很难分辨出来。小子骞的父亲也没有发现。

小子骞一声未吭地继续驾着马车赶路。寒风一阵紧似一阵，雪越来越大。小子骞冻得全身颤抖，上下牙不由自主地磕碰着，发出特别难听的声音。

小子骞的父亲又想呵斥小子骞。回头一看，他脑袋嗡的一声，差点跌倒：“刚才还穿着厚厚的棉衣，一下子竟变成了单衣了，怪不得他直打哆嗦！”

他撩起衣服的口子一看，全明白了！小子骞的棉衣里装的是不能保暖的芦花絮，没有一个人用它来做棉衣。这么冷的天，再穿上这样的衣服，怎么能不全身颤抖呢？

他二话没说，把小子骞搂在怀里，掉转马头直驱家中。

小子骞的父亲坐在家中，想着发生的事情，心里十分内疚，又联想到亡妻对他说的那一番话和殷切期盼，他拍打着自己的脑袋懊悔不已。

稍微定了定神，他就问小子骞的继母：

“子骞的棉衣你是用什么做的？”

小子骞的继母一看事情败露，索性撒起泼来，哭诉她如何为这个家省吃俭用，一笸箩两簸箕地说个没完没了。

小子骞的父亲着实气恼，看见妻子毫无认错之意，就提起笔来写了一张休书。

小子骞看到父亲写休书，急忙向父亲跪下，两个弟弟也跟着跪了下来，请求父亲原谅母亲。

小子骞的父亲阴沉着脸，怒气未消，态度一点也没有转变。

小子骞长跪不起，哭泣着对父亲说：

“今天是一个儿子受冻，假如母亲离开这个家，我们三个儿子不是都要受冻了吗？父亲就宽宥母亲吧，她肯定会改！”

小子骞的父亲听完儿子求情的话，觉得儿子说得也有道理，就有点犹豫了。

李氏看见小子骞不仅不嫉恨她，而且还为她向自己的丈夫苦苦哀求，长跪不起。瞬间她为她的劣迹羞惭，觉得无地自容。

既然能知错，也有可能改错，小子骞的父亲也就原谅了李氏。

李氏哭着抱住了小子骞，且哭且说：

“真是娘的好儿子啊，是你给了娘第二次生命！要不娘就只有死路一条！被休后有何面目回去见自己的亲爹娘呢？”

从此以后，李氏对待小子骞如同亲生儿子一般。小子骞更加孝顺父母，关爱弟弟，一家人日子过得和和美美。

闵子骞从师孔子后，学业大有长进，孝名也传扬开来，尽人皆知。

后来，闵子骞走上仕途。鲁君派他做费邑宰。

闵子骞到任后，推行仁政，广施德治，不出一年，费邑就发生翻天覆地的变化，受到了费邑人民热烈地拥护。

有一年秋天，秋粮刚刚下来，鲁国权臣季氏的家臣阳虎便来催缴赋税。

闵子骞对阳虎说：

“官税才收缴了一部分，等收齐后我会亲自送到国库里去，就免您鞍马劳顿了！”

阳虎摆了摆手，对闵子骞直截了当地说：

“费邑是季氏的私邑，官税直接交给季氏就行了。”

闵子骞是个直率的人，肚子里藏不住话，便有点惊诧地问道：

“我生在鲁国，长在鲁国，如今我又做费邑宰，怎么从没听说过费邑是私人的邑地呢？”

阳虎认为闵子骞是狗拃耗子多管闲事，便有些不耐烦地对闵子骞说：

“鲁定公继承兄位，也是不合理的，且这是季氏拥戴他的结果。如今国家大权掌握在季氏手中，这费邑还不就是季氏家的吗？”

闵子骞守身自爱，愿为国尽忠，始终不违夙愿。

听了阳虎的一番话，气得肚子都快爆炸了。他自己全心全意地治理费邑，原以为是替国家出力，为国尽忠，没承想干来干去竟是为私人卖命。

闵子骞左思右想，还是想不通。他决定辞去官职。

在递上去的辞呈中，他假托父亲年迈体弱，疾病缠身，要归家侍候老父，以尽孝道。因忠孝不能两全，故辞去费邑宰的职务。

鲁君闻知，急忙派人劝阻。

闵子骞是个主意打定九头牛都拉不回来的人，任来者说破天，就是主意不改。闵子骞对费尽唇舌的来者说：

“请痛痛快快地让我辞掉这个职务，也不要再安排其他职务，同时再不要派人来劝阻。如果再有人来劝说的话，我就离开鲁国到汶水去了！”

闵子骞怕再来人纠缠，于是不等鲁君批准，就匆匆离任，隐居到汶水之滨。

从此，他再也没有出山为官。

闵子骞孝行誉满天下，成为中华民族文化史上的先贤。

过世后，他受到历代统治者的推崇。唐开元年间封闵子骞为“费侯”，宋朝时赠为“琅琊公”，后又改称为“费公”。

# 七、亲尝汤药

## 原文

［前汉］文帝[1]，名恒，高祖第三子，初封代王。生母薄太后，帝奉养无怠。母常病，三年，帝目不交睫[2]，夜不解带，汤药非口亲尝弗进。仁孝闻天下。

诗曰：仁孝临天下，巍巍冠百王。

莫[3]庭事贤母，汤药必亲尝。

## 注释

①前汉文帝：前汉，西汉；文帝，汉文帝刘恒（公元前202~公元前157年），在位二十三年，生活俭朴，提倡农耕，免租税十二年，主张清静无为，与民休息，历史上将其与儿子景帝两代并称文景之治。

②目不交睫：眼睛都不闭，形容不休息。

③莫：大；广大。

## 古文今译

汉文帝刘恒，汉高祖第三子，为薄太后所生。高后八年（公元前180年）即帝位。他以仁孝之名，闻于天下，侍奉母亲从不懈怠。母亲卧病三年，他常常目不交睫，衣不解带；母亲所服的汤药，他亲口尝过后才放心让母亲服用。刘恒孝顺母亲的事，在朝野广为流传。人们都称赞他是一个仁孝之子。

## 故事

高祖刘邦创立汉代基业，刘氏天下从此开始，延续了二百三十一年。

汉代建立时间不长，恃功自傲的韩信、彭越二人，就有造反的企图。皇后吕雉在平定韩信、彭越中，立下了汗马功劳。

之后，吕雉就恃仗平定有功，渐渐地干预起朝政来。虽然刘邦对此大为不满，但考虑到吕氏和他同甘苦、共患难，陪着他一路走来，实在难以下定处置吕后的决心。可不遏制住吕后的个人势力，说不定会毁了刘氏家族的天下。在万般无奈的情况下，只能以家法来规制吕后，于是便在朝中宣布了一条“不是姓刘的以后不能称王”这样的家法。

这样做，从当时看，是有效果的。但刘邦毕竟在一天一天地衰老，管了生前的事却管不了过世以后的事。果然在他驾崩后刘盈（汉惠帝）即位不久，朝政大权就掌握在吕后手里了。

吕氏是一个心狠手毒，不择手段的人，为了宣泄她受人辖制的愤怒和不满，对受到宠幸的东宫戚夫人下了毒手，先是剜去鼻子、耳朵和眼睛，这还不解她心头之恨，又把戚夫人的双手和双脚用刀剁去，然后扔在粪坑里。这样狠毒的人当了政，谁又敢保大祸不降临到你的头上呢？

最得高祖刘邦宠爱的要数西宫薄妃。她为人谦恭平和，贤惠明达，生的儿子刘恒，勤奋好学，聪明伶俐，生性又仁义孝顺，父皇高祖也特别喜爱，年纪不大，就被封为代王。

凡是被高祖刘邦赏识的人，都被吕氏当成眼中钉，肉中刺。薄妃和儿子自然不会例外。

薄妃得知东宫戚夫人落了个如此悲惨的下场后，心中不免悲戚，同时也意识到大祸将要临头。让吕氏放下屠刀，立地成佛，那可真是比登天还要难！

吕氏在对东宫戚夫人下毒手后不久，又露出来了她狰狞的面容，密令她的心腹不留一点痕迹地使薄妃和刘恒母子俩葬身于火海之中。

一天晚上，外面黑黢黢的，什么也看不见。薄妃正给儿子讲故事。一宫女慌慌张张地跑了进来，惊恐万状地对母子俩说：

“不好了，不好了！咱们西宫失火了！”

情急之下，一向镇定从容的薄妃也有点慌乱，拉着刘恒就快速地向外面跑去。

宫门早就被人锁住了，宫墙高不可测，真的是插翅难飞。

大火迅速蔓延开来，母子俩几乎被熊熊烈火包围了起来。眼看着就要被大火吞噬，宫女猛不丁把梯子扛了过来，急忙扶着母子俩上了梯子，越过高墙逃离了险境。

吕雉的惨无人道，使汉惠帝绝望了，原本就体弱多病的汉惠帝一下子卧病不起。太医们悉心医护，穷尽医技，也未能挽救了汉惠帝的生命，几天后就一命呜呼了。

吕雉乘机称王，而且还把其侄子吕产、吕禄也封了王，军权也由他们掌握，终于达到了窃取政权的目的。

人算不如天算。吕雉哪里想得到薄妃和刘恒竟能逃脱她的魔掌，她气急败坏地下令立即搜查，纵然把京城翻个底朝天，也得把她们两个找回来。

吕雉的暴行早已激起了上上下下的不满，手下也并没有多少人给她卖命，因此尽管兴师动众，闹得京城鸡犬不宁，还是不见薄妃和代王刘恒的踪影。

薄妃和代王刘恒并没有跑出多远，由于黑灯瞎火，磕磕绊绊，两个人的腿都受了伤，相互搀扶着，哪里能走得快呢？

可巧，母子俩在逃无可逃的情况下钻进了一个花园。而这个花园正是开国功臣陈平家的，后被陈平发现，保护了起来，才幸免于难。

吕雉坏事做绝，竟然敢冒天下之大不韪，变刘氏政权为吕氏政权。这时，忠臣们秘密联合，一举粉碎了吕氏政变，彻底击败吕氏势力。

在大臣的推举下，虎口余生的刘恒继承了皇位。

刘恒即位后，依照汉朝的制度，薄妃也被封为皇太后。

汉文帝在未即位时，孝名已在朝野上下传扬开来。

即位后，他不时想起母亲在父皇驾崩之后的种种遭遇和母子俩在火烧西宫后惨痛的经历，愈发觉得母亲抚育自己之不易，因此对母亲更加孝顺。

汉文帝每逢上朝时，总是先到母亲那儿请安，始终如一，从未改变。散朝后也总是先到母亲那儿，除问候外，就是守在母亲身旁一直侍奉。到了晚上，又总是给母亲捶背、洗脚，还要陪母亲说一会儿话，一直侍奉到母亲就寝歇息后，他才一步三回头离去。

母亲看到汉文帝日渐消瘦，心疼不已。一次，紧紧拉着文帝的手说：

“儿啊，你每天忙国家的事，都怕忙不过来，国家的事可是大事，耽误不得。娘这里有宫女侍候，你就放心好了。有空的话，每天来看一看，忙的话，三天五日来一回就行了。比起国家的事来，这终究是小事！”

文帝又把身体向母亲身边靠拢了一下，然后亲切地对母亲说：

“国家的事是大事，尽孝心也是大事。天子要是不能恪守孝道，破坏了规制，那他怎么能教化民众呢？再说，你生我养我的大恩大德就是我不管国家的事成天报答，也还是报答不完，要是你不让我这样做，我活着愧对天下黎民百姓，要是不在世上我也愧对列祖列宗，难道要我非得背上这样的恶名吗？”

母亲听了这番话，心中涌起一股幸福的热流。

尽管身边有宫女侍候，还有儿子的百般体贴，但由于过去受到的身心摧残过于严重，加之年事已高，抵抗力日益衰减，回到宫中时间不长，就病倒了。

文帝看着母亲苍老的面容，以及神思困倦的病态，心中痛苦万分。心里嘀咕道：

“苍天要是有眼的话，就把老母亲的病转移到我的身上，有什么苦难都要我来承受！”

文帝还背着人为母亲默默地祈祷。

几天后，依然不见好转。文帝就整天在母亲身边侍奉，一会儿问一问腿疼不疼，一会儿又问一问背痒不痒，只要感到不舒服，就立即派人把太医召来，给母亲诊治。

太医开过药后，文帝把原来煎药的人支出去，自己亲自煎，不让别人插手。他按照太医告诉的煎法一丝不苟地煎着，水放得不多不少，时辰上也几乎一点不差。

待到母亲喝药时，文帝每次都是自己先尝，做到既不热也不凉，稍有一点不合要求，他立马或重新再热，或放在一边凉一凉，绝不让母亲喝烫嘴的或冰凉的药汤。

母亲的病时好时坏，很不稳定，因此文帝就守在病榻旁。

这一守，就是三年。三年里，他没有睡过一个安稳、踏实的觉。母亲哪个地方不舒服，他都清楚，母亲夜间翻过几次身，他都知道。

皇天不负苦心人，文帝是用孝心感动了上苍，还是太医们的医术高明，总之经过文帝三年的没日没夜的侍候和调理，太后的病奇迹般地好了。

太后对宫女们感慨地说：

“有这样的一个儿子，我这一辈子就知足了！哪一天走了，也没有什么可遗憾的！”

从此以后，太后感到每一天都很快乐，一直活到八十四岁，被誉为寿星。

汉文帝为母治病、亲尝药汤的事迹，不久就传遍了天下，也震动了朝野。

无论是朝廷官员，还是普通百姓，都纷纷效仿汉文帝孝顺父母，爱护亲友，社会风气一下子得到扭转，恪守孝道，善待他人成了社会时尚，出现了上下齐心合力，邻里团结和睦，百姓安居乐业，社会经济繁荣，财力雄厚、兵强马壮、夜不闭户、道不拾遗、欣欣向荣的新气象。

文帝从即位以后，除了推行仁政，还十分重视克己修身，改善民生。

文帝在生活方面崇尚俭约，反对奢侈。他在位二十三年，“宫室苑囿车骑服御无所增益”。他打算建造一个露台，令工匠计算后约需百金，文帝觉得花费太大，对属下说：

“百金，中人十家之产也。”

如此巨大的耗费，又不会给民众带来任何益处，只能加重百姓负担。文帝掂量来掂量去，认为此举有百害而无一利，便作罢。

文帝生活节俭，据说他穿的一件袍子，整整穿了二十年，补了又补，再没有添置新的。

他宠幸的慎夫人也很注意给人留下的影响，生活也很俭朴，据说“衣不曳地，帷帐无文绣”。

就连文帝为自己修造的陵墓，他也要求从简。据说：“治霸陵，皆瓦器”，下令不得以金银铜锡为饰。

文帝在临终前，针对当时社会上盛行的厚葬风气，特下口谕薄葬。可谓为扭转社会不良风气竭尽全力，至死不渝。

汉文帝在位期间，用自己的嘉言懿行感动了朝中官员，教化了黎民百姓，从而使官员尽忠，百姓尽力，有力地推进国富民强的远大目标的实现。

历史上把文帝时期和景帝时期，称之为“文景之治”，既是对文帝政绩的赞誉，也是对他推行仁孝的充分肯定。

于是，文帝便成了帝王中不可多得的重要历史人物。

# 八、拾葚供亲

## 原文

**［汉］蔡顺，少孤，事母至孝。遭王莽[①]乱，岁荒不给[②]。拾桑葚，以异器[③]盛之。赤眉贼[④]见而问之，顺曰："黑者奉母，赤者自食。"贼悯其孝，以白米二斗牛蹄一只与之。**

**诗曰：黑葚奉萱闱[⑤]，啼饥泪满衣。**

**赤眉知孝顺，牛米赠君归。**

## 注释

①王莽（公元前 45～公元 23 年）：西汉末年外戚，平帝时为大司马，平帝死后立孺子婴，王莽摄政，不久篡汉，改国号"新"。打起改制旗号，土地称王田，禁民买卖，屡改币制引起经济混乱，法令苛酷，轻罪亦处死，连年征战，民不聊生，终被绿林起义军杀死。

②不给（jǐ）：（食物）供应不上。

③异器：不同的容器。

④赤眉贼：王莽天凤五年（公元 18 年）青、徐一带农民纷纷起义，聚众数万人，均将眉毛涂成赤色作为标志。"贼"是封建统治者对起义农民的习惯

蔑称。从本文看，“贼”很有同情心，并且尊敬孝子。

⑤萱闱：指母亲，也说萱堂。古代常以椿萱代指父母。萱，萱草，又名忘忧、宜男、金针花。

## 古文今译

蔡顺是后汉人，少年丧父，孝顺母亲。当时遭王莽之乱，年景饥荒，粮食不足。蔡顺就拾桑葚供养母亲，并用两个筐子盛着。一天碰见赤眉军问他为什么用两个筐子。他说：黑的熟桑葚子是给母亲吃的，红的生桑葚子是我自己吃的。赤眉军怜悯他的孝顺，送给他大米牛蹄等很多食物让他带回家，以表敬意。

## 故事

蔡顺是汝南（今河南一带）东庄蔡岭人。祖祖辈辈都以种地为生，日子过得十分艰难。

到了父亲这一代，已家贫如洗。除了祖父给其父亲留下一屁股债务外，家中唯一的财产就是两间破房子，三亩薄田。

直到三十多岁，父亲才成了家。父亲倒是为人厚道，也能吃苦，说起种地也是一个能手。母亲也是穷苦人家出身，从小家里就把她当成男孩子一样使唤，因此，无论耕田种地，还是洗衣做饭，样样精通，再加上心眼好，知冷知热，也是父亲的一个好帮手。

虽说日子清苦，但由于都是苦水里泡大的人，倒也觉得没有什么。只是每天催要债务的人接二连三，好言好语说上千千万，也很难顺顺当当地打发走。父亲整日愁眉不展，唉声叹气，而母亲只能背着父亲悄悄地抹眼泪。

蔡顺是在其父亲三十五岁那年出生的。当时还是多多少少地给父母带来一点欢乐。但本来日子很苦的一个家，突然间又多了一张吃饭的嘴，轮到谁头上恐怕都得犯愁。

发愁归发愁。蔡顺的父亲照样日出而作，日落而息，辛勤耕耘。但无论怎样辛劳，一年到头还是交不清赋税，缺吃的，少穿的。尽管从年龄上说，蔡顺的父亲还不到五十岁，但从外表上看，背驼了，两腮深陷，脸上七纵八横布满了皱纹，牙齿都快掉光了，嘴也瘪了，看上去不够七十，至少也有六十大几了。

由于辛苦，体力透支太多，终于积劳成疾，病倒了。

父亲病情一天一天地恶化，虚汗不止，夜间还经常盗汗，呼吸困难，咳嗽不止，吐出来的痰中带着大块大块的黑紫色血块，脸色惨白，眼睛呆滞。他自己也知道性命难保，就背着蔡顺向妻子交代了后事。

几乎是刚把后事交代完，蔡顺的父亲就停止了呼吸，一命归天了。

蔡顺和母亲放声痛哭，边擦泪边哭诉，闻者无不涕泪横流。

家中分文没有，东借西凑，草草地把父亲掩埋了。

家中的“顶梁柱”，突然间没了，剩下孤儿寡母，无依无靠，日子更苦，更难熬。

蔡顺和母亲一方面还得想方设法地应对天天上门逼债的人，一方面还得辛勤耕耘那几亩薄田。

看家中只有一母一子，势单力薄，一些泼皮无赖就经常来家里骚扰，砸门窗，逮小鸡。母子俩眼睁睁地看着让人欺负，敢怒不敢言。

等一伙泼皮无赖走后，母子俩抱头痛哭，惨厉的哭声惊动了周围的人们，他们纷纷跑来劝慰。可心中的伤痛，任凭谁来劝慰，也是难以消除的。

等到夜深人静的时候，母亲声声长叹，似乎是自言自语地说：

“这苦难的日子何时才是尽头啊！”

说完，由不住地泪流满面。

蔡顺才十岁多一点，不过自小时候起就比较坚强，让别的孩子们打了，从来不在别人的面前掉泪。他看母亲神情抑郁，恍恍惚惚，心里别提有多着急了。为了安慰母亲，他充作大人似的对母亲说：

“天无绝人之路，娘不用愁。只要我能弄来一口饭，那就是娘的，我一定会想尽办法不让娘挨饿。”

天不遂人愿。接着连旱三年，周围一二百里的人都投亲的投亲，靠友的靠友，离开当地找生路去了。

蔡顺和母亲既无亲可投，又无友可靠，眼看着活不下去了，母亲只好带着蔡顺到几百里地之外讨饭。

到了白天，母子俩就沿村乞讨；夜晚就住在破庙里或人家的院墙背风处，如若走在前不着村后不着店的地方，就来个地做床天当被，在荒郊野外露宿。

乞讨时，遭人冷眼那是常事。遇上好心人，还能既给饭吃又让到家里喝口水，暖和暖和；遇到心肠不太好的人，除了不给吃，还要羞辱你一番。还有更不堪忍受的，就是那些地主老财，不仅一点不给，还要放出凶猛无比的家犬咬他们。母子俩被恶狗咬伤的次数不下十来次。

母子俩为讨到一口饭，得吃那常人没有吃过的苦，得忍那常人无法忍受的痛。夏天，顶着如火的骄阳走；冬天，迎着刺骨的寒风行。手，冻得流脓淌血；脚，磨起串串大泡。一步一摇，两步一晃，艰难前行。

蔡顺母亲年岁大了，身体状况每况愈下。蔡顺时常担心母亲吃不消而躺倒了。

常言道：屋漏偏逢连夜雨。最怕的事情还是发生了：有一天他们住在破庙里，母亲突然发起高烧来，身上热得烫手，讨饭时出来携带的所有破烂行李都盖到了身上，还是一个劲地喊冷。

蔡顺看着母亲痛苦的样子，急得团团转。

过了不一会儿，母亲开始说起胡话来了，一会儿喊神来了，一会儿喊鬼来了。蔡顺本来是个小孩子，从来没有见过这种情况，小时候让大人们讲的有关鬼的故事就吓得魂不附体，如今听见母亲这样喊叫，越发害怕，吓得不敢挪动一步，浑身上下瑟瑟发抖。

等他稍微镇定了一点，跑过去看母亲的时候，发现母亲已昏厥过去了，连微弱的呼吸声音也听不到了。

蔡顺一下子傻了。

他猛然记起老人们掐人中的办法，急忙跪下掐住母亲的人中。停了一会儿，母亲长长地出了一口气，才苏醒过来。

但高烧依然不退，母亲还是处在一阵昏迷，一阵清醒的状态。

离这个破庙大约十来里的地方，有一个村庄。他连夜跑到那个村子里，好不容易敲开一个也是贫困人家的门，向家里的老人说明情况，恳求救一救他可怜的母亲。

那位老人慈眉善目，听了蔡顺说的情况，已经判定病人处于危急状态，必须赶快救治，否则性命不保。他把老伴喊起来，并让老伴赶快煮一小盆姜汤，叮嘱里面再放一点辣椒。

按照老人家的嘱咐，蔡顺回到破庙里把姜汤热了热，便趁着热喂给母亲。

在蔡顺精心的护理下，母亲的病一天比一天好转。半个月后才康复，但由于多日高烧不退，耳膜穿孔，近乎聋了，成了残废的人。

之后，又讨了一年多饭。待旱情缓解后，才辗转回到了阔别了五年的家乡。

蔡顺和母亲回到家乡的时候，已经是开始播种的季节。

母子俩急忙拾掇家里那些残破的农具，要抓紧时间把种子播下去。误了农时，无异于坐等挨饿。

每天，村里的人还在酣睡的时候，母子俩已经下地开始劳作了。晚上夕阳落山的时候，他们才从地头往家里走。

皇天不负苦心人。一年下来，收成还算不错。刨去上缴赋税，也还有两个人一年吃的粮食。母亲紧皱的眉头舒展开了，脸上时不时也能露出笑容，尽管两鬓已经斑白了，但看上去还是比前几年又年轻了一些。

这样的日子又过了一些年，蔡顺已经二十好几的人了，到了谈婚论嫁的年龄了。母亲心里急得就像着了火一样，可蔡顺却并不着急。一有人来提亲，母亲就催促儿子去看一看。开始儿子也不说什么，只是不去见面。说得次数多了，蔡顺开口了。他坐在母亲的面前，态度极其温顺地对母亲说：

“娘，从年龄上说，是该娶个媳妇了。但从咱家的条件说，还显然不行。再说现在局势动荡不安，兵荒马乱，流寇横行，盗贼霸道，随时都有生命危险，还能顾得了成家的事吗？我只想让你平平安安过日子，生活得更好一些，别的事我想也不想。”

母亲看儿子的态度这样坚决，自此以后不再提说这档子事了。

刚过了两年相对顺心的日子，让人闹心的事又来了。

又遇上了荒年。地里不仅没有收成，大旱之年后连草都枯死了。粮食吃完了，就只得挖些野菜，采摘些树叶子来充饥。

眼看母亲一天比一天消瘦，身子一天比一天单薄，蔡顺的心在滴血。要是再不想个办法，那老母亲说不定就扛不过去了。

蔡顺打算到深山老林采集果实。待他把母亲安顿好后，才拎着竹篮，拿着竹竿、铲子向目的地进发。

到深山老林一看，不仅野菜多，而且还有一大片桑树林，上面挂满桑葚，地上还落下来饱满硕大的桑葚，蔡顺高兴坏了，在荒时暴月能吃上这东西，就算烧高香了。他拼命地捡啊捡，不一会捡了一大竹篮。捡回家让母亲吃，母亲吃后，不住地说:“真香，真好吃!”

多日来，每当母亲吃桑葚的时候，蔡顺总是守候在母亲的身边，看着母亲津津有味地吃着，他心中涌出无限酸楚。

蔡顺心中想着:“一个七尺男儿，竟然不能供养母亲，每天只给吃些野菜、野果，有何面目活在这世上。而母亲是多么体贴儿子啊，从不让儿子作难。多伟大的母亲啊!”

不过，他也悄悄地发现，母亲吃的时候专挑黑桑葚吃，而把白桑葚放在另一边。

他问明母亲缘由后，出去捡时，先捡黑桑葚，把它放在一个竹篮里，然后再捡白桑葚，再放在另一个竹篮里。

这样做，自己捡的时候是麻烦一点，而且捡得慢，但可以给母亲省却不少麻烦。他心甘情愿这样做，做的时候也特别高兴。

蔡顺看见旱情不见好转，只好依旧到深山老林捡野果。

一天，正当他蹲下捡桑葚的时候，忽然间从山上跑来一大队人马，紧紧地把他包围了起来。一个看样子像个小头目的人下马大声地问他道:

“你这个竹篮里是什么东西?黑的和白的为什么要分别装在两个篮子里?”

蔡顺虽然从小也没有见过这样的阵势，但他一个顺民，又没有做过什么亏心事，因此也不怎么惧怕，就如实地把因荒年家中无粮，只得到深山老林捡些野果，挖些野菜以供年迈耳聋的母亲充饥的事说了一遍，并向他们解释了黑白桑葚分别装在两个竹篮的原因，然后跪下向那个像小头目的人哀求道:

“官老爷，我老母亲在家焦急地等着我回去，我不回去，她老人家连吃的都没有，请你行行好吧……”

蔡顺的话没有说完，早已泪流满面。那个像小头目的人被蔡顺的一片孝心所感动，不由得落下泪来。悄悄抹泪的他正准备让弟兄们集合，一看弟兄们一个个也泪流不止，有的还抽噎着，竟忘了下令集合。

蔡顺越看越不明白，但官老爷没有说话，他也不敢站起来。

待小头目回过神来看见蔡顺还在那儿跪着，他急忙跑到蔡顺跟前，把他扶了起来，并对蔡顺语气和缓、态度温和地说:

“小兄弟，我们这些弟兄也都是贫苦出身，谁都不会干那些伤天害理的事。”

说罢，下令集合，并指派两个弟兄到山寨拿白米二斗、牛蹄子一只送到蔡顺家中。然后对着弟兄们高声说道：

“我们赤眉军就是替天行道，伸张正义，劫富济贫，扶危帮困的，今天在这里遇到一个尽心侍候年迈老母亲的孝子，不仅不能伤害他，而且还应该很好地待他。弟兄们要记住，蔡岭是出孝子的地方，从此之后都不准到蔡岭打家劫舍。”

回过头来对蔡顺亲切地说：

“蔡孝子，以后你要是遇到贪官污吏和被官军欺辱的事，一定要设法告诉我们，我们会给你做主。”

不一会儿，那两个往蔡顺家里送米、送肉的赤眉军回来了，向小头目禀报。

人马到齐后，赤眉军的弟兄们都与蔡顺拱手告别，然后一溜烟地向山寨飞奔而去。

后来，蔡顺的孝名传扬天下。

又过了不几年，蔡顺盖了房，又置了地，娶妻生子，日子过得越来越好，至此，蔡顺才真的有了一个温馨的家。

# 九、郭巨奉母

## 原文

［汉］郭巨，家贫，有子三岁，母尝减食与之。巨谓妻曰：“贫乏不能供母，子又分母之食。盍[①]埋此子？儿可再有，母不可复得。”妻不敢违。巨遂掘坑三尺余，忽见黄金一釜[②]，上云[③]：“天赐孝子郭巨，官不得取，民不得夺。”

诗曰：郭巨思供给，埋儿愿母存。

黄金天所赐，光彩照寒门。

## 注释

①盍：何不。

②釜：古代烹饪器，类似现代的锅，有耳，有盖，无足。

③上云：釜上（有字）写道。

## 古文今译

汉代隆虑（今河南林县）人郭巨，家境非常贫困。他有一个三岁的男孩，母亲经常把自己的食物分给孙子吃。郭巨对妻子说："家里窘困不能很好地供养母亲，孩子又分享母亲的食物。不如埋掉儿子吧？儿子可以再生，母亲如果没有了是不能复有的。"妻子不敢违拒他，郭巨于是挖坑，当挖到地下三尺多时，忽然看见一小坛黄金，坛子上写着字："上天赐给孝子郭巨的，当官的不得巧取，老百姓不许侵夺。"

## 故事

郭巨出生在一个非常贫穷的家庭。在他很小的时候，父亲暴病而亡，临终连一句安顿的话都未留下就匆匆地走了。

孤儿寡母度日难，此话一点不假。寡母领着一个少不更事的孤儿，日子艰难，不言自明。光是闲言碎语，嚼舌，就让你有跳河、投缳的心思，这还不算那些指桑骂槐，打小的、骂老的欺负人的各种事。

郭巨的母亲几乎被口水淹没、吞噬，仅凭着一定要把儿子拉扯大的坚强信念，才能在既没有吃、又没有穿的艰难日子里顽强地生存着。

母亲为把郭巨拉扯成人，吃了多少苦，受了多少罪，连她自己也记不清楚了。一年到头，无论忙闲，都是吞糠咽菜，一年四季，无论冬夏，都是破衣烂衫。因此，还不到三十岁，白头发都快有了半壁江山，脸上的皱纹，和山水画中的沟沟壑壑相比的话，恐怕也不会逊色多少。

外地陌生人遇到郭巨的母亲问路时已经称呼大娘了。

窘困的日子把郭巨的母亲折磨得已不像人的样子了。即使是铁石心肠的人看到后，也会流泪的。

苦难总有尽头，苦海仍然有边。郭巨的母亲快把眼泪流干了，才总算盼到了儿子长大成人的那一天。

母子俩从此辛勤耕耘，省吃俭用，几年后慢慢地也有了一些积蓄。

穷的时候，连亲戚们也不上你家的门，生怕躲都来不及；稍微日子好过一些，不仅上门的亲戚多了起来，连说媒提亲的人也能把你家的门槛踏平。

媒人来家说，李家庄一户人家有个好姑娘，人样子也不错，贤惠能干，又能吃苦。郭母听后正好门当户对，脾气也相投，非常中意，这门亲事就这样定下来了。

彩礼凑足，由媒人转送过去，谈妥日子，就把李氏娶进了门。

李氏一进郭家门就侍候婆母，端饭送水，样样不落，把婆母当成自己的亲娘；婆母看儿媳如此孝顺，也把儿媳妇当成亲生的闺女。

照顾郭巨，在当时的社会，也是李氏义不容辞的责任。李氏除了精心侍候婆母外，对郭巨也照顾得十分周到。

郭巨看到妻子李氏又要侍候自己的母亲又要照顾自己，十分辛苦，开始心疼起妻子来。

有一天，郭巨背着母亲悄悄地给妻子说：

“你可能不知道，为把我拉扯大，老母亲不知吃了多少苦，遭了多少罪，因此我们俩都要尽心尽力地孝敬老母。你服侍老母已经够辛苦的了，以后再不要像以前那样百般地照顾我，那样你就太辛苦了，我心里也不好受。”

从此，表面上看，李氏还按当时的规矩照顾丈夫郭巨，实际上两个人相敬如宾，同甘共苦。

一家人和和美美，日子过得倒也舒心。

又过了一年，李氏坐了月子，生了个胖小子。

这个小家伙眼睛大大的，脸蛋圆圆的，眉毛浓浓的，鼻梁高高的，谁看了谁喜欢，一家人乐得合不拢嘴。

郭巨的母亲，亲这个小孙子比亲从自己身上掉下来的肉还要多出一百倍。一会儿抱一抱，一会儿亲一亲，几乎没有别人哄的空儿，就连黑夜睡觉醒来看不到小孙子，她都要掉眼泪。

三个人一天围着这个小家伙转，日子过得特别快。

不觉得这个小家伙已经长到两岁了。他已经闻得出饭的香味，不再好好地吮吸乳汁，而是要吃饭了。

这一下子就等于又多了一张吃饭的嘴。

就在这时，天灾人祸突然从天而降。

先是县里换了县令，这个县令比过去的县令更贪。搜刮民脂民膏的手段更多、更毒，巧立了不少名目，使百姓的负担越来越重，已到了不堪重负的地步。

接着就是百年不遇的一次大旱，从春种到秋收，就连一滴雨都没有下过，田园荒芜，颗粒不收。

郭家一下子陷入了灾难之中。一家四口人，不给哪一个人吃饭都不行，何况还有个两岁小孩在那儿嗷嗷待哺。

粮食被官府掠夺一空，只好靠挖野菜，剥树皮，捋树叶过日子。

日子过得真是艰难啊！

郭巨和妻子勒紧裤腰带，想的是省出点来使老母亲免受饥饿之苦。可老母每次总是把她碗里的饭菜拨出好多给小孙子吃。两岁的小孩，他怎能知道人生的艰辛，他又怎能明白父母的心意？祖母给他拨多少，他就吃多少，因此郭巨的老母总是忍饥挨饿。

郭巨和李氏看在眼里，疼在心里，他们不能说也不敢说老母，生怕老母生气，生怕有违孝道。

郭巨老母的身体原本就不怎么硬朗，现在又要把仅够充饥的一点点饭菜分给小孙子吃，她咋能受得了？

不几天，老母就有点扛不住了，面色一天比一天发黄，眼睛一天比一天发花，瘦脊嶙峋，有气无力。

小孙子尽管有祖母的百般呵护，有父母想方设法地照顾，但毕竟粥少僧多，本是一个人都不够吃的饭，四个人分着吃，这能管什么用。别说长身体了，连维持生命都够呛了，因而小孙子也瘦得皮包骨头，一天常睡不醒。

郭巨暗自喟叹：

“养母难啊养母难，世乱时艰难上难。”郭巨一家四口人继续在死亡线上挣扎。

夫妻俩背着母亲和小儿子不知哭了多少次了，可是哭能顶什么用呢？

他们俩整天思谋，可在这家境沦落时，在这世局动荡中，又能有什么治家良方呢？

两个人都陷入了难以言状的痛苦之中。

在无路可走的情况下，郭巨忽然想出了一个办法。

正当他要告诉妻子李氏的时候，李氏也想出了一个办法。

两个人谁都不想先说出自己的办法。无奈之下，说定各人都把各人的办法写在手上。

当摊开手掌时，两个人写下的字竟是一模一样的两个字：我死。

虽然是不谋而合，可两个人都是神色凄惶，满眼泪花。

为此，夫妻二人争执不下，各人都有一定的道理，但都经不起仔细推敲，又在对方的辩驳下站不住脚。

谁也说服不了谁，谁再也没有万全之策，只能是泪眼相对。

两个人每天都是愁眉不展，可在老母面前还得强颜欢笑，唯恐老母有一丝儿不高兴。可这毕竟不是解决的办法。

有一天，郭巨做出了一个惊人的决定：埋儿养母。

郭巨决心已下，但他还是不敢告诉妻子李氏。

躲是躲不掉，拖也是拖不了的。

郭巨忍着巨大的悲痛，背着母亲还是把他的惊人决定告诉了妻子。

待郭巨说完，李氏惊愕得张大了嘴巴。若是别人告诉她，即使把她打死她也是不会相信的。因为她知道丈夫郭巨是个古道热肠、心地善良的人，对外人都能那样善良，难道他会对家人如此残酷吗？

可眼前的事实明摆着，这个决定是她的丈夫亲口说出的，她耳朵也不背，她能不相信这个决定是真的吗？

李氏怔了一阵儿，接着哇的一声，放声大哭起来。

那凄惨的哭声，能使江河呜咽、鸟雀悲啼，可令大地动容、山川变色。

好不容易止住哭声，李氏一看丈夫郭巨也在伤心落泪。

李氏明明知道这个决定，她既无权更改，也是更改不了的。那时候男人的决定或主张，女人连过问一下都是不行的。但她还是想劝一劝丈夫，希望他不要这样绝情，免得背上一个恶名。便哀求般地说：

“他爹，儿子是咱们的亲骨肉，不能呵护他，至少不能摧残他！再说动物都懂得保护自己生下的小东西，我们这样做，不让人唾骂才怪呢！”

郭巨接过话茬，无可奈何地对妻子说：

“这只能怨咱们家穷。供养母亲就已非常困难，咱们儿子不懂事，每顿都要分吃母亲的饭菜，长此下去，母亲还能活下去吗？儿子没有了，就没有分吃母亲饭菜的人了，老人家兴许能多活几年。你我还年轻，日后还可以再生养，母亲万一有个三长两短，我们如何面对世人，死后也无法面对列祖列宗。”

妻子李氏一边听着，一边仍在哭泣。

过了两天，郭巨和妻子在母亲面前谎称抱着儿子到他姥姥家，就把儿子抱出了门。

来到了荒郊野外，夫妻俩禁不住放声大哭。

眼看太阳快要下山了，郭巨才拿起铁锹挖坑，妻子在旁边抱着儿子仍在哭泣。

约莫挖了二尺多的时候，郭巨狠劲踩锹，只听咕咚一声，上面一堆土掉了下去，露出来一个窖。

跳下去一看，窖里面有一口小锅。打开锅盖一看，郭巨一下子惊呆了。小锅里面装的全是黄金，上面还有十六个大字：天赐黄金，孝子郭巨，官不得夺，民不得取。

郭巨把这天大的喜事立即告诉了还在哭泣的妻子。

妻子立马破涕为笑，跪下向上苍谢恩。

郭巨夫妻把黄金带回家中，孝敬母亲，并得以兼养孩子。他们还把一部分钱分给了村中家有老人的人家，让他们好好奉养老人。

# 十、卖身葬父

## 原文

［汉］董永，家贫。父死，卖身贷钱而葬。及去偿工①，途遇一妇，求为董妻。俱至主家，令织缣②三百匹乃回。一月完成，归至槐阴会所③，遂辞永而去。

诗曰：葬父贷孔兄④，仙姬陌上逢。

织缣偿债主，孝感动苍穹。

## 注释

①偿工：做工偿还（贷款）。

②缣（jiān）：细绢。

③槐阴会所：槐阴树下（当初）相会的地方。

④孔兄：孔方兄，喻钱。

## 古文今译

汉朝时，有一个闻名的孝子，姓董名永。他家里非常贫困。他的父亲去世后，董永无钱办丧事，只好以身作价向地主贷款，埋葬父亲。丧事办完后，董永便去地主家做工还钱，在半路上遇一美貌女子。拦住董永要董永娶她为妻。董永想起家贫如洗，还欠地主的钱，就死活不答应。那女子左拦右阻，说她不爱钱财。只爱他人品好。董永无奈，只好带她去地主家帮忙。那女子心灵手巧，织布如飞。她昼夜不停地干活，仅用了一个月的时间，就织了三百尺的细绢，还清了地主的债务。在他们回家的路上，走到一棵槐树下时，那女子便辞别了董永。

## 故事

董永出生在一个世世代代以种田为生的家庭里。父亲是一个老实巴交的农民，为人厚道，勤劳节俭，但由于土地贫瘠，虽日出而作，日落而息，但仍然是连饭都吃不饱，年年受穷。

由于家穷，已经到了成家的时候，依然没有一个媒人来家里提亲。

邻村有一户人家了解到这个小伙子忠厚老实，吃苦耐劳，愿把女儿嫁给这样的人。他给媒人说：

“不要看他现在穷，只要他能扑下身子干，不怕吃苦，将来的日子就赖不了。”

结婚一年左右，妻子生下了一个胖乎乎的儿子，起名董永。

董永小的时候就活泼好动，十分可爱，父母都特别喜欢他，经常因为想抱董永而没有抱上相互生气。

这样的日子仅仅过了三年，董永的母亲在一场突如其来的大病中撇下丈夫和儿子溘然长逝了。

从此，家里冷冷清清，父子相依为命。

好天气，董永的父亲下地劳动，就把他背到田间地头，让他在地里玩耍，碰上刮风下雨，就把董永锁在家里。董永特别听话，到饿的时候把父亲留下的饭吃完，就自己想着法子玩，从来不哭不闹。

董永一天天地长大了，开始懂得心疼父亲了。等到半前晌的时候，董永就拎着一小瓦罐水到地头给父亲送水，遇到刮风下雨天，他就把遮风挡雨的衣物给父亲送去。

村里的人都夸董永是个疼他父亲的好孩子，特别听话的乖孩子。

可世事难料，汉灵帝中平年间，山东青州发生了黄巾起义，渤海发生骚乱，董永随父亲避乱迁徙至汝南（今河南省汝南一带），一路上风餐露宿，栉风沐雨，吃尽苦头，好在保住了性命。

在这里待了不长时间，又因战事频繁，不得不离开这里到处流浪，沿村乞讨，最后流寓安陆（今湖北孝感市）。

来到安陆，人生地不熟，两眼一抹黑，董永的父亲只得给人家干零星的小活，养家糊口。不久，一家大商铺雇一个打更的，董永的父亲被大掌柜的一眼看上，进了商铺，并特许他带小孩进出商铺后院。

董永年龄虽小，但眼里有活。他除了帮助父亲拾掇后院的库房处堆积的废旧物资，还干些杂七杂八的事。有时候还替伙计打扫店铺，有时站在店铺里看伙计们怎样招呼客官，迎来送往。

董永的父亲实实在在地做事，认认真真地完成掌柜们交办的工作。时间不长，大掌柜就特别信任董永的父亲，把许多带有机密性质的事情也交由他去操办。

大掌柜从别人那里了解到了董永父亲的遭遇，顿生恻隐之心，忽发善事之举。他打发伙计把董永的父亲唤来，当面告诉他：

“这几年够你辛苦的了，我得感谢你。一会儿到算账先生那里领上纹银二十两，自己出去开个小店，一者维持生计，二者也得再成个家，不能老是既当爹又当娘。你儿子是块经商的料，让他帮衬着你，肯定错不了。”

董永的父亲领赏后，就和儿子开始经商了。

父子俩开了个小店，门面虽不大，但百姓日用品应有尽有，品种齐全，货真价实。一开张，客官就络绎不绝，买卖还挺兴隆。

客官冲的是董永的童叟不欺、心眼好，而董永看到客官如此照顾他们的生意，往往反奸商之道而行之，买布多个一寸两寸，零头就不要钱了，看到穿着破衣烂衫的，索性连钱都不要了。

董永的父亲想，照这样下去，不但不能挣钱，弄不好还得把本钱也搭进去。他多少次苦口婆心地教诲儿子，看儿子听的时候好像也很用心，可一到做买卖时，还依然如故。

月底算账，还是进来的多，出去的少，除去一切开销，还有一点余头。见此情状，董永的父亲也就不再说啥了。

这买卖做得刚有点起色，突然父亲病倒了。老人家挺有骨气，从未见他有病呻吟过，这一回直喊爹叫娘，汗珠子豆粒般大，滚滚而下。

董永急忙把镇中最有名气的医生请来，望闻问后，一切脉，医生脸色变了，告知董永：

“你父亲得的是绝症，快准备后事吧！”

董永赶紧跪下磕头，哀求医生救一救父亲。医生一脸无奈，安抚了几句匆匆离去。

父亲也知道性命不保，便吩咐变卖家产，送他回老家，必须把他和列祖列宗埋在一起。

镇上的人知道董永遭到不幸，变卖店铺和其他家产，纷纷前来看望，并捐钱捐物。

董永雇了车带着病重的父亲就要上路了，那些客官闻讯急急忙忙地赶来，挥泪与董永告别。

董永忍着悲痛，马不停蹄地向老家前行。

俗话说，福无双至，祸不单行。刚刚走出一百来里，来到一个沟深林密的山谷里，从山上冲下来几个大汉，不由分说就把他父亲扔到地上，抢走所有财物纷纷逃窜。

董永的父亲此时还哪里能受到了这样的惊吓，一阵抽搐，便咽下了最后一口气。

董永心如刀绞，哭声响彻山谷。身无分文的他，只好背着已经含恨离开人世的父亲缓慢地行走在山间小路上。

好不容易看到一个村庄，他拿出吃奶的力气才算把父亲背到了有人烟的地方。

几经周折，找到了一个大户人家。董永向这家穿着绫罗绸缎的主人述说了自己的不幸，哀求予以资助。

俗话说得好，门洞的风，老财的心。这种唯利是图的人咋会悲天悯人，听董永哭诉完后，只说了一句话：我还正为钱犯愁呢，便关上了大门。

好心的人知道了董永的遭遇，纷纷慷慨解囊，但这无异于杯水车薪，哪够埋葬的费用。

他谢过那些好心人，向他们借来纸笔，写下了一份卖身契，上面写着：

“家父不幸西归，身无分文葬父。若愿帮我葬父，情愿当牛做马。立此契约，永不反悔！”

在场的百姓无不落泪。

董永已哀求过的那家穿着绫罗绸缎的主人，姓裴，是个大财主。他听到这一消息后，欣喜若狂，几乎跳了起来。他怕别人抢在前面，便三步并作两步，气喘吁吁地赶过来了。

裴财主来到董永面前，假惺惺地说：

“我这个人一看见可怜的人，就由不得发起善心来。你先拿上这些纹银，把你父亲埋了，办完丧事就来我家。你只要织上细绢三百匹，我就立即还你自由。你要不讲信用，到时候可不要怪我不客气。”

其实，按织绢的工钱算，裴财主手中的纹银顶多只值二十匹细绢，这比世面上借钱的利息已高出很多倍。

可董永已经全然不顾财主苛刻的条件，只要能把父亲葬到祖上的坟墓，即使再比这苛刻的条件，他也会连眉头皱也不皱地答应下来。因此他立马拿上了裴财主贷给他的钱安葬父亲。

董永了却了父亲的心愿，又守了七日孝，就往裴财主家赶。

走到一棵槐树下，董永遇见一位风姿美貌的少妇。少妇含情脉脉地说：

“你可能还没有娶妻，我是个被丈夫离弃的女人，愿与你永结同心！”

董永知道自己已是卖身为奴的人，这样的事必须禀告主人，自己是做不了主的。因此，他对这位少妇只好直说：

“这件事，我自己不敢做主，须禀告主人。”

少妇呵呵地笑了起来，之后说：

“未当奴仆前，已是忠顺的奴仆。即使这样，我愿与董郎一同前去拜见你的主人。”

董永同这位少妇来到裴财主家，诉说缘由，裴财主欣然为他们的婚姻做主，让他们在一百天内，织出三百匹细绢，即可赎身，做自由的农夫。

从这天起，夫妻俩日夜纺织。饿了，胡乱地吃上一口；困了，就在手摇的纺织机旁打个盹，忙得已不知白天黑夜，累得已腰酸腿疼。终于在一百天的前一天，将三百匹细绢交给裴财主。

裴财主把董永写下的卖身契还给了董永。

翌日，夫妻二人高高兴兴地离开了裴财主家。

又来到了一百天前相见的槐树下，少妇突然向董永告别。

董永哭着说：

“你为我赎身的恩德，我还没有报答，你怎能抛下我就走呢？”

少妇到这时才告诉董永事情的原委，少妇的泪花在眼眶中直打转，凄切地说：

“你我夫妻一场，我也舍不得离开你。我不是被丈夫离弃的少妇，我是银河旁的织女。是天帝念董郎一片孝心，令我下凡相助。今百日缘满，我必须回去向天帝缴旨。”

说完，织女恋恋不舍地凌空而去。

# 十一、刻木事亲

## 原文

**［汉］丁兰①，幼丧父母，未得奉养。而思念劬②劳之恩，刻木为像，事之如生。其妻久而不敬，以针戏刺其指，血出。木像见兰，眼中垂泪。兰问得其情，遂将妻弃之。**

**诗曰：刻木为父母，形容在日身。**

**寄言诸子女，及早孝双亲。**

## 注释

①丁兰：关于他的传说很早就有。三国曹植《灵芝篇》："丁兰少失母，自伤早孤茕。刻木当严亲，朝夕致三牲。"（见《宋书·乐志四》）这里说的木像出血、流泪，显属迷信。

②劬（qú）：劳苦；勤劳。劬劳，劳累。

## 古文今译

东汉河内（今河南黄河北）人丁兰，幼年父母双亡，他没有机会奉养行孝，因而经常思念父母的养育之恩。于是用木头刻成双亲的雕像，对待雕像如同活人一样。他的妻子因为日久生烦，对木像便不太恭敬了，用针偷偷地刺木像的手指玩，木像的手指居然有血流出。后来木像见到丁兰后，眼中垂泪。丁兰查问妻子得知实情，遂将妻子休弃。

## 故事

丁兰，相传是东汉时期河内（今河南黄河北）人。

他父亲为人淳朴憨实，心地善良，是个务农的好把式，他母亲贤惠机敏，平易可亲。虽然只种着二亩瘠地，但由于夫妻俩能吃苦，肯出力，辛勤耕耘，一年下来起码口粮不用发愁，有时碰上好年景，还能有点余粮。

丁兰的父亲除了耕种自己的土地外，一有闲空，不是帮助东家修理农具，就是帮衬西家耕田耙地。因此，村里人一有事，首先想到的就是丁兰的父亲。

等到夫妻俩有了儿子丁兰后，虽说多了一张吃饭的嘴，但日子过得还不是紧巴巴的，比上不足，比下还有点余。

天有不测风云，人有旦夕祸福。丁兰的母亲平时也很结实，连个头疼脑热之类的也很少发生。可忽然得了一种医生也为之称奇的不治之症，药也没少吃，所知道的名医也没少请，结果越治人越没有精神，看过病的医生越多，病情越恶化。

丁兰的父亲看见没有指望了，也就不再找医生了。他心中暗自说：

“再不要折腾她了，让她安静地离去吧！不然，她要怨恨我的。”

丁兰的母亲在疾病的折磨下，形销骨立，连说话的一点气力都没有了。疼痛袭来时，怕丈夫难受，咬紧牙关强忍着，有时竟把嘴唇咬破，血肉模糊。

丈夫看到后背过脸暗自抽泣。

就是这样的坚持，还是没有从死神的魔爪中挣脱出来。没过几天，丁兰的母亲就在难以言说的痛苦中，在千万要把丁兰拉扯成人的断断续续的殷殷叮嘱声中离开了人世。

丁兰只有两岁多。虽然他对死是怎么一回事并不知道，但他看到母亲双目紧闭、脸色苍白的样子，似乎也有一种不祥的感觉。再看母亲连话也不说，拼命喊她都不答应，丁兰着急了，他扑在妈妈身上，皮肤细嫩的两只小手用力地抓住妈妈身上的衣服，一边拉扯，一边哭喊，一声一声不住地喊着：

“妈妈，你醒一醒！妈妈，你睁开眼……”

惨厉的哭声，谁听到了都会随之落泪。

丁兰的母亲走了，撇下父子二人。家里原本就空荡荡的，一下子变得就像空旷的原野，原本热闹的、有生气的家，一下子变得冷冷清清，毫无生气。

从此，父子两人相依为命，艰难度日。

丁兰小时候因缺奶，体质就差，经常闹病，好在有母亲时刻关心、教导，不让他乱跑乱窜，跌伤、碰坏的情况从未发生过。

如今，只有父亲一人打里照外，又当爹又当娘，哪能照顾过来？这样，跌伤、碰坏的情况时有发生。

丁兰的父亲心疼不已，但也无可奈何，总不能把地撂荒了吧，那不等于是要喝西北风了吗？

丁兰长到六七岁的时候，就懂得帮父亲了。凡是他能干的事情，尽量不让父亲干，有时候还能和父亲一起干活，帮父亲锄个草呀，撒个粪呀，多多少少地减轻了父亲的担子。

有一年，老天爷一个劲地折磨人。先是春旱。冬天没有下雪，墒情本来就不好，再加上春天一滴雨都没下过，地根本就种不下去。

眼看着要错过节气，父子俩只好肩挑手拎，把水弄到地里，采用点种的办法，才勉勉强强地把种子播在了地里。

后来老天爷手下留情，夏天还下了几场透雨，庄稼长得绿油油的。丁兰父亲望着滚滚的麦浪，别提有多高兴了。

还没有等到丁兰父亲高兴劲儿过去的时候，忽然天气变了。顿时狂风大作，吹得人都站立不稳。不一阵儿，天空中乌云翻滚，电闪雷鸣。雨点噼里啪啦地掉了下来，瞬间地面变成一片汪洋。

雨意还浓时，小石头块大小的冰雹又从天而降。庄稼随即被拦腰砸断，七零八落的，惨景目不忍睹。

一年一度的指望全部落空了。丁兰的父亲愁得整夜地辗转反侧，人一下子苍老了许多。

丁兰刚过了十岁，但看见父亲整天焦愁而自己不能分担时，心里还是十分难受。

丁兰父亲在一次次的重大打击下，一天比一天瘦弱，稍微做点重活就气喘吁吁，汗流不止。

灾难终于发生了。一天，丁兰的父亲上山打柴。打了一会儿柴，突然觉得头眩目晕，一头栽倒，滚下了山，就再也没有爬起来。

等到人们发现时，已经断了气。

丁兰哭得死去活来，抱着父亲已经僵硬的尸体死活不放，村里的人怎么拉也拉不起来。

丁兰从下午太阳快落山时，一直哭到第二天清晨，泪也哭干了，嗓子也嘶哑了，人瘫软得也站不起来了。

村里人把丁兰和丁兰父亲的尸体抬回了村。在众人的资助下，丁兰才草草地把父亲掩埋在了山头上。

丁兰孑然一身，孤苦伶仃。他有好几次跳河、上吊，都被村里人发现，解救下来。

丁兰在村里好心人的帮助下，耕种着父母留下来的两亩薄田，过着饥一顿、饱一顿的艰难日子。

春天，他学会扶犁、耙地，在别人帮助下播下了种。

夏天，他经常起早摸黑地锄地，间苗。

秋天，他披星戴月地收割庄稼，别人一天能割完的庄稼，丁兰最少也得四五天。人们看见怪可怜的，路过地头时常常帮丁兰收割庄稼。自己不能拉，不会碾，不会扬，村里的人都来帮他。

冬天，寒风凛冽，他也得出去搂柴、拾粪，两手冻得红红的，十个指头都麻木了，有时就跑到牛刚拉出来的粪堆里暖冻僵了的手。

年复一年，月复一月，丁兰在不堪重负思念父母的煎熬中长大成人了。

后来，思念父母之情愈来愈强烈，几近于不由自主：

他看到别的人家儿孙满堂、几代同居、孙绕膝下，他就流泪；

他看到他人给父母烧茶递水、端饭送菜、洗衣晾衫，他就哭泣；

他看到年关前年轻人给父母添置新衣、购买糖果、制作糕点，他就肝肠寸断；

他看到老人们患病后儿女们跑前跑后、煎药熬汤、喂饭喂水，他就涕泗横流。

丁兰实在无法忍受这样近乎残酷的精神折磨，他要想出一个免于思念父母的痛苦的妙计。

他日思夜想，终于想出了一个刻木为像的办法，即把父母生前的形象刻在一块木板上，然后让它在自己心中活了过来，不就可以天天见到父母，也可以天天孝敬父母了吗？

他开始回想父母生前的形象，但总是模糊的，怎么也清晰不起来；他开始缅怀父母那苦难的一生，但总是零星的、片断的，怎么也完整不起来。

丁兰为此感到十分苦恼。

有天夜里，他做了一个梦：有一位老人告诉他，他要做的事情，村里的老人都能帮他。

第二天醒来后，梦中老人说的话，他还记得清清楚楚。他只恨自己笨，怎么就没有想起这个办法来。

丁兰开始走东家问大爷，串西家问婶娘，碰见人便问，有影子就访。半个月以后，脑袋里装满了父母亲生前所做过的各种事情和遭遇的各种灾难，眼前呈现出了父母亲真真切切的形象。

他按照眼前呈现出的父母亲的形象刻在一块经过精心设计制作的木板上，摆放到屋内仅有的一个大红柜子上。

从此，丁兰每天早晨、中午、晚上三次在父母亲的像前下跪请安；一日三餐，每顿饭总是先盛上一大碗，放在父母亲的像前，并说：

“爹，娘，趁热赶快吃吧！”

之后，他才拿起碗筷吃饭。

刮风下雨天，丁兰总要用衣服包住父母亲的像，生怕着了寒，淋了雨。

有事情自己解决不了时，他总是跪在父母亲的像前，一个一个地都要问过。他暗自说：

“要是二老不知道我的情况，他们要着急的。必须告诉他们，让他们放心！”

丁兰刻木为像，待之就像活着时那样侍奉，此孝行很快传遍了黄河南北，十里八乡的媒人纷纷给丁兰提亲。

邻村的一个姑娘也见过丁兰，在媒人的说合下嫁给了丁兰。

夫妻俩相敬如宾，和和美美。丁兰把刻木事亲的缘由讲给妻子听，并要求她和自己一样对待他们。

起初，妻子按照丁兰的要求，每天和丁兰一样尽心尽力地侍奉，丁兰特别高兴。

时间长了，丁兰的妻子就不大愿意每天那样侍奉他们，即使做了，也是马马虎虎，并不虔诚。

有一天，丁兰外出。中午时，他妻子很不情愿地下跪请安后，又把饭端到木像前。突发奇想，何不在他们身上试一试有没有知觉。于是便拿来了做衣裳用的针，用针尖向他们的指头刺去。瞬间，殷红的鲜血从木像的指尖处流了出来。

傍晚时分，丁兰回来给木像请安时，发现他们眼泪不断，非常痛苦的样子。

丁兰有点不解，急忙问其妻子。

丁兰的妻子看见丁兰追问不休，只好照实说了。

丁兰不听则已，一听就火冒三丈，气愤地对妻子说：

“由此看来，咱俩的缘分到今天也就结束了！和我同床共枕的人必须是对死去的父母极其孝顺的人。”

说罢，写了休书，就把妻子休了。

之后，丁兰还是一如既往地侍奉着双亲的木像，至死不渝。

# 十二、涌泉跃鲤

## 原文

**［汉］姜诗，事母至孝；妻庞氏，奉姑尤谨。母性好饮江水，去舍六七里，妻出汲以奉之。又嗜鱼脍①，夫妇常作。又不能独食，召邻母共食。舍侧忽有涌泉，味如江水，日跃双鲤，取以供。**

**诗曰：舍侧甘泉出，一朝双鲤鱼。**

**子能事其母，妇更孝于姑。**

## 注释

①鱼脍：切得很薄的鱼片。

## 古文今译

姜诗，东汉四川广汉人，娶庞氏为妻。夫妻孝顺，其家距长江六七里之遥，庞氏常到江边取婆婆喜喝的长江水。婆婆爱吃鱼，夫妻就常做鱼给她吃，婆婆不愿意独自吃，他们又请来邻居老婆婆一起吃。一次因风大，庞氏取水晚归，姜诗怀疑她怠慢母亲，将她逐出家门。庞氏寄居在邻居家中，昼夜辛勤纺纱织布，将积蓄所得托邻居送回家中孝敬婆婆。其后，婆婆知道了庞氏被逐之事，令姜诗将其请回。庞氏回家这天，院中忽然喷涌出泉水，口味与长江水相同，每天还有两条鲤鱼跃出。从此，庞氏便用这些供奉婆婆，不必远走江边了。

## 故事

东汉时期在广汉雒县汎乡（今孝泉古镇，位于四川省德阳市旌阳区西北部，距德阳市区二十一公里）居住着姜诗一家人。

姜诗的母亲陈氏，年轻轻地就守了寡，带着儿子姜诗过着吃了上顿没下顿的凄苦生活。不过陈氏为人厚道、善良，左邻右舍看到她的日子过得艰难，时不时地也伸出援助之手，接济一点，因此，也能将就地过下去。

尽管吃了不少苦，但陈氏总算按照丈夫临终时的嘱咐把姜诗拉扯成人，并东挪西借地又给姜诗娶了个媳妇。

姜诗从小就知道家境贫寒，母亲吃的苦、受的罪，没有人能比他更清楚，尽管漫长的岁月早已使她把一些没有切肤之痛的事给忘记了，而姜诗却还记忆犹新。因而姜诗从小就特别听母亲的话，从不惹母亲生气。长大以后对寡母更加孝顺。寡母爱吃的，想喝的，除了上天揽月，下海捉鲸，他都要想法子弄来满足母亲的要求。

妻子庞三春贤淑达礼，吃苦耐劳，心灵手巧，孝敬父母，在未嫁人前就有好名声。当嫁到姜家后，听姜诗给她讲婆母前半生的悲惨遭遇后，也决心同姜诗一起共同侍奉老母。

姜诗的母亲在生下姜诗后，养成了一种习惯，每日喝水只喝江中的水，又特别爱吃江中的鲤鱼。

庞三春自打进了姜家的门以后，就把这副担子挑在了肩上，即使一年后生了儿子（小名叫安安，大名叫姜石泉），她仍旧一如既往地挑水打鱼。

江边离姜家有六七里远。庞三春每天都得很早就动身，待打捞上鱼，再挑水回家，至少也需半天时间。她忍饥挨饿地、长年累月地行走在这条路上，无论刮风，还是下雨，人们都能看见庞三春艰难地挑水的身影。

一次，庞三春走到离江边还有一二里的地方，就遇上了狂风暴雨。

狂风夹着暴雨，像一根一根鞭子似的抽打在庞三春瘦弱的身体上。好不容易到了江边，江上波涛汹涌，一排排巨浪拍打着江岸，连个鱼影儿都没有看见，更别说打鱼。

直到下午，雨势未减。庞三春只得空手而归。

姜诗看到妻子既未打来鱼，也未挑来水，就以为是妻子侍候母亲侍候得腻烦了，故意这样做的。因此他既不看妻子一身泥水、灰头土脸那可怜的样子，也不听一听妻子的诉说，就把妻子劈头盖脸地打了一顿，逐出了家门。

当时社会的规矩，女人一旦被丈夫逐出家门，不是一死了之，就是剃度出家，回娘家也是一条不归路。

死，庞三春也不是没有想过。

她能一死了之吗？

她当时想：即使丈夫真的情断义绝，还有婆母和三岁多的儿子，他们靠谁来照顾呢？万一有个意外，能心安吗？

她过了一阵儿又想：丈夫平时待她也不错，怎么会一下子就变脸了呢？她非常纳闷。

又停了一会儿，她再一次想：丈夫不知情，冤枉了我，即使我不去和他说长论短，但至少也应该让丈夫知道我是无辜的。孝母之心，天地可鉴！我不能带着一肚子冤屈离开人间！

她越想越伤心，禁不住流下泪来。

最后她才下了决心：无论怎样艰难，我还没有尽完对婆母的孝心，我还没有把儿子拉扯成人，必须顽强地活下去。

她离开前一阵儿还是她的家，离开这个非常熟悉的村庄，满含泪水，三步一回头，漫无目的地向村外走去。

不知是不是天意，她走着，走着，就走到了尼姑庵，抬头一看，只见上面写着：白云庵。

正要敲门，出来一位尼姑模样的人，她上前施礼，诉说了自己的苦衷并哀求将她留下。

恰巧这位正是白云庵住持，听完了她的哭诉，就答应了她的请求。

庞三春剃度完毕后，就干起了庵中的零碎活，扫地、打柴、洒扫庭园、烧水端茶，一个人忙得不亦乐乎。

白天忙得什么也顾不上想，一到夜深人静的时候，庞三春就想起了婆母，想起了儿子安安，有时候也想起丈夫姜诗来。直想得泪流满面，一夜未眠。

有一次，庵里举行大道场，善男信女来得真不少。庞三春在这里遇到隔壁的王二婶，她急切地向王二婶打问家中的情况，特别是婆母的情况，并托王二婶给婆母带回两尾鱼，几斤肉，这是她省吃俭用省下来的。

王二婶悄悄地把宠三春流落在尼姑庵的消息告诉了庞三春的儿子安安。这时候，安安已经十岁了，到学堂读书已经三年了。

安安缠住王二婶不放，非要王二婶告诉他去白云庵的路线。

第二天，安安逃学了，他要找妈妈去。

母子相认后，抱头痛哭一场。

安安回到家里对父亲说:“爹，快把母亲接回来吧!”

姜诗听到儿子说起来妻子来，胸中涌起一阵阵酸楚。他当时一气之下把妻子逐出了门，结果不仅使母亲、儿子受了苦，他自己吃的苦头也不少。

姜诗早就后悔当初的粗暴、武断，只是不好说出来，也没有机会说出来。趁儿子提起这个话题，他就顺水推舟地说:

“那我们就一起打听打听你母亲的下落吧!”

小安安几天来就巴望着父亲的这句话。待父亲说完，他就一溜烟地连夜跑去告诉了愁肠百结的妈妈。

小安安说完，哭泣着求妈妈原谅父亲，求妈妈赶快回家。

庞三春这一回真的动了心，看在婆母日夜盼望媳妇归来的分上，她原谅了过去也曾疼爱过她的丈夫，和儿子一起回了家。

庞三春回到离别将近七年的家:

抬头一看，院落破败得不像样子，房顶上荒草萋萋，院子里杂物横七竖八地躺着，连人下脚的地方都没有。

进屋后，看到婆母明显的老了，也瘦了。眼神呆滞，脸色焦黄，丈夫的身体也大不如从前了，心中由不得一阵一阵地疼痛。

一家三代人又重新团聚了，有哭的，有笑的……

第二天，庞三春又早早地起来，拾掇好家后，照例挑着水桶，拿上渔网就要去江边。

婆母闻讯，连鞋都没有顾上穿，就出来拦阻，声音颤抖地说：

“媳妇呀！你能回到这个家来，为娘的已经是烧高香了。娘不喝那水，不吃那鱼，绝对死不了。累坏了你的身子，这个家可咋办呀！”

说着，说着，便抽抽搭搭地哭了起来。

庞三春赶紧放下肩上、手上的扁担、渔网，扶着婆母进了家，并对婆母说：

“好几年没有孝敬你老人家了，这都是为媳的罪过啊！娘不能让人家戳着儿媳妇的脊梁骨骂儿媳妇吧！”

婆母只好让步。

庞三春依然是日复一日、月复一月地挑水打鱼。

姜诗把鱼做好后，知道母亲不吃独食，就把四邻八舍的大娘、大婶们叫到家来，和母亲一同吃着味美香甜的大鲤鱼。

几位老人们一边吃着美味佳肴，一边说笑着，阵阵欢笑声飘荡在小村庄里。

有一天，当人们都已熟睡的时候，姜诗家的房舍东边忽然轰隆隆地响了起来，一家人吓得谁也不敢做声。等响声过后，姜诗壮着胆子往院子里一看，一下子惊呆了：离住房三步远的地方一股泉水正喷涌而出，水清泠泠的，泉水中还有两尾活蹦乱跳的鲤鱼。

姜诗把全家人都招呼出来看这一奇观，一家人乐得真的是合不拢嘴。

姜诗的母亲立即跪在地上，给上苍磕头作揖，并不住地说：

“感谢上苍，救苦救难，寡母孤儿，永世不忘……”

等寡母说完，姜诗赶紧把泉水中的两尾鱼捉回了家。

从此，他们每晚都来这里拎水，再也不用到远在六七里之外的江边挑水了；每晚都有两尾鲤鱼从泉水中跳跃出来，他们再也不用撒网捕鱼了。

姜诗夫妇孝感天地而致涌泉跃鲤的事不胫而走，越传越远。

# 十三、怀橘遗[1]母

## 原文

［后汉］陆绩[2]字公纪。年六岁，于九江见袁术[3]。术出橘待之，绩怀橘三枚。及归拜辞，橘堕地。术曰："陆郎作宾客而怀橘乎？"绩跪答曰："吾母性之所爱，欲归以遗母。"术大奇之。

诗曰：孝顺皆天性，人间六岁儿。

袖子怀绿橘，遗母事堪奇。

## 注释

①遗（wèi）：赠送；给予。怀橘遗母事见《三国志·吴·陆绩传》，《三国演义》第四十三回还提到此事。"陆郎橘"成为孝亲典故。

②陆绩（公元 187～公元 219 年）：字公纪，吴郡人。博学多识，通晓星历算数。曾作浑天图，著有《陆氏易解》。

③袁术（？～公元 199 年）：字公路，东汉汝阳人。灵帝时为虎贲中郎

将，董卓擅权，术奔南阳。献帝初平四年（公元193年）据寿春（今安徽寿县）称帝，后失败而死。

## 古文今译

东汉时，有一位孝子姓陆名绩，字公纪。六岁的时候，父亲带他去九江拜见袁术。袁术拿来橘子招待他。他悄悄把三个橘子揣到怀里，告别跪拜的时候，橘子掉在地上。袁术责问他为什么悄悄地揣了三个橘子。陆绩跪着说："我母亲一向很喜欢吃橘子，我想把它拿回去孝敬母亲。"陆绩年仅六岁就知道孝敬母亲，袁术大为赞美。

## 故事

东汉末年时，在镇压黄巾起义的过程中，割据一方的军阀势力不断出现，随之一批批在地方上有势力的家族也已形成，陆氏家族就是其中的一个。

陆绩的父亲陆康，当时就在庐江做官，虽然对儿子极其疼爱，但由于战乱不断，各地都不太平，出外一般都不带家眷。因此，陆绩和母亲就留在家乡吴郡（治所在今苏州市）。这样，陆绩的母亲就把抚养和教育陆绩的重担挑了起来。

吴郡一带天气特别炎热，为使儿子陆绩不受暑气的熏蒸，母亲常把儿子放在摇篮里，且一边摇，一边给儿子唱起了摇篮曲：

小宝宝，睡得好，<br>
赶快长大上学校；<br>
学虞舜，学唐尧，<br>
为国为民当英豪。<br>
小宝宝，跑得早，<br>
文韬武略样样高；

能耍枪，会使刀，

南征北战立功劳。

小宝宝，心至孝，

天天跪问父母好；

日日祈，夜夜祷，

只盼老人疾病少。

小宝宝，……

陆绩听着听着，就进入了甜美的梦乡。

光阴似箭，日月如梭。不知不觉地就到了陆绩该识字读书的年龄，母亲是大家闺秀，识文断字，女红针黹，样样皆通，且认真细心，她要把自己的儿子培养成栋梁之材。

每天五更天，母亲就把还在酣睡的儿子叫醒，教他识字，从“人”“大”“天”“夫”“夹”“丈”“尺”“寸”到“日”“月”“山”“川”“父”“母”“兄”“弟”，母亲一字一字地教，儿子一字一字地读。

一到中午，儿子按照母亲的安排，开始写字。母亲从点、横字的笔画开始教，先易后难，循序渐进。儿子听从母亲的教导，一笔一画认真地练。

到了晚上，母亲就开始给儿子讲“老莱子戏彩娱亲”“郯子取鹿乳奉亲”“子路为亲百里负米”的故事，让儿子知道孝敬父母是做人最重要的德行的道理。

陆绩从小就聪明好学，也有悟性，因此在了解了孝道之后，就在实际行动中贯穿这一精神，在家里对母亲格外孝顺。

一开始是向母亲早晚请安，后来是吃饭时总是让母亲坐在炕上，由他来端饭舀菜，母亲不吃，他也不吃。如果母亲有个头疼脑热，他就急得不得了，一会儿问哪儿不舒服，一会儿又走到母亲跟前摸一摸母亲的头，再摸一摸自己的头，通过对比来看母亲是否发烧。如果需要请医生诊治，他就急匆匆地一路小跑找医生。之后又是买药又是煎，忙得团团转。

陆绩人虽小，但观察力还挺强的。他能发现母亲什么时候不高兴了，也能知道母亲现在心里正乐着呢。而当母亲不高兴时，他想尽办法非要把母亲逗乐。

陆绩不仅孝敬在他身边的母亲，他对父亲也时常想念。过几天，就要问一问母亲：

“妈，爹什么时候才回来看咱们呢？他不是说过一二个月就来再看我们，这都三个月零八天了，他咋还不回来呢？不是哄咱们吧！”

陆绩母亲听了儿子的话，暗自发笑。心里想，这小东西还真够精的，我都不记得的事，他还放在心里。为了不让儿子有错误的想法，她在儿子说完后，就笑着说：

“是不是又想你爹了？你爹不能按照说的时间回来，肯定是有许多事情缠着他，让他脱不开身。再说现在局势动荡，老百姓生活在水深火热之中，你爹不得帮助百姓渡过难关吗？”

陆绩知道误会了父亲，也就不再吱声了。

可过不了几天，陆绩又向母亲提议：

“妈，是不是得给我爹捎去几件衣服，是不是得给我爹买上几双袜子……”

陆绩的母亲笑着点了点头，心里在说：

“这小东西已把他父亲挂在心上了。”

陆绩在母亲的精心抚育下，渐渐长大了。

陆绩在母亲的谆谆教诲下，学业长进了。

陆绩也成了远近闻名的神童。可陆绩的母亲由于日夜操劳，耗费心血，身体已不如从前了。

她经常感到口干舌燥，浑身乏力，虽然也找过医生，也吃过不少药，但效果不佳。

有一天，陆绩的母亲忽然想吃橘子（平时也爱吃橘子），据人们说，病人想要吃的东西，正是病人身体内所缺乏的，吃了没准儿就能去掉病。

陆绩听说后，就提上一个小篮子到了市场。市面上卖橘子的倒也不少，但究竟哪一个摊主的橘子新鲜、甘甜，吃起来又爽口，他是看不出来的。为了给母亲买到最好的橘子，他从东走到西，从南走到北，又给摊主说了好话千千万，才允许他在买之前先尝一尝。

陆绩先后尝过二十多个摊主卖的橘子，最后选准了一家。

他整整买了一小篮子橘子，一色的黄，个头大，滚圆滚圆的，煞是好看。

陆绩本以为母亲吃了以后一定会很满意，因此兴冲冲地跑回了家。谁知母亲吃了一口，就吐了出来，并且连声说："又酸又涩，不好吃！"

又过了一两年，他和母亲被父亲接到庐江。父亲为使陆绩增长见识，丰富阅历，经常带他到外面接触那些有识之士，有时拜访社会名流，也把陆绩带在身边。

陆绩的父亲陆康和袁术是老交情。俩人虽不在一地做官，但经常书来信往，称兄道弟，甚为亲密。

一次，陆康带着年仅六岁的儿子陆绩，到居住在九江的袁术家里做客。

袁术早已耳闻陆康的儿子有才气，就想见一见。袁术看见陆康把儿子也带来了，心里格外高兴。相互谦让一番，才分别就座。

袁术和陆康也很长时间没有见过面，自然是畅叙别情，纵论天下大事。陆绩知道大人们说话，小孩子是不能插嘴的，坐在一旁，聚精会神地听着两位大人们的谈话。

袁术不时地看一看陆绩，一见陆绩举止端肃，目不斜视，静心候教，便生了考一考陆绩的念头。

经过深思熟虑，袁术和陆康打过看一看陆绩的才气的招呼后，便正襟危坐，俨然一个主考官，头转向陆绩，开始发问。袁术一连提了五个问题，陆绩都不假思索地对答如流。

袁术连连夸赞，不住地说："奇才呀，奇才！"

不一阵儿，仆人端上一盘子橘子，招待陆康和陆绩。

陆绩在一番礼让后，才拿起橘子，慢慢剥开用心品尝起来。

这种橘子皮薄、肉多、无籽、汁甜，一入口，感觉就不一样。本来想说一句"好吃"，可怕人家笑话，只好暗自赞叹。

当他正要再拿一个吃的时候，忽然想起了母亲，他想，这种橘子母亲肯定爱吃，于是缩回手，再没有舍得吃。

陆绩在父亲和袁术亲密交谈之际，就乘机把盘子里剩下的三个橘子揣进怀中。

等到父子俩准备告辞的时候，陆绩两臂夹紧，双手抱在胸前，小心翼翼地从椅子上滑下来，随同父亲走到主人面前鞠躬施告别礼。

当陆绩双手作揖，毕恭毕敬地弯下腰躬身施礼的时候，不料两个黄灿灿的橘子突然从他的衣襟里“咚咚咚”地掉了出来，滚落在地上。

袁术见此情景，不可理解，便问：

“贤侄是名门望族出身，志向又远大。今日做客到我家，为何要怀揣三个橘子呢？”

陆绩见露馅了，慌忙跪下说：

“愚侄见伯父家的橘子好吃，家母爱吃这样的橘子。要是吃了这样的橘子，家母的病就会好了，敬请伯父体谅！”

袁术听完陆绩的解释，激动不已。心里想，六岁的小孩就能时刻惦念生母，难能可贵呀！接着竖起大拇指，夸赞道：

“贤侄不仅有才，而且有德，将来必成大器！”

说完，吩咐仆人挑了一篮子个又大味又美的橘子，送给陆绩。

陆绩的母亲吃了陆绩从袁伯父家带回来的橘子，口不干了，舌也不燥了，食欲大增。时间不长，身体就康复了。

此后，陆绩六岁怀橘遗母的感人事迹被广为传颂。

后来，陆绩在郁林（今广西境内）做了太守。在任期内，他极力提倡孝道，施行仁政，人民安居乐业，社会秩序井然，在朝野声望也很高。

# 十四、扇枕温衾

## 原文

**［后汉］黄香[①]，年九岁失母，思慕惟切[②]，乡人皆称其孝。躬执勤苦，事父尽孝。夏天暑热，扇凉其枕簟[③]；冬天寒冷，以身暖其被席。太守刘护，表而异之[④]。**

**诗曰：冬月温衾暖，炎天扇枕凉。**

**儿童知子职，千古一黄香。**

## 注释

①黄香（约公元59～约公元124年）：字文强，江夏安陆人。九岁丧母，思慕憔悴，乡人称为孝子。十二岁时，太守刘护召署门下，颇见爱敬。香专心经典，精道术，能文章，京师传曰："天下无双，江夏黄童。"初拜郎中，累官至尚书令，《后汉书》入《文苑传》。

②惟切：惟，助词，放在句中充当一个音节；切，深切。

③簟（diàn）：竹席。

④表而异之：表彰他并且特殊地对待。

## 古文今译

东汉江夏的黄香，九岁时母亲去世，终日思念感怀，极其感切，乡党们都夸他孝顺。他见父亲劳作辛苦，伺候父亲非常尽心。夏天酷热，他用扇子为父亲扇凉枕席；冬天寒冷，他用身体为父亲温暖被褥。太守刘护大为惊喜，特意表彰了他。

## 故事

东汉时期，在江夏郡（治所在今湖北云梦县东南一带）住着一户姓黄的人家。

这一户人家只有一个年龄在二十五左右的孤苦伶仃的小伙子。这小伙子家境贫寒，虽然世世代代以种地为生，但家中却连个像样的农具都没有，蓬门荜户，家徒四壁。

由于家境贫寒，这小伙子三十岁之前连个上门提亲的媒人影子都未曾见过，直到三十出头，才娶了一个媳妇，也算成家立业了。

这小伙子自从娶了媳妇，更能吃苦了。他是风里来，雨里去，一年到头没有歇息过一天。晨曦微露，他已经开始在地里干活；夜幕降临，他才从田间地头往回走。因为地少，他不得不精耕细作，人家锄两遍，他最少锄三遍，人家耙一回，他至少耙两回。

由于辛苦，茶饭不好，年纪轻轻的一个人，给人的感觉已经苍老了。脸上沟沟壑壑纵横交错，背弓起来了，两手皲裂，皮肤又粗又涩，简直就像松树皮。

妻子是个良家女子，但岁数也二十五六了。在那个时候，这个岁数嫁人的女子是少之又少，除非是瘸胳膊拐腿，斜鼻子歪嘴，也就是五官不正，肢体残缺的人。可要说妻子的相貌，在这四周围的十里八村，也敢和那些漂亮女子决一雌雄，她鹅蛋脸，柳叶眉，杏核眼，高鼻梁，一口白牙，脸色白里透红，还有一对非常明显的小酒窝，楚楚动人。妻子性情温和，热情大方，耕田种地，养蚕织布，哪一种都懂，哪一样都会。

既然这样，为何比当时女子嫁人的年龄大了将近十岁时才嫁人呢？原来他妻子家里也是穷苦人家。父亲早逝，母亲一身病，她舍不得离开母亲，怕母亲一个人孤苦伶仃，难以为生。于是拖了一年又一年，一直侍候到母亲寿终正寝，她才谈婚论嫁。

由此看来，这一对夫妻也真的算是门当户对，天造地设。两个人相互体贴，互相照顾，虽说日子艰苦，倒也和和美美。

第二年春天，妻子生了个又大又胖的小儿子，起了个名字叫黄香。这小儿子一天一个样，会笑了，能爬了，扶着人可以走路了，牙牙学语了……把无穷的欢乐带给了这个家。

夫妻俩看着儿子渐渐长大，开始琢磨如何培养儿子，让儿子将来不要像他们一样，斗大的字认不了二升，字认得他们，他们却不认得字。两个人一有空，就盘算如何多打粮，多增产，如何养牛养羊、喂猪喂鸡，好有些积蓄，供儿子读书。

小黄香也非常聪明可爱，是那种心里说话的人。甭看平时少言寡语，不多说话，他小心眼里琢磨着的事情多着呢。

平素他就注意观察，看父亲如何喂牛喂羊，看母亲如何喂猪喂鸡。等到父母亲下地干活时，家里喂牲口的事，他就悄悄地担当起来了。家里的这些牲口渐渐地和他有了感情。猪呀，鸡呀，一见到他，就跟在他屁股后面，一直不离；牛呀，羊呀，一看到他，就“哞哞”地、“咩咩”地叫个不休。

小黄香也开始用他能想得到的方式孝敬起父母来了。有点好吃的，父母都舍不得吃，专门给他留着。他拿上好吃的自己不独吃，而是想着法子让父母吃，一会儿捂住父亲的眼，让父亲把嘴张开，把好吃的东西塞到嘴里；一会儿又用小手捏住母亲的鼻子，叫母亲张开嘴，再把好吃的东西填到嘴内。

当小黄香七八岁的时候，就懂得尽自己最大的努力分担父母亲生活的重担，他能把水缸挑满，把房子打扫干净，打扫时够不着的地方就踩上小板凳。

小黄香的父母亲看见小儿子这么懂事，心里甜滋滋的。

就在一家人齐心协力地改变家境窘困的状况已经有了一线希望的时候，厄运突然降临。

黄香的母亲在地里正在锄地，忽然腹部疼痛起来。

她忍着疼痛继续锄地，可一阵疼似一阵。头上的汗珠不断沁出，脸一下子变得特别苍白。黄香的父亲见此情状，放下手里的锄头，背上妻子急急地向家里跑去。

黄香看见母亲疼痛难忍的样子，背过脸哭了起来。

黄香在家照顾母亲，父亲急忙去十里地之外的一个集镇上请医生。

等到医生来到家时，母亲疼得已昏厥了过去。

医生号脉后，面带难色地对父亲说：

“在咱们这些小地方是治不了啦，赶快准备后事吧！”

黄香的母亲连一句安顿的话都没有给父子俩留下，就撒手人寰了。

黄香扑到母亲身上，哭得死去活来，泪水湿透了母亲的衣衫。黄香的父亲死拉硬拽才把黄香拉了起来。

黄香的父亲怕小儿子伤心，只得偷偷地哭泣。

黄香自母亲走了以后，一下子变了许多。茶不思，饭不想，父亲把饭端给他，他好像都不知道，饭已经凉了，他都没有动筷子的意思。整天神不守舍的样子，人也瘦了不少。

白天，坐在院子里思念母亲，经常伤心地落泪；夜晚，觉也睡不踏实，经常在呼喊妈妈的哭叫声中惊醒。

他清楚地记得给妈妈上坟的时间，未等父亲动手，他早早地把上坟用的纸钱、香火以及供品都准备好了。每次上坟时都哭得特别伤心，哭诉着对妈妈的思念。

人们见了黄香，都说他真是个孝子。

从母亲去世后，黄香就和父亲相依为命。

黄香发现父亲白头发越来越多，几近花白了，皱纹比从前更多了，也更糙了，连性情也变了，变得孤独怪僻了。黄香看着父亲悲苦的神情，心里一阵一阵地发痛。他要加倍孝顺父亲，把思念母亲变为孝顺父亲。

自此，黄香就把家里的活几乎全包了。天一亮，黄香就起来打扫屋子，担水做饭。等父亲醒来时，他早已把饭做好。

白天，黄香跟着父亲到地里干活，重活干不了，就干些力所能及的活，在田里拔一拔草，松一松土。

晚上，黄香从来不自己一个人早早地睡觉，要是父亲缝补衣裳，他总是给父亲纫针打结。或者坐在父亲身边，听父亲讲述动人的故事。

江夏这一带，夏天特别热。尤其是盛夏时节，家里就像蒸笼一样，坐上一会儿，就浑身是汗，就连炕上、枕头、席子都像小火炉一样，挨也不敢挨，哪里还敢躺下睡觉呢！

黄香知道，父亲若是晚上休息不好，长期下去，非得累垮不可。于是他顾不得酷热难熬，拿上扇子就在父亲睡的地方扇了起来，他扇啊扇，左手累了，换到右手，右手酸了，再换到左手，一直扇得炕上凉丝丝的，枕头凉飕飕的，才让父亲上炕休息。

数九寒天，大雪纷飞。家里冷得像个冰窖，说笑话的话，恐怕连猴子都拴不住。父子俩冷得直打战，哪敢脱掉衣服钻到被窝里呢！黄香咬着牙，脱光衣服，就钻进父亲的被窝里，一直到用自己的体温把父亲的被窝暖得热烘烘的，他才叫父亲过来睡觉。

一个年仅九岁的小孩竟能如此孝敬已是鳏夫的父亲，人们自然要赞不绝口。时间不久，他的事迹就传遍了全国各地。

江夏太守刘护听到了黄香的孝行后，惊诧不已。之后，便把当时只有十二岁的黄香召在江夏郡衙内，专设“孝子”门署，又特意选派博学多识的老师重点予以培养。

黄香尊敬老师，刻苦学习，不久就学有所成，文章天成，堪称妙手。京师洛阳（今河南洛阳）就流传着这样的民谣：

天下无双，

江夏黄童。

后来，黄香位极人臣，坐上了东汉总揽朝廷一切政令的首脑——尚书令这一把交椅。

# 十五、行佣供母

## 原文

［后汉］江革，少失父，独与母居。遭乱，负母逃难。数遇贼，或欲劫将去，革辄泣告有老母在，贼不忍杀。转客下邳[1]，贫穷裸跣[2]，行佣供母；母便身之物，莫不毕给。

诗曰：负母逃危难，穷途贼犯频。

哀求俱得免，佣力以供亲。

## 注释

①客下邳（pī）：客居在下邳（今江苏宿迁市）。

②裸跣（xiǎn）：赤膊光脚。

## 古文今译

江革，东汉时齐国临淄人，少年丧父，独自与母亲住在一起（侍奉母亲极为孝顺）。不幸遭遇战乱，江革背着母亲逃难，几次遇到匪盗，贼人欲杀死他，江革哭告老母年迈（无人奉养），贼人见他孝顺，不忍杀他。后来，他辗转迁居江苏下邳，穷困得连鞋子都没有了，便做雇工供养母亲。母亲所需衣服等，没有一样缺乏的。

## 故事

江革从小失父，家里只有他和母亲。母子二人相依为命，在苦难中拼命挣扎。

当时正逢王莽新朝，政治腐败，战争频仍，天下大乱，为躲避战乱，村里的人几乎都逃难去了。

江革不能逃，母亲恰好生病，在逃难的路上若有三长两短，他对谁都怕对不住；江革也不怕盗贼，他家里穷得快连锅都揭不开了，要啥没啥，还怕盗贼抢？再说盗贼，他们是抢财主之类有钱的大户，在穷百姓这里能抢到什么呢？

江革的母亲心知肚明，儿子不走，就是因为有她拖累着。为此，母亲多次劝江革，你赶快逃吧，要不咱娘俩都会死无葬身之地。

母亲左说右劝，江革就是不走，他不能把母亲一个人扔下。

好在时间不长，江革母亲的病就有所好转了。这时，风声也越来越紧，江革就只得背着母亲逃难。

大路不敢走，江革就只得走山高坡陡的羊肠小道。一个人空身儿走就够艰难的了，背着老母走，不一会儿，就汗流浃背，近半天才走了不到十里。此时，江革已饥渴难忍，他估计母亲也又渴又饿了，就把母亲放在一个隐蔽的地方，准备到山下找点吃的和喝的。

刚走到一个小山岗子前，突然窜出来几个手持大刀的家伙，他们一个个横眉立目，个个就像凶神恶煞。江革吓得浑身打哆嗦，一步也走不动了。

这几个家伙并不管江革惊恐失色，其中一个上前就抓住江革的衣领，喝问道：

“你把金银财宝藏到哪里去了？我们早就看清楚了。从实招来，或许能留下你的小命！要不然，叫你立马见阎王！”

江革跪下，哭诉道：

“大老爷，我是背着年迈有病的母亲出来逃难的，我老母守寡三十年，含辛茹苦才把我拉扯大。我到山下给老人找点水，找点吃的。我实在没有能奉献给大老爷的。我死不足惜，可我死了以后，老母的性命也就难保了，请大老爷开恩，手下留情！”

江革的母亲听到盗贼说要儿子的命，立即从隐蔽的地方站了起来，一步一颤地走到几个盗贼前，哭着说：

“大老爷，要杀，你们就把我老太婆杀了吧！”

这几个盗贼一看他们母子穿的都是破衣烂衫，听了孤儿寡母的诉说，动了恻隐之心，眼圈都红了，他们不忍心杀了母子二人，便放过了母子俩。

以后母子二人还遇到过几次盗贼的拦劫，有一次还被劫持到盗贼的山寨里，终因江革泣不成声的哭诉和江革对母亲的一片孝心，使盗贼们无法强迫江革入伙，也不忍心让江革母亲无依无靠。

江革背着老母一路辗转，来到了下邳。

客居他乡，他们母子两人举目无亲，连个落脚的地方都没有，夜晚只能在那些无人居住的连房顶都没有的烂房子里居住，或者露宿荒郊野外。

江革必须给人做雇工，才有生路。他原来穿的鞋已经破烂不堪，可现在母亲也无法做鞋，自己又无钱买鞋，只得赤着脚到处给人家做工。

今天给人家打水劈柴，明天给人家淘米磨面，后天要给人家放牛牧羊，大后天又可能是喂猪看狗。不论什么活，他都干，不管难易事，他都做。有时这家干完又去那一家干，连轴转，尽管累得腰酸腿疼，有时还两眼直冒金花，为了年迈有病的母亲，他不叫苦不喊累，默默地低头苦干。

江革不舍得穿，不舍得吃，赤着脚给人家做工，可母亲却要吃有吃，要穿有穿，母亲所需的生活物品，应有尽有。他从不用母亲张嘴说需要什么物品，一看到不多了，他就早早地买了回来。

刘秀称帝后，国内局势稳定下来。江革又背着母亲跋山涉水，回到了故乡临淄。

当时，百姓每年必须到县衙“案比”，即每个人都要亲自到县衙与官府登录的画像对照，以核实户籍。

江革的母亲已年迈体衰，自己已不能走着去了。江革想雇个车，又怕牛车、马车颠簸，母亲受不了。于是，江革自己拉车载着母亲去县衙。一路上，他缓步行进，看到路上有石头，他捡起来扔在路旁才继续前行，遇到车辙较深的地方，必须用土填平才肯拉车走过，生怕因车子颠簸而使母亲感到不舒适。

百姓看见江革如此孝敬自己的母亲，非常敬佩，都称他为“江巨孝”。

母亲去世后，江革悲痛欲绝。他在母亲的坟地里搭了个草庐守墓。服丧期满，他仍不肯脱去孝服。

江革孝敬母亲的感人事迹在临淄很快就传了开来。

汉明帝永平初年，他被推举为“孝廉”。

江革走上仕途，既清正廉洁，又敢于弹劾权贵，虽几经波折，但忠心、孝心不改。

# 十六、闻雷泣母

## 原文

［魏］王裒[1]，事亲至孝。母存日，性怕雷。既卒，殡葬于山林。每遇风雨，闻阿香[2]响震之声，即奔至墓所，拜跪泣告曰："裒在此，母亲勿惧。"

诗曰：慈母怕闻雷，冰魂宿夜台[3]。

阿香时一震，到墓绕千回。

## 注释

①王裒（póu）：字伟元，城阳营陵（今山东临淄）人。性孝，博学多能，隐居教书。石勒攻陷洛阳，裒恋祖墓不去，被害。《晋书》有传。

②阿香：传说中雷部推车的女子。参见《幼学琼林·第一章天文》。

③夜台：坟墓的别称。

## 古文今译

三国时魏国营陵人王裒，侍奉母亲特别孝敬。他母亲在世的时候，生性胆小，惧怕雷声。母亲去世后，王裒把他埋葬在山林中寂静的地方。一到刮风下雨听到震耳的雷声，王裒就奔跑到母亲的坟墓前跪拜，并且低声哭着告诉道："儿王裒在这里陪着您，母亲不要害怕。"

## 故事

魏国政权到了曹髦即位的时候，实际上已大权旁落，曹髦已成了司马懿、司马昭父子的傀儡。曹髦对司马昭打击皇室力量，迫害忠臣，企图取而代之的狼子野心早已看出，但已无能为力，最终还是被窃国大盗所杀害。后虽立曹奂为皇帝，也只不过是掩人耳目。

这时候，王裒的父亲王仪在朝中任司马一职。他性情耿烈，为人忠厚，文武兼备，忠孝两全，并不理司马昭的茬。

一次，王仪率兵与敌军在东关（今安徽含山西南）开战，由于司马昭从中掣肘，致使战败。

司马昭借题发挥，专门召集文武大臣，要追究战败责任。

众大臣一看不妙，个个噤若寒蝉，都怕招灾惹祸。只有王仪毫不畏惧，一身浩然正气地站出来，眼睛死死地盯着司马昭说：

"依末将看来，大将军应负东关之败的主要责任。"

众大臣听后，都替王仪捏了一把冷汗。

司马昭气急败坏地大声吼道：

"大胆王仪，自己不但不请罪，反而把责任推到我的头上！来人哪，给我把王仪拉出去斩了！"

卫兵拥上来，架着面不改色、心不跳的王仪朝外走，王仪扭回头向着司马昭冷笑。

王仪的儿子叫王裒，字伟元，身高八尺四寸，雄姿英发，声音清亮，谈吐文雅，博学多才，为人厚道，待人热情而有礼貌，是当时不可多得的一个人才，父母对他寄予厚望。

自父亲因刚直惨遭杀害后，他对当朝已心灰意冷，痛恨无比。从此他再也不面向西坐，除表示永远不做司马氏的臣民外，也表示永不忘杀父之仇。

后来司马炎阴谋得逞，废魏建立了晋朝。在朝野舆论的压力之下，司马炎多次派人征召王裒，都被他回绝了。

王裒不仅是饱学之士，而且还是极其孝敬父母的孝子。

他严格遵守孝制，并在父亲的坟墓地搭了一间草屋，长年在这里守墓。

他每天都要到父亲的墓前痛哭流涕，诉说父亲的忠诚、冤枉，怒斥司马昭的滔天罪行，哭说自己一定要为父报仇雪耻。

他从春哭到夏，又从秋哭到冬，一年四季抱着一棵树在痛哭流涕，泪水流到了柏树根，树叶落了，树枝枯了，人们就把这棵树叫做“孝子树”。

王裒哭得眼泪干了，身子瘦了。直哭得江河同他一起呜咽，直哭得天地同他一起流泪。

王裒为父守墓整整一年。

依照他的想法，还要继续守下去，至少也要守上三年。

可白发苍苍的母亲担心这样下去会使儿子的身体受到伤害，因此一步一颤地拄着拐杖来到了墓地。

母亲对泪迹未干的儿子深情地说：

“裒儿，你父亲假若地下有知，他一定感到莫大的欣慰。儿啊，快跟娘回家吧！”

王裒这才想到年迈的老母还需要自己来赡养，光守墓而不侍奉老母还不是不孝吗？因此在坟地叩拜后，就搀扶着腿脚已不灵便的母亲回家了。

随着父亲的惨死，家道中落，等到王裒从墓地守墓回来时，家中已是既无余粮，也无分文。

王裒面对家中窘迫，既未唉声，也未叹气，除了激起他对司马氏的仇恨外，也激发了他重振家业的雄心壮志。

王裒弯下腰开始耕种田地。他把斗笠戴在头上，把草绳缠在身上，脱掉鞋袜跣足走在田间地头。有时扛着锄头，有时拿着镰刀，到什么节令干什么活，从来不误农时。

他白天在田地里干活，肯出力气，和老天爷比试高低，根据天象预测天气的变化，在天灾来临前作好防范，并告知百姓，使肆虐的狂风暴雨无法发威，夜晚回到家里尽力服侍老母，嘘寒问暖，洗脚捶背，即使夜半时分，母亲一呻吟，他准能听得到，赶紧跑来问讯，要不就去请来医生。

王裒除了耕田种地，还要把自己学到的知识传授给求知若渴的农家子弟。他不论贫富，一律不收学子们的学费，而且农忙时学子们还可以帮助家里耕地锄草。

王裒只种够母子二人口粮的地，只养够母子二人穿衣的桑蚕，其余的地全部让给地少的人去种，从来也不积蓄。

王裒从来不允许别人替他在地里干活。有的乡亲和学生看到他又要耕田又要教授十分辛苦，都想帮他一点忙，结果都被他婉言谢绝。

学子们在夜阑人静时，把自家的庄稼运到老师的麦场。王裒一看粮食比先前多了，就把余出来的那一部分放置在另一边。一位旧友托人给他送来钱物，他分文不取，一件不要，通通原封不动地让来人带了回去，并让来人带去一封长达十几页的信，除表示感激外，还表明了自己对此的看法和一贯主张。

一到农闲时节，王裒就给学子们教知识、讲授多种道理。当他讲授《诗经》中的“哀哀父母，生我劬劳”时，总是悲痛难忍，哽噎得说不出话来。从此之后，学子们再也没有在王裒面前读过《诗经》中的“哀哀父母，生我劬劳”这一句，干脆连《蓼莪》也不读了，生怕老师伤心过度。

他的一个弟子被县衙抓去服劳役，请求王裒给县令写封信说说情。王裒对自己的弟子开诚布公地说：“你的学问不足以保护自我，我的德行也很浅薄不足以庇荫你，写了也没有什么意义，况且我已经四十年不执笔了。”说完，王裒徒步挑着干粮，让他儿子背着盐、豉和草鞋，送这位服劳役的学子到县衙，随同着王裒来的学子有千余人。安丘县县令以为王裒带着弟子们来拜访自己了，于是穿好官服出来迎接。王裒却走到衙门口，弯腰而后站直，说：

“我的弟子来县里服役，所以来送别。”然后拉着这个弟子的手挥泪而别。县令立马决定放了这位弟子，此事传开后全县的人都把这件服役的事当作耻辱。

王裒在耕种、教授之余，更加孝顺日渐衰老的母亲，生怕没有机会侍奉老母。

王裒的母亲在他精心而周到的服侍下，心情愉悦地走完了人生最后的一段历程，母殁后，王裒把老母葬于山林，将父母合葬在一起。

王裒的母亲一直就胆小，对雷声更是恐惧得不得了。一见电闪雷鸣，就吓得缩作一团，脸色苍白。

母亲生前，一有电闪，还不等雷声响起的时候，王裒就急急忙忙地跑到母亲的身边，用身体遮挡住母亲的视线，用手捂住母亲的耳朵，不让母亲受到惊吓。

母亲撒手人寰后，只要看见天上乌云翻滚，特别是电闪雷鸣时，他就立马放下手中正在做的事情箭一般地飞奔到母亲的坟茔地，用身体护住坟墓，求告母亲不要惧怕，跪请老天爷不要打闪响雷，吓唬母亲。

有一天，乌云布满了天空，王裒就急忙向墓地跑去。

轰隆隆一声雷响，仿佛地动山摇，爬在母亲坟地上的王裒的耳朵都被震得嗡嗡直响。王裒不顾一切地冲上坟墓，用身体尽力遮挡，并哭喊着说：

“儿子王裒在此，母亲千万不要惧怕！”

王裒的哭喊声在这寂静的山林里传得很远，很远……

# 十七、哭竹生笋

## 原文

［吴］孟宗①，少丧父。母老病笃②，冬日思笋煮羹食。宗无计可得，乃往竹林中，抱竹而泣。孝感天地，须臾③地裂，出笋数茎。持归作羹奉母。食毕，病愈。

诗曰：泪滴朔风寒，萧萧竹数竿。

须臾冬笋出，天意报平安。

## 注释

①孟宗：字恭武，江夏（今武昌）人。以孝著称。为吴令时，母丧，弃官回家。后累官至司空。哭竹生笋事在《三国志·吴·孙皓传》的注中已出现。

②笃：（病势）沉重。

③须臾（yú）：片刻，极短的时间。

## 古文今译

晋代江夏人孟宗，少年时父亡。母亲年老病重，冬天里想喝鲜竹笋汤。孟宗找不到笋，无计可施，就跑到竹林里，抱住竹子大哭。他的孝心感动了上苍，不一会儿，忽然地裂开了，只见地上长出几根嫩笋。孟宗赶紧采回去做汤给母亲喝。母亲喝完后，病居然痊愈了。

## 故事

三国时江夏有一个姓孟的大户人家，家道也曾殷实，祖祖辈辈读书识字的人也不少，只因豺狼当道，恶霸横行，都不愿居官为宦，助纣为虐。

这家主人是个饱学之士，满腹经纶，上至远古，下至近代，几乎无所不晓，说起治国之道，口若悬河，谈及政坛之弊，鞭辟入里。只是不愿入世，痛恨当朝奸佞专权，因此一直闲居。妻子出身名门望族，仪容俊秀，举止端庄，且又知书达理。

主人虽因忧国忧民而整日闷闷不乐，但妻子通情达理，不因丈夫闲居，生活日渐困顿而抱天怨地，火上浇油，而是多方开导，更加体贴。因此，俩人还能同舟共济，患难与共。

可愁绪萦怀终究要伤身损体的。日子一久，主人终于积郁成疾，缠绵病榻。

他在安顿完妻子和儿子孟宗之后就溘然长逝了。

孟宗才三岁，身体又单薄，这让母亲愁上加愁。丈夫说走就走了，撇下这孤儿寡母该怎么办呢？

丈夫临终前说的“一定要把宗儿带大，教他好好做人，教他读书识字”这些话至今仍萦绕在耳边。她知道靠自己也无力重振家声，只有把儿子培养成人，使他成为丈夫所希望的栋梁之材，才能挽回颓势，才有希望重新过上幸福的生活。

日子过得十分艰难，孟宗的母亲在思念丈夫和为生活发愁之中，免不了经常以泪洗面。

为生活找出路，她放下架子，扑下身子，白天，经常出外给人家干点零活，贴补家用，夜晚，在昏暗的灯光下，给人家缝衣补裤、纳鞋底子，以买杂品。

日子有了一点转机，孟宗的母亲就腾出手来琢磨教育儿子的大事。

她把深闺中学过的知识重新梳理了一番，谋划教育儿子。

她从孝道入手，一边让儿子读书识字，一边灌输尊老爱幼、孝敬父母的道理，注重由浅入深，循序渐进。

孟宗的母亲满脑子是历朝历代流传下来的孝子贤孙的故事，她几乎天天在茶余饭后给儿子讲一两个故事，在欢乐的笑声中一点一滴地滋润着儿子的心田。

孟宗读书也很用功，爱动脑筋，总要打破砂锅问到底，有时还能当场把自作先生的母亲问得答不上来。虽然一时使母亲陷入尴尬境地，但孟宗母亲的心里还是乐开了花。

尽管母亲在不遗余力地教诲儿子，但面对儿子强烈的求知欲望，以及知识面的不断扩大，她已经感到力不从心了，无法满足儿子对知识愈来愈高的要求，她要把儿子送入学堂。

在学堂里，孟宗更加刻苦地学习，又能不耻下问，学习长进很快，入学不久就博得老师的喜爱。教孟宗的先生是李肃，李肃才高八斗，学富五车，威望高，声誉好，对孟宗的吸引力更强。因此，孟宗在羡慕先生李肃的博闻强记之余，就是加倍努力，晚上要常常学到午夜才去就寝。

在母亲的培养下，在先生的教导下，孟宗不仅学业有了很大的长进，而且对孝道有了更为深刻的认识，并开始付诸行动。

他知道心疼母亲，给母亲端水端饭，送茶递水，还帮母亲打水扫院，洗锅刷碗。母亲稍有一点不舒服，他就急得如同热锅上的蚂蚁，坐卧不安，一旦有了病，他更是着急，求医买药，煎药汤，忙得不亦乐乎。

他还知道尊敬师长，逢年过节，他总要让母亲做点好吃的饭菜，不怕山高水长，路途遥远，连蹦带跳地给恩师送去。

皇天不负苦心人，母亲和老师教育儿子的辛苦没有白费，儿子成了当地小有名气的“才子”，也成了一个“小孝子”。

孟宗的先生李肃在教学过程中，发现孟宗是个人才，就极力推荐他。

孟宗后来虽被推荐为贤良方正，可以参加京师的考试。但孟宗却坚守“父母在，不远游”的信念，坚决不去。

地方官为此犯愁，也为之惋惜。

母亲的一番话，才使孟宗改变主意。孟宗的母亲对儿子深情地说：

“儿啊，忠孝自古不能两全，时值国家急需栋梁之材，学以致用报效国家方是正道，不能只顾小家忘了大家!”

孟宗知道，违背母亲的意旨，就是“大逆不道”。因此，只好挥泪告别母亲到京师。

母亲和恩师的心血、汗水化成了孟宗走向政坛的层层阶梯。

孟宗当了县令，他极力提倡孝道，自己又能廉洁从政、恪守其职，对贪官污吏严惩不贷。时间不长，就有了很高的声望。

过了一段时间，孟宗被擢升为监盐池司马，全国盐业的生产、销售等全部由他负责。

从当时来说，盐是国家的重要财政来源之一。因此，监盐池司马这一官职被当时的官宦们认为是肥缺，企图捞取这一职位的人如过江之鲫。同时，责任也十分重大。孟宗走马上任以后，采取了一系列整顿措施，杜绝多种漏洞，消除了大商人、大官僚、大地主相互勾结、牟取暴利，从而影响国家财政收入的弊端，使国家财政收入得以增加。他个人生活节俭，不贪不占，铁面无私，奉公守法，对下属要求严格，若有敢徇私舞弊或克扣食盐者，一律严惩不贷，撤他们的职，罢他们的官。

孟宗光明磊落，也从不惧怕挟嫌报复。一次，孟宗托人买了几斤鲤鱼给母亲带去，有人向朝廷写了奏折，奏孟宗接受贿赂。孟宗坐得端，走得正，心里没有鬼，不怕半夜鬼敲门。他不惊不惧、坦然面对朝廷对此事的查处。经调查，纯属诬告。朝廷为孟宗洗刷了罪名，并惩处了那一帮诬告的人。

孟宗为官很多年，从来都是奉公守法的。一旦知道自己违了法，犯了罪，就立即去投案自首。嘉禾六年，孙权禁官奔丧（特殊时期的诰命），孟宗得知母亲去世，悲痛欲绝、立即奔丧。待安葬老母后，他才想起禁令一事来，便自拘于武昌听候发落。陆逊向孙权陈言孟宗一向的品行，为他请求开恩，才减罪一等。

其实，孟宗的母亲对他的奉公守法也起过很大的作用，促其严格守法，精忠报国。就在孟宗托人带回几斤鲤鱼后，孟宗母亲就担心来路不正而拒收，不仅退了回去，而且附了一封信，信中写道：

宗儿：

托人所带的鲤鱼已看到，但未收。理由有三：一是所带的鱼是不是别人送给的，有受贿之嫌；二是你实权在握，是不是低价购买的，有权钱交易之嫌；三是不知是不是上贡朝廷的鱼，你从中拿了几条，有假公济私之嫌。如果是这样，你再别回来见我。

你要精忠报国，不做半点贪赃枉法的事！

切切

母不具名

接到母亲的信后，他认真反省了半天。之后，他工作更负责了，对自己的要求更加严格了。他决心不辜负母亲对他的期望。

孟宗就职期间，白天一心扑在处理公务上，忙得有时忘记了吃饭。可等到处理完公务后，由不得自己就想起了远在故乡的母亲。虽说有儿媳妇的侍奉，但年岁大了，谁能保准不生病呢？

这样的煎熬，孟宗实在受不了啦。于是就告假省亲，待批准后，他就马不停蹄、昼夜兼程地往家赶。

回到家后，他想把没有在家侍候母亲所欠缺下的“功课”全部补上。因此，日夜伺候老母，连外面必要的应酬都一概婉言谢绝。

一天，母亲突然病了，并且说想吃新鲜竹笋。找医生看过后，医生说也只有鲜竹笋才能治好母亲的病。

孟宗安慰了母亲一番后，就心急火燎地往市场上奔去。他走了一天连个鲜笋影子也没有看到。

他仍然不死心，就恭恭敬敬地向一个摊贩打问。这个摊贩把情况向他一说，他才恍然大悟。是啊，寒冬腊月，哪儿有卖鲜笋的呢？

回到家向母亲简单地说了一下市场上的情景，就再也不作声了。母亲仍在炕上呻吟，他急得抓耳挠腮，但仍无良策。

第二天天刚亮，他就去了竹林。他要看一看竹林里有没有新鲜竹笋。他仔细地找啊，看啊，从竹林的东头走到西头，又从北头走到南头，每一根竹竿他都找了，也看了，就是连竹笋的影子都没有找到。落日西下，周围已模糊不清，他才拖着疲惫不堪的身子往家走去。

空手而归的他进家一看，母亲的病情似乎比昨日又严重了。

他二话没说，掉头走出了家门，他要到竹林里采鲜竹笋。已是二更天了，外面黑黢黢的，他打着灯笼到了竹林。

在竹林里，他也记不清找了多少遍了，反正是脚上已大泡连着小泡，衣服也撕得一条条、一缕缕的，身上刺了无数个口子，依然没有找到新鲜竹笋。

孟宗已无计可施了，最后只好向天地祈祷了。他双腿跪下，祷求神佑，并说道：

“天神爷，地神爷，可怜可怜我那老母吧！她不舍得吃，也不舍得穿，为我吃了那么多的苦！如今她有病了，就得吃上鲜笋才有望痊愈，求你们赏给一点吧！……”

未等祷告完毕，孟宗的眼泪已簌簌地落了下来，滴在了竹子的根蒂上，渐渐地，竹子附近的冰雪融化了，泥土开始松软了，土地裂开了细小的口子，不一会儿，竹子下边竟长出了数茎鲜笋。

孟宗急忙采收下来，飞奔回家。

孟宗的老母自打吃了用鲜竹笋煮成油食粥，病真的好了起来。

孟宗哭竹生笋救母的事迹传遍了天下，朝廷上下惊叹不已。

不久，孟宗就因此接连升迁。永安五年冬，迁右御史大夫，宝鼎三年，任司空。

# 十八、卧冰求鲤

## 原文

［晋］王祥[①]，字休征。早丧母，继母朱氏不慈，于父前数谮[②]之，由是失爱于父。母欲食生鱼，时天寒地冻，祥解衣卧冰求之。冰忽自解，双鲤跃出。持归奉母。

诗曰：继母人间有，王祥天下无。

至今河水上，一片卧冰模。

## 注释

①王祥（公元185~公元269年）：字休征，瑯玡临沂（今属山东）人。避世乱，长期隐居。后为别驾、温令；高贵乡公即位，封万岁亭候，迁太尉。入晋，拜太保，进爵为公。《晋书·王祥传》记载："母常欲食生鱼，时天寒水冻，祥解衣将剖冰求之。"后来传说，"剖冰"讹为"卧冰"。

②谮（zèn）：诬陷；中伤。

## 古文今译

晋代琅琊人王祥，字休征。生母早丧，继母朱氏对他不慈爱，多次在父亲面前说坏话污蔑他，因此使他也失去了父爱。继母有次想吃新鲜活鲤鱼，当时适值天寒地冻，冰封河面。王祥却解开衣服趴在冰上寻找鲤鱼。冰面忽然自行融化了，两条鲤鱼跳了出来，王祥就逮了鱼回家供奉继母。

## 故事

王祥一出生，父母就把希望寄托在他的身上，因而十分疼爱他。特别是母亲，只要小王祥一哭一闹，立即就把他抱在怀里，不是抖，就是颠，再不就是挠他的痒痒，几乎不让他哭一声。

小王祥也特重感情，别看他还不会说话，他能知道谁更亲他，因此他总让母亲抱，很少让父亲抱。不过对父亲虽然不像依偎着母亲那样的亲昵，也时不时用柔嫩的小手抚摸着父亲的脸庞或抓他的胡子。夫妻俩逗弄着小儿子，日子过得也挺快。

谁能料到，小王祥三岁那一年，他的母亲暴病身亡，撇下了王祥和他父亲。

父亲把对母亲的思念变成了更多关心小王祥的实际行动，生怕孩子受苦、受罪，出外背着，回家抱着，想吃什么就赶紧给小王祥做什么。

小王祥这样快乐的日子没过上半年，苦难就降临到了他的头上。

王祥的父亲经不住亲戚朋友的劝说，给王祥娶回了一个继母。

这个继母姓朱，是个笑里藏刀、阴险毒辣的女人。当着王祥父亲的面对王祥关心备至，可一等到王祥的父亲出门不在时，就开始下毒手，不仅要骂，还要毒打，有时故意找茬，然后罚王祥头上顶着土坯下跪。

一年以后王祥的继母生下了一个儿子，起名叫王览。

从王览生下那天起，王祥的苦难就更深重了。继母把她亲生的儿子当成宝贝，整天亲个没完没了，而把王祥恨得咬牙切齿，恨不得一口把小王祥吃掉。她让才四五岁的小王祥整天干活，不是喊扫地，就是吼着让烧火，动辄一顿毒打，旧伤未好，又添新伤。

继母三天两头在王祥父亲面前说小王祥的坏话，今天说打小弟弟啦，明天说顶撞了她啦，后天又说骂了父亲啦。时间长了，父亲竟然相信了。从此不再疼爱王祥了。

王祥的继母如此虐待小王祥，又编造谎言，恶语中伤，离间父子关系，但王祥对后娘依然非常孝顺，逆来顺受，一点怨言都没有。

小王祥很体贴父亲，不想让父亲为难。因此，从来不向父亲诉说后娘虐待自己的事。

在王祥十岁的时候，父亲忽然得了一场重病。虽然请来不少有点名气的医生诊治，但一点效果都没有见到。

王祥在床前日夜侍候，夜间一直连衣服都不脱，闭目假寐，没睡过一个囫囵觉。买回药来都是他亲自动手煎的，尝了药汤的温度觉得合适时，他才喂父亲。

尽管这样精心周到的侍候，父亲的病情依然不见好转，而是愈来愈严重。

眼见得一天不如一天，父亲也知道来日不多了，就把小王祥的后娘唤到面前，泪流满面地说：

“王祥是个苦命的孩子，我是照顾不了他啦，全托给你了！你就替我把他照顾好，我在九泉之下也会感激你的！”

王祥的后娘拼命挤出两点眼泪，假惺惺地对丈夫说：

“夫君，你的儿子就是我的儿子，我一定待他比对王览还要好，若有半点儿不好，天打五雷轰！”

父亲又把王祥和王览也叫了过来，说了一些诸如孝敬父母，兄弟两个相互关照之类的话后，就一命归天了。

小王祥的父亲在世时，他的继母还多少有点顾忌。等到父亲去世后，小王祥的继母便不顾一切地甚至可以说是疯狂地虐待起小王祥来。

家里的一切杂活全都由王祥来做，像打扫庭院，舂米磨面，打柴烧火，挑水担土之类的不用说也是小王祥的，就连喂养牲口，清扫马厩牛棚，甚至连大人都憷头的垫土起圈这类活计也全部由王祥承担。吃的量少质次，比猪狗食也强不了多少，穿的破衣烂衫，三九天还穿着单衣薄裤。

就是如此无情地折磨仍然解不了小王祥继母的心头之恨。

小王祥是十里八村的人们公认的孝子，在当地渐渐地有了一定的名声。小王祥继母非常嫉妒，就想暗地里用毒酒害死小王祥。这事被小王祥的弟弟王览发现了，便去直接取出毒酒，就要自己喝下去。王祥怀疑其中有毒，便去抢夺，不让弟弟喝。王祥继母知道阴谋败露，急忙夺过来。这才使阴谋破产。

自此之后，王览就处处护着哥哥，凡是母亲单独送给哥哥王祥的饭菜，他一定要先尝一下。

继母害怕自己的儿子死掉，才打消了毒死王祥的恶念。

王祥并没有因为继母对他如此无情而有一丝一毫怨恨，反而更加勤谨，什么活都抢着干，从不推却，不想让继母生气。

弟弟王览对母亲有点看不惯，背着母亲向哥哥王祥宣泄对母亲的不满。王祥听后，正言厉色地对弟弟说：

“小弟，千万不能这样对待母亲。母亲是我们的恩人，她要不管我们，我们能长大成人吗？即使打骂我们，也是希望我们更有出息。我们要遵照父亲的教诲，天天孝敬母亲，长大精忠报国，这才是我们应该努力去做的！”

从此，弟兄俩既一心一意地孝敬母亲，又无微不至地相互关怀。

王祥的继母不知是从养生的角度考虑，还是天性如此，一直喜好吃新鲜的鱼，最好是刚从江河里打捞上来的鱼。

王祥也经常到市场上给继母买鱼，回来给鱼剖肚掏肠，收拾得干干净净，小心翼翼地给母亲放到指定的地方。

继母的身体毕竟不如从前了。尽管王祥和弟弟王览几乎天天在身边服侍，仍然还经常说腿疼啦、腰酸啦，有时还呻吟不休。

一天，继母突然有了病，躺在炕上直喊叫，并嚷嚷着要吃新鲜鲤鱼。

王祥急忙放下手中的活，一口气跑到了市场。到那里一看，他傻眼了，偌大的一个市场上竟然连一个卖鱼的人也没有，更不用说新鲜的鱼了。

他怏怏不乐地在街市上走着，忽然想起向这里的商贾打听一下，看什么地方能买到新鲜鲤鱼。假如有，即使远在天边，他也要给病中想吃新鲜鲤鱼的母亲买回来。

他很有礼貌地向商贾打听，走了十几个摊点，都摇头说不知道。好不容易找到一个胡须花白的老商贾，一打听，这位老者哈哈大笑了起来，笑得王祥不知所措。老者笑完后慢言慢语地对王祥说：

“这个时节别说平民百姓买不到、吃不上新鲜鲤鱼，就连皇帝老儿也买不到，吃不上！要想吃，除非到水晶宫去找龙王爷！”

听了老商贾一番话后，王祥才如梦方醒。说话者无意，可对听话的人来说，有时倒是等于给一时犯糊涂的人指出了方向。

王祥想：看来只有去冰雪覆盖的江河上乞求龙王爷了。

到了河边，河上白茫茫一片，单是雪就有一尺多厚。他用冻得已红肿的手拼命地把河面上的雪拨开，腾出了一小块地方，虔诚地下跪乞求龙王爷。他边哭边说：

“龙王爷，可怜可怜我那病中的母亲吧！她想吃新鲜鲤鱼，他的儿子无法得到，只能乞求您赏赐了！”

北风呼啸，寒气逼人。王祥穿着单衣薄裤，浑身直打哆嗦，连嘴唇都变成紫的了。

过了一会儿，他想要是能够从这里打开个冰窟窿，钻到水里去，说不定就能捉住几尾鲤鱼，可手头没有破冰的工具。王祥想来想去觉得只有躺在冰冷的冰面上，用自己的身体把冰融化。于是王祥不顾一切地把衣服脱掉，躺在了河面上。

北风依旧怒吼着，它卷起厚厚的积雪，重重地击打着王祥赤裸的快要冻僵了的身体。王祥已经有点迷迷糊糊了，忽然觉得脊背处有一股暖流涌出，掉过身来一看，冰面上真的有一个比桶还粗的冰窟窿。

江水缓慢地在下面流淌着，王祥眼睛一眨不眨地盯着流动的江水，忽然眼前一亮，两尾鲤鱼结伴游到冰窟窿前，腾跃到了江面上。

王祥上前赶快捉住，拎着两尾鲤鱼浑身打战地回到了家。

继母自从吃了鲤鱼后，病情渐渐地好转了起来。

又有一天，王祥正在外面干活，弟弟王览突然跑来对哥哥王祥说：

“哥，娘让你去给她捉黄雀，她想吃烤熟的黄雀。”

王祥放下手中的活计，急忙和弟弟一同回到了家。

王祥问明母亲后，回到自己住处的房子找捕黄雀的网。他一边找一边嘴里在乞求：

“上天保佑，我娘要吃黄雀肉，求您让我能逮上几只吧！”

话音刚落，几只黄雀就从窗外飞了进来，落在王祥的肩头上。王祥逮住，急忙放到炉子里烤，然后把烤得香喷喷的黄雀肉双手端给了继母。

即使是违背自然规律的事情，继母让王祥做，王祥也是毫无怨言地去做。

王祥家门前有一棵苹果树，在果实成熟时，王祥母亲下令王祥守着这棵树，不能让一个苹果落在地上。于是，王祥就日夜守在树旁，观察已成熟了的，他就爬上树，把苹果摘了下来。遇到刮风下雨，他就抱着树哭泣乞求，求风神不要刮风，雨神不要下雨，以便使苹果不受风雨的摧残而落在地上。在王祥的一再乞求下，果然一个苹果也没有掉在地上。

王祥的孝心感动天地的事，在十里八村传开了，人们都说他是人世间少有的大孝子。

王祥的孝心也使继母深受感动，她在王祥面前一边哭、一边承认了自己的错误，态度大有转变。从此，他们过上了老爱小、小孝老的和和美美的日子。

后来王祥和王览都成了父亲所希望的栋梁之材，王祥位居三公，兄弟二人在朝中都享有很高的威望。

# 十九、扼虎救父

## 原文

［晋］杨香，年十四岁，随父丰往田获粟。父为虎曳[1]去。时香手无寸铁，惟知有父而不知有身[2]，踊跃向前，扼持虎颈。虎亦靡然而逝，父因得免于害。

诗曰：深山逢白虎，努力搏腥风。

父子俱无恙，脱离馋口中。

## 注释

①曳（yè）：拖；拉。

②身：自己；自身。

一年又一年地熬了过来。女儿慢慢地长大了，她非常聪明伶俐，嘴也甜，成天“爹，爹”地不离口，一会儿问你一个小问题，一会儿又让父亲给他讲故事。杨丰即使遇上不顺心的事，让小女儿这么一“闹腾”，也早就忘得干干净净的了。

杨香在和父亲的朝夕相处中，早就知道父亲的辛苦。太小的时候，她是无能为力，即便是心里想着为父亲担当点什么，她也做不了。稍大一点儿，就开始为父亲分担一些了。家里的活像烧个火呀，抱个柴呀，喂个鸡呀之类的，只要她能想到的又能做了的事情，几乎不用父亲说，就自觉主动地干了。再大一点的时候，她便给父亲做饭、送水，家里的活像洗洗涮涮一类的，就不要父亲动手，也不用再操心了。

人们都夸杨香，孝女的名声也在外了。

杨香到十岁的时候，个头已经不小了，比将近七尺（当时的尺比现在的尺长度要小）的父亲矮一头，但由于家庭生活一直较差，光长个子不长肉，身体还很瘦弱，体态不如同年的女孩子那样丰满。但杨香并不因自己身体瘦弱而拈轻怕重，相反，抢着干重活、苦活、脏活、累活。她并不懂得什么通过劳动磨炼意志、强身健体，只知道尽量减轻父亲的负担、增加家里的收入，因为她心里始终惦记着父亲，她觉得父亲太辛苦了，为自己付出得太多，而自己给父亲的回报却很少。从今往后，她要好好地孝敬可怜的父亲。

每天，她比父亲起得早，睡得晚，把家里的各种活干完以后，就和父亲一道下田耕种。

别看她才十来岁，心特别地细，她怕汗水流到父亲的眼里，模糊了视线，就给父亲身上装了一块干净的白布；她怕父亲手上磨起血泡，专门为父亲缝了一副并不怎么好看的手套……

杨香和父亲一样一年四季地在地里忙乎着。在似火的骄阳下，脸晒黑了；在凛冽的寒风中，手脚皲裂了；在飞扬的尘土中，弄得灰头土脸；在瓢泼的大雨中，就像个落汤鸡。

尽管吃了很多苦，但杨香觉得只要能为父亲分忧解愁，就是最幸福的。

她辛勤地劳作着，她因能为父亲分担一点苦难而快乐地生活着。

杨香确实是长大了，不仅懂得让父亲尽量少受苦，少受罪，而且还知道要想方设法让父亲生活得幸福一些，千方百计地给父亲带去欢乐。

在田间地头，杨香割来一些竹条，给父亲编织成凉帽，使他免受暴晒。

回到家里，杨香烧好洗脚水，让父亲烫一烫脚，消除疲乏。

春天，杨香煮茶给父亲喝；夏天，点燃艾蒿，熏走蚊子，使父亲免受蚊子叮咬之苦，并用扇子给父亲扇来凉风；秋天，她到山上采来药材，给父亲做药膳，用以滋补身体；冬天，她不到天黑就给父亲烧炕，让父亲在暖烘烘的炕上休息。

就在杨香十四岁那年秋天的一个下午，杨香在地里跟父亲割谷子。

太阳悬在西边的天空上，万里无云，天空晴朗，一丝风都没有。父女俩个个汗水淋漓，忙着割谷子。忽然，一声虎啸，从东边树林里，窜出一只凶猛的老虎，它张着血盆大口，怒吼着向杨丰父女俩扑了过来。

杨丰虽然在冬季里踏着厚厚的积雪，在森林里也打过猎，也曾听到过虎啸，但从未在近距离碰到过猛虎，他惊愕不已。杨香因年龄小，又是女流之辈，因此父亲也未曾带她打过猎，对猛虎连一点印象都没有。今天突然看到如此凶猛的老虎，更是惊惧万分。

这只老虎个子大，从外表上看也很雄壮，只是肚子瘪瘪的，看样子已经多日未进食了，但那凶相还是很吓人的。只见它纵身一跃，就已经到了父女俩面前。

老虎爪子落地时，一股强劲的风随之而来，爪子陷进地里足有两寸，尘土旋即卷起。之后，那又粗又大的尾巴猛烈地击打着地面，像是巨大的木棍敲打铁器，发出“嗵嗵”的声音，闻者无不惊骇。接着树叶簌簌落地，树梢也摇晃不止。这种情况下，即使是吃了熊心豹子胆的人，恐怕也要浑身颤抖的。

杨丰和女儿哪里见过这阵势，被吓得魂不守舍，险些瘫在谷地里。

这只饿虎早已垂涎三尺，舌头在其嘴里不停地打转，它真的是迫不及待了。这时它用肥大的前爪把杨丰扑倒在地，如同老鹰抓小鸡一般，整个身子已压在了杨丰的身上，便张开血盆大口，咬住了杨丰的胳膊。

杨丰的胳膊被老虎尖利的牙齿咬出了几个深深的洞，血流如注，他疼得立刻叫了起来。

杨香猛然间听到父亲的尖叫声，才从惊恐中摆脱出来。她一看父亲已被这只可恶的饿虎咬住，马上意识到父亲的性命已处于危急状态，不采取行动，后果将不堪设想。

正当老虎叼起父亲要离开的时候，杨香一个箭步冲了过去，一抬腿乘势骑在老虎的背上。老虎叼着杨丰纵身又跃了几次，企图把杨香甩下身来。杨香两手紧紧抓住虎毛，两腿如同钳子一般死死地夹住老虎的肚皮，任它怎么跳跃，杨香岿然不动地骑在老虎的背上。

老虎已气喘吁吁，杨香乘机用胳膊把老虎脖子夹住，两手虎口对虎口，紧紧一握，老虎的脖颈就完全在杨香两手围成的圈子里。这时，杨香心里只有父亲，从心中涌动出一股超乎平常的力量，灌注到两个胳膊上、手上，她牙一咬，用力一挤。此时连杨香自己也奇怪，手上的力气不知比平时增加了多少倍，竟一下子就把老虎卡得快要出不上气来，它急忙张开嘴，父亲已跌落在地上。

杨香用一只手扼住老虎的脖颈，腾出另一只手赶紧从地上抓起一把沙土来，往老虎的两只眼睛上一撒，便借机从老虎背上跳了下来。

老虎两眼被沙土一下子蒙住了，它像一头疯了的牛一样狂奔而去。

杨香等到老虎逃走后，她赶紧跑到父亲的身边，看父亲的伤势如何。

父亲好像从噩梦中惊醒，知道自己还活在人世上，便问女儿为什么一只饿急了的老虎没有把他吃掉。

女儿杨香一五一十地给父亲说明了事情的过程和结果。

几天后，父亲伤口愈合了。

十四岁的杨香赤手空拳从虎口中救出父亲的故事，不久就在各地传开了。

# 二十、恣[1]蚊饱血

## 原文

［晋］吴猛[2]，年八岁，事亲至孝。家贫，榻无帷帐。每夏夜，蚊多攒[3]肤，恣渠[4]膏血之饱。虽多，不驱之，恐去己而噬其亲也。

诗曰：夏夜无帷帐，蚊多不敢挥。

恣渠膏血饱，免使入亲闱[5]。

## 注释

①恣（zì）：放纵，尽情。

②吴猛：豫章（郡名，治所在今南昌）人。《晋书》有传。

③攒（zǎn）：聚拢。

④渠：第三人称代词，这里指蚊子。

⑤亲闱（wéi）：父母居室。

## 古文今译

吴猛是晋朝濮阳人，八岁时事亲至孝。因为家贫没有蚊帐，蚊子叮咬父亲使父亲不能安睡。每到夏天夜里，吴猛就赤身坐在父亲床前，任凭蚊子叮咬，蚊子再多也不驱赶，唯恐蚊子被赶走后去咬父亲。

## 故事

晋代濮阳（今河南）吴家村，是一个有上千人居住在这里的，人口比较集中的村庄，村子最东头住着一户非常贫穷的人家，房子低矮且破败不堪，连房顶上的烟囱都七倒八塌。主人姓吴，名叫吴强。人如其名，彪形大汉，体魄强壮，膂力过人，论力气，全村人能与之比肩的为数不多。可在那个世道，吴强空有这身力气，依然过着十分艰难的日子。

那个时候，正是东汉末年，政治腐败，群雄割据，军阀混战，硝烟弥漫，百姓背井离乡，流离失所，真的是国无宁日，民无宁日。即使到了三国鼎立时期，黎民百姓依然生活在水深火热之中。

百姓盼星星，盼月亮，盼到了西晋统一中国，实指望从此能遇上太平盛世，过上几天舒心日子。

谁能料到，西晋的统治集团更腐败、更无能，只顾钩心斗角，争权夺利，根本不管百姓的死活。从晋惠帝司马衷口中说出的下面这两句话，即可看出统治者的愚蠢和无能：

司马衷在雨后听到青蛙呱呱的叫声后，他问左右大臣："青蛙是为自己的事在呱呱呢，还是为公事呱呱？"

大臣们上奏因严重的天灾致使百姓家中无粮饿肚子时，皇帝的金口玉言是：那他们为什么不吃肉呢？

碰上这样昏庸无能的统治者，百姓何时才能转运呢？

果然，接着就是长达十六年之久的“八王之乱”，紧紧相随的又是“五胡乱华”，百姓苦上加苦，叫苦不迭。

吴强遭逢乱世，虽一直未曾远离家乡，但也是度日如年，拼命挣钱。后来遇上一位良家女子，走在一起，才算有了一个真正意义上的家。妻子贤惠明达，能够任劳任怨、勤俭持家，又对丈夫体贴入微，关怀备至，因此吴强在这方面倒也心满意足。尽管日子过得艰难，但一看到妻子，还是由不得露出欣喜的笑容。

过了一年，他们俩有了一个传宗接代的宝贝儿子。这小宝贝是属羊的，他们觉得从属相上看，将来一定很和善。吴强想，在这世道里“人善被人欺”，不能太和善，应该勇猛一点，于是就给儿子起了个吴猛的名字。

本来种着几亩地，一家三口人还能勉强过下去。可当地的土豪劣绅和官府勾结，把吴强家的几亩地霸占去了。

从此，吴强只能给地主家当长工，而妻子也只好到地主家做杂活儿。

这个地主家里所有的人，无论大小，都十分凶狠。吴强力气又大，又不惜力，每天干的活确实不少，可地主还嫌干得少，动辄就要扣工钱。那时候，天下乌鸦一般黑，哪个地主不是贪得无厌，想着法子剥削受苦人。吴强只得忍气吞声，明知地主克扣工钱，也只能揣着明白装糊涂。

地主家有个小儿子，才十一二岁。不知是天生的，还是跟他地主老子学的，见人连个正眼都不给，一脸凶相。吴强知道这个小家伙不好惹，从地里回来，尽量躲着。

俗话说，有灾就有祸，是祸躲不过。吴强几乎天天躲着这个小灾星，到头来还是躲不掉。这个小灾星看着吴强身高力大，就时刻盘算着欺负一下吴强。有一天，吴强在马厩里喂马，让这个小灾星看见了。他悄悄地跟进来，在吴强低头打扫马厩的时候，这个小灾星用棍子在马的屁股上狠狠地捅了一下，那马也好尥蹶子，一下就踢在了吴强的胳膊上，疼得他立马头上冒出冷汗，脸色骤然变得苍白。

当他发现是这个小灾星搞的恶作剧，心里边恨得直想扇他两个耳光子，可转而一想，这可使不得，那样不就惹下大祸了吗？但是还是没有控制住自己的情绪，用眼狠狠地瞪了这个小灾星一眼。

这一眼可是真的惹下了祸。那个小灾星一会儿就把他们家养的看家狗领来了，唆使着咬吴强。

那只看家狗又肥又壮，个头也不小，不知咬伤过多少穷人，连出外觅食的大灰狼都被它咬伤，吓得落荒而逃。

还没等吴强站起来，那条狗就扑了上来。衣服被撕破了，身上有好几处被咬伤。情急之下，吴强也懵住了，早把“打狗看主人”这句千古流传下来的话忘到九霄云外了，拿起铁锹照准狗头打了下去。吴强用的力气也不小，那狗随着一声惨烈的嗥叫，夹着尾巴逃走了。

那个小灾星告知了他老子。他老子一听，火冒三丈，气急败坏地把那些护院的打手召集在一起，对吴强动了刑。雨点般的棍棒打在了吴强的身上，一会儿便皮开肉绽，浑身是血，连地上都流下一大摊血，左腿也被打折了。妻子得知后，哭成个泪人儿。急忙搀扶着丈夫（脊背上还背着不满两岁的吴猛）回家。

村里的人们看到吴强浑身是血，惨不忍睹的样子，个个掩面而泣。

吴强躺在家里，左腿动也不敢动，一动就撕心裂肺地疼个不止。

妻子又要侍候病人，又要照顾吴猛。财源断了，吃什么喝什么呢？只得抱着吴猛，扔下病人沿村乞讨。

在两三年的乞讨生涯中，吴猛和母亲究竟走了多少路，吃了多少苦，遭了多少罪，受了多少难，实在是记也记不清了。

吴猛跟着母亲也受罪了。有时饿得嗷嗷叫，有时冻得浑身抖，手脚冻得生疮了，嘴唇干得裂了口。谁看见了都说可怜！

不幸的事发生了。在沿村乞讨中，有一天吴猛的母亲病了。她努力挣扎才算回到了家，这一病就再也没爬起来，缠绵病榻十几天，便留下腿还没有好利索的丈夫和一个不满两岁的儿子，命归黄泉了。

吴强为过早去世的妻子而整日暗自悲泣，儿子吴猛整日对他喊着要妈妈，吴强陷入了无穷无尽的愁苦之中。

慢慢地，他折了的左腿愈合了，只是留下了后遗症：左腿瘸了。

吴强既当爹又当娘的日子更不好过，一会儿要给儿子熬面糊糊，一会儿又要给他洗又脏又臭的衣服，过一会儿要给儿子把尿，再过一会儿还要给儿子擦屁股，整天忙得团团转。

吴猛长到四五岁了，开始懂事了，开始懂得心疼父亲了。凡是他自己能干了的事情，再也不用父亲干了。他还想办法帮着父亲干点事，扫一扫床，叠一叠被，烧一烧火，倒一倒灰，尽量让父亲多休息一会儿。

把吴猛父亲腿打折的那家地主得知村里百姓都骂他丧尽天良，迫于名声不好的压力，给了吴强几亩薄田，名义上说吴强活儿干得好，干得多，奖赏给几亩田，其实是打折腿赔给吴强的。

吴强没工夫和那个地主再争辩什么，而且哪里是穷人说理的地方。因此，只管种地，不问是与非，他也明明知道问不出个是非来。

吴强又有了自己的耕地。他起早摸黑，披星戴月地在田里干活。不误农时，精耕细作，盼望多打粮食，让儿子能过上比他好的生活。

吴猛已经知道替父亲考虑一些事了。天凉的时候，把衣服给父亲找出来，让父亲多带一件衣服，以免着凉；天热的时候，早早就把水罐儿拿出来，装好水，让父亲带上，以免上火。有时候，父亲想不到的一些小事，他都替父亲想到了。

怪不得村里人们说："吴强的儿子小猛人小，可挺有心眼儿。"

就在吴猛八岁的那一年夏天，天气闷热闷热的，家里就像蒸笼，而且蚊子也特别多。

一到父亲睡觉的时候，蚊子就开始行动了，从外面不断地飞往家里，躲在阴暗的角落里。等到父亲迷迷糊糊的时候，它们一个一个地，争先恐后地飞往父亲身边，试探性地飞上一圈，一旦发现人已熟睡，便蜂拥而上，叮咬得父亲睡不上一个安稳觉，一会儿抓一抓这里，过一会儿又抓一抓那里，他看着父亲不能安然入睡的痛苦模样，心里特别地不好受。

后来他为此想了不少办法，用艾蒿熏蚊子啦，用扇子和衣服往家外面轰蚊子啦。但只能在较小的空间或短时间内起一点作用，要使蚊子不再叮咬，就得挂上蚊帐，可家穷，无力置买。

吴猛明白了：不让蚊子叮咬是难以做到的，但能不能做到蚊子不去叮咬父亲呢？

他后来发现，蚊子只要吸足了血，不用轰，不用撵，就飞走了。假如让蚊子在自己身上吸足了血，它就不会再叮咬父亲了。

之后，吴猛一到夜晚，就几乎是赤身裸体地，除了一块遮羞布，既不盖被子，也不盖单子直挺挺地躺在床上，等着蚊子来叮咬自己。

不一会儿，蚊子果然一个一个地都飞到了他的身边，连试探动作都简化掉了，直接落在吴猛的身上，贪婪地吮吸着吴猛身上的血。

疼痛是难忍的，瘙痒更难忍。但当吴猛想到父亲不再被叮咬，可以安然睡觉时，一种幸福的感觉便涌上心头。

一晚上，吴猛连个盹都没有打过，更没有动弹一下，任凭蚊子叮咬，任凭它张开尖尖的嘴肆虐地吮吸着自己身上的血。他虽然清醒着，但他也不知有多少只蚊子飞来，又有多少只吸足了血的蚊子飞去。只知道自己身上大疙瘩连着小疙瘩地已经遍布全身，只知道牙关咬紧过多少次，只知道嘴唇被咬破过多少次，只知道拳头握紧过多少次……

一个夏天，他用忍受蚊子贪婪地吸血引起的疼痛和出奇的瘙痒的办法，换来了父亲的酣睡。

他瘦了，但他笑了。

吴猛恣蚊饱血的事，传遍了大河南北。那些年少的听了羡叹不已，而年长的听了汗颜无地。

后来吴猛任过西安令，据说还做过道士。历代皇帝都对吴猛大加赞赏，到了宋朝政和二年（1112 年），徽宗封其为真人。

# 二十一、尝粪心忧

## 原文

［南齐］庾黔娄，为孱陵①令。到任未旬日，忽心惊汗流，即弃官归。时父疾始二日，医曰："欲知瘥剧②，但尝粪苦则佳。"黔娄尝之甜，心甚忧之。至夕，稽颡③北辰④，求以身代父死。

诗曰：到县未旬日，椿庭⑤遗疾深。

愿将身代死，北望起忧心。

## 注释

①孱（chán）陵：古县名，地在今湖北公安县南。

②瘥（chài）剧：病情好转（抑或）加剧。

③稽（jī）颡（sǎng）：古时一种礼节，跪下，拱手至地，头也至地。也说稽首。

④北辰：北极星。

⑤椿庭：代指父亲。

## 古文今译

黔娄，南齐高尚之士。曾任孱陵县令。赴任不到十天，忽然心惊流汗，预知家里有事，即弃官返回探亲。到家父亲刚病两天。医生说：要想知道病情吉凶，只有尝病人粪便的味道。味道苦是好现象。黔娄尝了父亲的粪便，觉得是甜的，心中十分忧虑。就夜里拜北斗星，祈求以自身代父去死。

## 故事

南齐时有个叫庾易的人，为人憨厚，脾气温和，遇事不急，随遇而安。

他把名利看得很淡，常说哪些东西是生不能带来、死也不能带走的，有了也不要贪得无厌，没有也能淡然处之。一辈子以种地为生，有时也做一点小买卖，所以日子过得既不宽裕，也并不怎么紧张。妻子性情温和，待人宽厚，从来不曾与左邻右舍发生过口角，连面红耳赤的事也未出现过。人们都说庾易的妻子是一个贤妻良母。

两口子举案齐眉，相敬如宾，日子过得和和美美。

俗话说，人生不如意事常八九。他们两口子很早就想要个孩子，以便儿女绕膝下，享天伦之乐。可盼了好几年，妻子依然没有身孕。

夫妻俩倒也没有为此事着急、烦恼过，可邻里们却替两口子着急了。有的劝趁年轻抱养一个，虽然不是亲生的，毕竟可免“不孝有三，无后为大”的罪名，且老有赡养之人；有的说从哥弟家过继一个更好，再怎么说也是庾家的人，传宗接代没啥问题；……不一而足。

庾易并没有动过心。他私下和妻子开玩笑地说：

“公鸡都能下蛋，难道母鸡就不能下蛋了吗？”

妻子笑着拍了丈夫一把，故作生气的样子，羞涩地说：

“老没正经！平常看你温文尔雅，要是说起疯话来，也蛮出格的！”

两人一笑了之，再也没有提起过这件事来。

也许是有心栽花花不发，无意插柳柳成荫。过了两年，庾易的妻子竟在不经意间有了喜。两人自然万分欣喜。

天有不测风云，人有旦夕祸福。庾易的妻子临产了，接生婆来后一看，是逆产。接生婆想尽了办法，小孩的命保住了，但是母亲终因产后大出血而无法止血，生下儿子不一会儿便谢世了。

丈夫痛不欲生，本来曾海誓山盟，一定要相伴相随，白头偕老，她却“背约毁誓”，把他撇下，自己先到了极乐世界。

庾易看着刚生下的小男孩犯难了，孩子哭得一刻不停，他抱起来急得在地上团团转。

天下还是好心人多。邻居们听到孩子的哭声，一个个都跑过来看望，女人们知道孩子一定是饿了，可她们都不是正在给孩子哺乳的女人，也没有什么好办法。其中一个女人忽然对其他女人说：

“后街上王大娘家的孙子不是刚过了满月，咱们给他庾叔叔说说去。”

几个女人出去不大一会儿，领来了王大娘家的媳妇。

这个年轻媳妇二话没说，急急地把庾易手中还在哭着的小男孩抱过去。她还有点害羞，背着庾易给孩子喂奶。

庾易的小儿子哭了半天，也哭乏了，吃饱后就睡着了。

那些女人和刚来给庾易小儿子喂奶的年轻妇女向庾易说了些告别的话，其中一个女人告诉庾易：以后每天由她伴着那位年轻妇女来给他的儿子喂奶。要知道，那个时候，是不允许一个女人单独进一个没有妻子的男人家的。

听完这个女人的话，庾易感动得热泪盈眶，立马顿首谢恩。

小儿子喂奶的事算是有了着落，可拉屎、撒尿的事还得瘐易自己做。尽管他过一会儿就看一看儿子是不是尿下了，是不是拉下了，还仍然免不了儿子大腿上到处是屎尿的这种情况，他粗手笨脚，往往是给儿子擦完屎后，他的手上也到处是屎，确实是屎一把尿一把。

由于两个孩子分吃那个年轻女人的奶，导致庾易小儿子常常处于半饥半饱状态，就这样凑合到五六个月份上，小儿子能吃米面糊糊了。

喂小孩米面糊糊，既不能太热，也不能太凉。热了，容易烫着孩子的嘴，烫起泡来，凉了，容易凉坏了孩子的肚子，拉稀跑肚。这样，就得冷了再热，热了再凉，折腾得庾易手忙脚乱，一天下来，腰酸腿疼，疲惫不堪。

庾易总算熬出了头，儿子能走啦，但又黑又瘦。你想一想，又是没娘的孩子，又是吃别人的奶且吃不饱的孩子，咋能吃得白白胖胖。

庾易根据小儿子的身体状况，给他起了个庾黔娄的名字。黔，黑色也。娄，虚弱也。

庾黔娄长到三岁的时候，庾易就开始教儿子读书识字了，经常给儿子讲一些孝顺父母的故事，讲一些轻财重义的故事。小儿子忽闪着大眼睛、身子一动不动地听着父亲讲故事，故事梗概他都记下了。

一点一滴的灌输，小儿子的思想深处慢慢地发生着不易察觉的微小变化。

他不像别人家的孩子，有了吃的独吃。他拿上吃的，总要分给其他小孩吃。要是哪个小孩急需什么东西，他总要回家问父亲有没有，从不吝啬。

等到六七岁时，庾易就把儿子送到了学堂。

庾黔娄在学堂里读书，是最用功的一个。他孜孜不倦，发愤忘食，不仅赢得了教书先生的好评，学业上也有了长足的进步。

功夫不负苦心人。庾黔娄人小志气大，参加应考时，金榜题名。

不几日，皇上的诏令下达，封庾黔娄为孱阳县令。

庾黔娄接到诏令后，与老父作别，便走马上任了。

一到任，庾黔娄先颁布政令，贴出安民告示，接着筹款整治河道，修路搭桥，扶危济困，发展生产。不几天的工夫，庾黔娄的新政就得到普通民众的一致拥护，大家都说这回来了个庾清官。

尽管离开父亲才几天，但庾黔娄一把公事处理完，就想起了孤身一人的老父来。老父既当爹又当娘的情景，一幕幕地呈现在他的眼前，他不由得潸然泪下。

一连几天，庾黔娄因思念父亲而辗转反侧、彻夜难眠，白天办理公事时常常精神恍惚，仿佛看见老父正佝偻着身子向他走来。

大约是到任后的第九天，庾黔娄正在处理公事，忽然一下子像有一只小鹿猛烈地撞击着他的心头，汗珠从额头簌簌地往下流。他知道，父子是连心的，说不准父亲遇到了什么难事。

庾黔娄便要辞官，拿出笔墨，立马写了辞职书，禀报上司。衙门里的人听说后，都劝他不要辞掉官职，即使家里有事，可以打发个衙役先到家里看一看，再不行，也完全可以请假回去。弄个一官半职不容易，何必非要辞职呢？他谢绝了同僚的好意，毅然决然地立即启程。

庾黔娄昼夜兼程，风餐露宿，不到两天就赶到了家。

果如庾黔娄所料，他年迈的父亲真的生病了。老父前两天忽然开始拉稀，一天最少拉十几次。现已浑身无力，脸色苍白，连说话的声音都微弱得快让人听不清了。

庾黔娄一看父亲已成这模样，不顾一路的劳顿立即去请当地最好的医生。

医生来了，把庾黔娄父亲的脉一切，就面有难色对庾黔娄说：

“县令大人，要我说，令尊已病入膏肓，即使扁鹊在世也无济于事了。”

医生说完，就要离开。庾黔娄当即给医生跪下，并央告道：

“先生，请你行行好吧，无论如何要把我这受苦受难的父亲的病治好！”

庾黔娄的这番话，打动了医生的心。过了一会儿，医生对庾黔娄真诚地说：

“现在还有一种办法来验证令尊的病能否医治。只要把病人的粪便尝一下，若是苦的味道，还有一线希望。”

庾黔娄二话没说跑出去尝了父亲的粪便，不是苦的，而是甜的。庾黔娄垂头丧气地回来了。

把医生送出家门，庾黔娄心里更加难受，为父亲的病忧心如焚。

夜晚，他向着北斗七星磕头祈求，希望能以他的生命换取父亲的安然脱险。他不断地祈祷，不断地磕头，额头碰肿了，额头磕破了，鲜血染红了那一块土地。

人们都被庾黔娄的孝心感动了，表示今后一定要像庾黔娄那样孝敬老人。

。

# 二十二、乳姑[①]不怠

## 原文

［唐］崔山南，曾祖母长孙夫人，年高无齿。祖母唐夫人，每日栉[②]洗，升堂乳其姑。姑不粒食[③]，数年而康。一日病，长幼咸集，乃宣言曰："无以报新妇[④]恩，愿子孙妇如新妇孝敬足矣。"

诗曰：孝敬崔家妇，乳姑晨盥[⑤]梳。

此恩无以报，愿得子孙如。

## 注释

①乳姑：用（自己）奶喂婆婆。这是《二十四孝》中单讲妇女尽孝的唯一例。

②栉（zhì）：梳头。

③不粒食：不吃米粮之类。

④新妇：媳妇。

⑤盥（guàn）：洗手洗脸。

## 古文今译

崔山南，唐代博陵（今属河北）人，官至山南西道节度使，人称“山南”。当年，崔山南的曾祖母长孙老夫人，年事已高，牙齿全部脱落，祖母唐夫人十分孝顺，每天盥洗后，都上堂用自己的乳汁喂养婆婆，如此数年，长孙夫人不再吃其他饭食，身体依然健康。后来有一天长孙夫人病倒了，将全家大小召集在一起，说：“我无以报答新妇之恩，但愿新妇的子孙媳妇也像她孝敬我一样孝敬她。”

## 故事

唐代博陵（今河北）的崔姓是当时唐朝五大姓氏之一。崔家是大族，在当地挺有威望，世代为宦，家境富裕，单从高高的金碧辉煌的门楼和几处琉璃瓦房的四合院，就能略知一二。

俗话说得好，大有大的难处，小有小的难处。同一姓氏的人多了，并不一定都齐心合力，也有挑拨离间的，也有幸灾乐祸的，也有背后诅咒的，还有落井下石的，不一而足，因此妯娌间发生龃龉并不鲜见，就连口角打斗之类，也是司空见惯的。

长孙夫人就生活在这样的一个家族里，丈夫是崔家这一大家族中最平和善良的一个人，可惜好人命不长，在儿子才三岁的时候他就驭鹤西归了，留下了孤儿寡母。

长孙夫人性格温柔，且又能体谅人，是地道的贤妻良母。俗话说，马善被人骑，人善被人欺。家族内部同样如此。不只是妯娌们挑战、搅局不好对付，就连那些侄儿、侄女们合起伙来欺负他的小儿子，她也得败下阵来。

有一次，三岁的小儿子走出家院，只走了几步，就被几个本家的哥哥们打了一顿，可对方却还胡搅蛮缠，说她的小儿子骂了他们，并蛮横地把小儿子拉在长孙夫人面前，要她的小儿子认错、赔不是。

天下哪里有这样的道理！长孙夫人知道斗不过人家，只好由她替儿子向几个小侄儿赔了不是，才算了事。

长孙夫人回到家里，抱着儿子就是一场痛哭，一直哭到太阳落山，星辰满天。

妯娌们更是花样翻新、“奇招”迭出。今天指桑骂槐，明天恶毒诅咒。要不就是背后嚼舌头，拨弄是非，矛头直指长孙夫人。

长孙夫人只能是打掉牙往肚里咽，忍气吞声。长年不让儿子跨出家门半步，儿子几乎成了狱中的囚犯。只有等到夜深人静时，才把儿子领到院子里走一走。

等到儿子熟睡后，她就趴在枕头上向死去的丈夫哭诉着，求他保佑母子平安。

儿子是在泪水中泡大的，长孙夫人是在眼泪的河流里漂流过来的。

长孙夫人就是凭着非凡的意志和一定把儿子拉扯成人的坚定信念，含辛茹苦地把儿子养大了。

儿子是长大了，可长孙夫人也老了。三十几岁的人额头上堆满了深深的皱纹，那是风霜的印记，脸上沟壑纵横，那是泪水的“劳绩”。

她牙全都掉光了，两腮陷了进去，看上去俨然是一位老太婆了。

那个时候，一般人也就活到四五十岁，能活到六十岁，就算高寿了。

长孙夫人后来变卖了些家产，总算给儿子成了个家，既实现了自己的夙愿，也能给九泉之下的丈夫有个交代，同时也给企图毁伤她名誉的那些品性恶劣的人予以有力的回击。

长孙夫人的儿子自幼聪慧，又肯用功，尽管未进学堂，但在母亲的教诲下，也是博闻多识，方圆百里之内的青年学子能与其匹敌的为数也不多。

娶了个妻子，姓唐，称之为唐夫人。唐夫人也是知书达理之辈，且心地善良，心灵手巧。她从丈夫那里得知婆母（当时妻子称丈夫的母亲为姑，称丈夫的父亲为嫜）拉扯其丈夫所遭受的苦难，心里很不是滋味。一年之后，妻子为崔家续了香火，生下个儿子。

从此，她和丈夫精心侍奉婆母，送水端饭，梳头洗脸，折褥叠被、捶背敲腿，凡是能使婆母感到舒心的事，他们俩都争着干、抢着干。

一次，婆母肚子着了凉，忽然拉起稀来。由于腿脚已不太灵便，紧着小跑，还是拉在了裤子上，沾在了大腿上。媳妇唐夫人除了急忙把裤子洗掉外，还要给婆母擦洗大腿上的污垢，婆母有点不好意思。唐夫人对婆母和颜悦色地说：

“您拉扯儿子时，不是照样屎一把尿一把的，从湿的地方挪到干的地方，吃了多少苦。就按照回报的说法，我们也该这样做，更不要说那是永远报答不了的恩情。”

一席话，说得婆母激动地流下热泪。

唐夫人是个细心人。她发现婆母吃饭不能细细咀嚼，往往是囫囵吞枣似的咽了下去，因而经常打饱嗝，这说明老人家消化不好。正因为这样，婆母一天比一天瘦，脸色发黄，她十分着急。

背过婆母，唐夫人和丈夫商量过很多次，根据当时的条件，最终也没有想出什么好办法来。有一天她在给一岁多的儿子喂奶时，突然想到：要是把儿子的奶断掉，不就可以把自己的乳汁喂给无齿的婆母吗？

经过儿子和儿媳妇唐夫人的多次劝说，婆母才勉强答应。

每天，唐夫人在婆母起身后，她就登上正房前台阶上的平台，然后进入婆母的房间给老人喂奶，数年如一日，从未间断。婆母在这几年间，再也没有吃饭，可以说是粒米未进。但是身体却渐渐地恢复了健康，脸色红润了，走起路来两腿也有劲了，活像十年前的婆母。

岁月不饶人，再好的身体也经不起漫长岁月的折磨，婆母又病倒了，这次病来势凶猛，婆母感到不妙。有一天把全家人召集在一起，宣布了她的遗言：

“媳妇（唐夫人）待我亲如自己的生身母亲，我是无法报答了，你们要像她待我那样孝敬这位新妇，我就可以瞑目了。”

长孙夫人走了，而唐夫人孝敬婆母的事迹却流传千古。

# 二十三、涤亲溺[1]器

## 原文

**［宋］黄庭坚[2]，元祐[3]中为太史[4]，性至孝。身虽显贵，奉母尽诚。每夕，亲自为母涤溺器，未尝一刻不供子职。**

**诗曰：贵显闻天下，平生孝事亲。**

**亲自涤溺器，不用婢妾人。**

## 注释

①溺（niǎo）：同“尿”。

②黄庭坚（1045～1105年）：字鲁直，号山谷道人，洪州分宁（地在今江西修水县）人。举进士，哲宗立，召为校书郎，预修《神宗实录》，升起居舍人。后屡遭贬谪，卒于宜州。以诗闻名，善真行草书，与苏轼并称“苏黄”。

③元祐：宋哲宗第一个年号，1086～1094年。

④太史：古代史官。

## 古文今译

宋朝黄庭坚，元祐年间为太史。性情至孝，身虽显贵，侍奉母亲却竭尽孝诚。每天晚上他都亲自为母亲洗涤便器，没有一天不尽儿子的义务。

## 故事

黄庭坚，字鲁直，自号山谷道人，晚号涪翁，又称豫章黄先生，洪州分宁（今江西修水）人。

他出生于一个家学渊博的世家。在父母的熏陶下，从小他就喜欢诗词，酷爱书法。

父母对他寄予厚望，对他的要求也十分严格。无论是背诵诗词，还是练习书法，都要认真考核，亲自指点。

黄庭坚从小就聪慧过人，一目十行，过目成诵，又涉猎广泛，兴趣浓厚。

在广泛的涉猎中，他渐渐地知道了父母养育子女的艰辛和良苦用心，他也明白了知恩、报恩的道理。他决心不辜负父母的期望，一定要刻苦学习，成为国家有用之才，以此来报答父母养育之恩。

从此，他五更起，半夜睡，不用父亲叫，不让母亲喊，孜孜以求，发愤忘食。背书背得口干舌燥，练字练得腕酸指痛。不管是盛夏酷暑，还是寒冬腊月，他始终如一地坚持读书练字。

功到自然成，铁杵磨成针。黄庭坚果然卓尔不群，就连他的满腹经纶的舅舅李常也赞不绝口，说黄庭坚的进步是一日千里，在他见过的童子中，黄庭坚是头一个，将来肯定是个齐家治国平天下的人物。

后来又经名师指点，黄庭坚进步更快。“学问文章，天成性得”，书法自成一家。

黄庭坚在二十二岁那一年，进京参加科举考试，一举成功，金榜题名。

黄庭坚中了进士，宋英宗诏书一到，不容许耽搁，立即就走马上任。他历任叶县尉，教授北京国子监，校书郎，《神宗实录》检讨官，迁著作佐郎，擢起居舍人，之后任秘书丞，提点明道宫，兼国史编修官等。

不仅如此，黄庭坚在文学上成就也很高，与张耒、晁补之、秦观同为“苏门四学士”，诗文与苏轼齐名，世称“苏黄”，并开创了文学史上著名的“江西诗派”。书法上，他擅长行书、草书，与苏轼、米芾、蔡襄并称“宋四家”。

黄庭坚虽然官居高位，但他清楚地知道，没有父母的养育和教诲，没有名师的指点，他不会少年得志，功成名就。因此，他一有空闲就想起了恩师，就想起了母亲（此时黄庭坚的父亲已经去世），并想该如何报答他们的恩情。

公事办完回到家中，他还像以前那样亲自给母亲送水端饭，把母亲的房子打扫得一干二净。还像以前一样打来洗脚水，为母亲烫脚、洗脚；还像以前那样冬天生炉子，夏天扇扇子，为母亲驱寒降暑；还像以前一样当母亲有点小毛病时请医煎药，衣带不解地夜夜侍奉，……

黄庭坚的母亲看到儿子这样辛苦，又要办理朝政，又要侍候我一个老太婆，一旦精神不济，出了差错，让我这脸往哪儿搁？

一天，等儿子忙乎完以后，母亲便把庭坚招呼过来，把儿子的手拉住语重心长地说：

“庭坚，你现在是朝廷命官，要整天陪着皇上，担子已经够重的了。娘帮不上你一点忙，还要拖累你，万一有个不是，你让娘怎么活？再说让人传出去，也有失体面。从今往后，这些琐事，就让下人干就行了。你有空过来跟娘说说话，娘就心满意足了。”

黄庭坚坐在母亲的身边，又把母亲的手握住，对母亲笑着说：

“娘，儿子侍候母亲，这是天经地义的事。要是当了大官，就不侍候父母，他提倡孝道，谁去响应呢？朝廷那边的事，娘就不用操心了，我会尽心尽力的，绝对不会给娘丢脸！”

过了一段时间，母亲忽然行动不太方便了，不能到茅厕去净手了。黄庭坚知道后，怕母亲在下人面前为难，又怕下人不知轻重，让母亲受苦，就亲自给母亲递便盆，倒便盆，之后再把便盆刷洗干净。

白天，黄庭坚还要上朝。因此，他只能在每天夜里倒便盆，刷洗便盆。

母亲不让儿子端屎搬尿，更不让儿子刷洗便盆，并对儿子很不客气地说：

“自古以来，端屎搬尿的活都是女人们干的，哪能让一个大男人干这种活？何况你又是朝廷重臣，传出去，你让我这个为娘的怎么去见人呢？”

黄庭坚看着母亲涨得通红的脸，语调平缓地对母亲说：

“娘，哪一个人不是他娘屎一把尿一把拉扯大的，那要比端屎搬尿更为艰难。俗话说，养儿防老，都是老了才需要侍候，普天下都是这个理，谁敢说给老娘端屎搬尿是丢人现眼的事？你让儿子侍候，该是理直气壮才对。”

儿子的一番话，说得母亲再也不吱声了。

黄庭坚数年如一日地为母亲端屎搬尿，刷洗便盆的感人事迹，慢慢地流传开来，朝野上下为之惊叹。

皇上闻悉后，在上朝时面对文武大臣，对黄庭坚的孝行夸赞不已。

# 二十四、弃官寻母

## 原文

［宋］朱寿昌，年七岁，生母刘氏为嫡母所妒，出嫁[1]。母子不相见者五十年。神宗朝[2]，弃官入秦[3]，与家人诀[4]，誓不见母不复还。后行次[5]同州[6]，得之，时母年七十余矣。

诗曰：七岁生离母，参商[7]五十年。

一朝相见面，喜气动皇天。

## 注释

①出嫁：指另嫁他人。

②神宗朝：1068 至 1085 年。

③秦：指陕西、甘肃一带，特指陕西。

④诀：告别。

⑤次：途中暂时住宿。

⑥同州：地在今陕西大

荔县。

⑦参商：参和商都是二十八宿之一，两者不能同时出现在天空，比喻亲友不能见面。

## 古文今译

朱寿昌，宋朝天长人，年七岁时，生母刘氏为嫡母所嫉妒，后来生母改嫁，母子五十年没有相见。宋神宗年间，寿昌在朝居官，决心寻母，弃官入秦，发誓不见母亲永不复还。后来在同州（古地名，在今陕西省）停留，遇到母亲。当时母亲已经七十多了。

## 故事

朱寿昌，字康叔，北宋天长同仁乡秦栏人。他的父亲朱巽是宋仁宗年间的工部侍郎，寿昌庶出，其母刘氏出身微贱。

生母刘氏秉性贤淑，又知书达理。在刚被纳为妾时，与寿昌的嫡母之间的关系还算融洽，常以姐妹相称。

一年之后，刘氏为朱巽生了一个传宗接代的宝贝儿子，朱巽十分欢喜，起了个“寿昌”又吉利又好听的名字。

寿昌自幼就聪明伶俐，招人喜欢。朱巽一回到家中，就抱起儿子，哄逗个没完没了，同时也开始偏爱起刘氏来。

寿昌的嫡母是个面善心恶的人，口蜜腹剑，笑里藏刀，可谓“笑面虎”。从表面上看，在刘氏生下寿昌后，她的态度也没有多大变化，依然是与寿昌的生母姐妹相称。当她看到在丈夫偏爱刘氏而对自己态度冷漠时，便妒火中烧。

从此，她就在丈夫面前用三寸不烂之舌，使出浑身解数，造谣诬蔑，甚至不惜用人身攻击之手段，诋毁寿昌的生母刘氏，朱巽虽位高权重，却生性懦弱，又是人们俗话说的那种黄米耳朵，平素就对寿昌嫡母言听计从，要是在他面前说得多了，他更是坚信不疑。寿昌的嫡母深知丈夫朱巽的弱点，因此她敢在朱巽面前不断编造谎言，说刘氏在她面前流露出对朱巽的不满，还说背后诅咒自己，企图夺取家中的财务大权，取而代之等等。

渐渐地，朱巽与刘氏的关系疏远了。

在寿昌长到七岁那一年，寿昌的嫡母给丈夫提出了一个再纳妾的条件，那就是必须把刘氏逐出家门。

寿昌的父亲私欲膨胀，哪里管母子分离的痛苦。在寿昌嫡母的一手操纵下，便把刘氏逐出了家门。

寿昌的母亲在大门外放声痛哭，寿昌在家里号啕大哭。

周围的人们听到后，无不落泪。

刘氏被逐出家门，从此母子分离长达五十年。

寿昌每天每夜，每时每刻都思念被逐出家门的可怜的母亲：

在学堂读书时，先生一讲到孝，寿昌就泪流满面，悲痛万分。

看到别人家的孩子依偎在母亲身边撒娇时，寿昌就想起了不知流落在何方的生母，就从心底里呼唤母亲："娘啊，你在哪里？快托人告诉孩儿，让孩儿去看你……"

当别人家的孩子换上新衣服时，寿昌就想起了生母曾在灯下为自己缝制衣服的情景，由不得暗自悲泣，泪眼模糊。

雪花飘飞时，寿昌就想到了母亲有没有御寒的衣服，会不会受冻呢？

寿昌在日思夜想与期盼之中渐渐长大了。

寿昌长成之后，以父荫为官，仕途顺遂。只是常常因思念母亲而神思不定，梦寐萦怀，连吃饭时，他都不准仆人们给他准备酒肉，只要一说起母亲，就常常泪流不止。

寿昌在位期间，托人多方打听，但都是泥牛入海无消息。为此，他烧香拜佛，依照佛法，灼背烧顶，又刺血书写《金刚经》。

到了宋神宗熙宁初年，寿昌听人说生母流落在陕西一带，迫嫁农夫，他立即递交辞呈，辞官寻母。

同家人告别时，他向妻子发誓道：

"见不到生母，我绝不回还！"

寿昌就此只身一人踏上了千里寻母的路程。

走了十几天，在杳无人迹的荒野，寿昌被强盗洗劫一空。无奈之下，只得一路乞讨，饥一顿，饱一顿，有时不得不挖野菜，采摘野果充饥，渴了能喝上干净的井水，那是万幸，大多数时候是喝那池沼里又臭又脏的水。

不知流了多少汗，也不知受了多少罪，衣服挂烂了，鞋底磨穿了，绕过了九十九条河，又翻过了九十九道岭，才终于来到陕西。

八百里秦川，茫茫人海，要寻找一个流落在这里已五十年的老人，谈何容易！

他一路走，一路问，不管是向大爷叔叔打听，还是向大娘婶婶探问，不是摇头不知道，就是劝他回家。

寿昌决心已定，即使再走千山，过万水，吃千般苦，受万般罪，也一定要找到魂牵梦绕的、分离五十年的可怜的母亲。

他每到一个村庄，都要向人们哭诉离开母亲的痛苦，向人们描述母亲的模样，述说母亲的口音，只说得口也干了，舌也燥了，嗓子也嘶哑了，喉咙也冒火了，可仍然是了无音信，连一点线索都找不到。

寿昌凭着感觉，相信母亲还活在人世上，相信母亲也在渴盼着与儿子相逢。退一万步说，即使母亲不幸去世，他也要找到母亲的尸骨，背回去与父亲合葬。

精诚所至，金石为开。也不知是天意，还是偶然。当寿昌来到同州这个地方向一位老农一打听，恰巧这位老人就是和生母住在同一个村庄的人，便在老人的引领下，来到了生母所在的村庄。

寿昌的母亲已经七十多岁了，老眼昏花，且两眼呆滞无神，这是五十年煎熬所造成的。

寿昌还依稀记得母亲当年的模样，只是老了。他进门就跪在地上连声喊着娘，并声泪俱下地说：

"我是寿昌，我……是……寿……昌。"

寿昌的母亲哪里能认出自己的儿子，分离时仅仅七岁，五十年不见，儿子也已成了老头子了。这时候，无论是谁，恐怕也不会认出来的。

儿子虽然也已两鬓斑白，但毕竟是她熟悉的乡音。听着儿子的哭诉，寿昌的母亲也止不住地流泪。她赶紧让家里人把儿子扶了起来。

母子相认，抱头痛哭一场。

原来母亲自从被逐出家门后，就流落到了陕西，嫁给了姓党的农夫，为其生下二子一女，生活自然苦不堪言。

最后，朱寿昌把生母现在的家人一同接到自己的家中，两家人在一起生活得都很快乐。

有人把朱寿昌弃官寻母之事上奏给了宋神宗，宋神宗大为赞赏，下令官复原职。

朱寿昌上任后，大力推行孝道，深得民心。后官至司农少卿、朝议大夫、中散大夫，年七十而卒。

朱寿昌弃官寻母的事迹，不久就传遍了大江南北，黄河上下。

名公巨卿为此竞相撰文写诗。苏轼写下了这样的诗句："嗟君七岁知念母，怜君壮大心愈苦。羡君临老得相逢，喜极无言泪如雨。不羡白衣作三公，不爱白日升青天。爱君五十著彩服，儿啼却得偿当年……感君离合我酸辛，此事今无古或闻……"

是的，朱寿昌的孝心确实既可感动天地，也可感动皇帝及百姓，更可以感化那些千古被唾骂的逆子！

# 附录一　文昌孝经

## 开经启

### 原文

**浩浩紫宸天[①]，郁郁宝华筵[②]。文明光妙道，正觉位皇元[③]。振嗣恩素重，救劫孝登先。大洞完本愿[④]，应验子心坚[⑤]。**

### 注释

①紫宸（chén）天：道教天界名，为天神上帝所居之所。紫，古人认为的祥瑞之色；宸，即北极星所在，后借指帝王所居。《太上玄灵北斗本命长生妙经》云："北斗司生司杀，养物济人之都会也。凡诸有情之人，既禀天地之气，阴阳之令，为男为女，可寿可夭，皆出其北斗之政命也。"

②宝华筵（yán）：也作宝花，珍贵的花。多指佛国或佛寺的花。筵，宴席。

③正觉：觉悟。本指如来之实智，名为正觉。证语一切诸法的真正觉智。

成佛也说是“正觉”。后被道教借用，意为彻悟大道真谛，达到了修行的最高境界。皇元：皇天上帝，此指证道后，位列仙班。

④大洞：即大道。

⑤应验：原来的预言或估计与事后的结果相合或得到证实。

## 古文今译

广大宽阔的紫宸天，香气浓郁的宝华筵。文德辉耀的奇妙之道，体悟大道的人位列仙班。振兴人们子嗣的恩泽向来都很重，而要想解救人们的灾难祸患，应当从行孝开始。大道完成了人们的本愿，文昌帝君提倡的孝道灵验无比，人们应当信心坚如磐石。

# 育子章第一

## 原文

**真君曰[①]：乾为大父[②]，坤为大母[③]。含宏覆载[④]，胞与万有[⑤]。群类咸遂[⑥]，各得其所。赋形为物[⑦]，禀理为人。超物最灵，脱离蠢劫。戴高履厚[⑧]，俯仰自若。相安不觉，失其真性[⑨]。父兮母兮，育我者宏。两大生成，一小天地。世人不悟，全不知孝。吾今明阐，以省大众。**

## 注释

①真君：道教对神仙的尊称。此指文昌帝君，为道教中主宰功名、禄位的神，又称文曲星。本是星名，即古代对南斗六星的总称，最早称为“文昌”。文昌宫中的诸星皆有其功能，贵相理文绪，司禄赏进士，司命主老幼，司灾主祸咎。文昌诸星遂被星相家认为是主贵吉祥星辰，后被道教尊为主宰功名、利禄之神。《历代神仙通鉴》称其“上主三十三天仙籍，中主人间寿夭祸福，下主十八地狱轮回”。

②乾：《周易》之八卦之一，代表天。

③坤：《周易》之八卦之一，代表地。

④覆载：指天地养育及包容万物。《礼记·中庸》：“天之所覆，地之

所载。”

⑤胞与：“民胞物与”的略称。指以民为同胞，以物为朋友。后以“胞与”指泛爱一切人和物。宋代张载《西铭》：“故天地之塞，吾其体；天地之帅，吾其性。民吾同胞，物吾与也。”

⑥遂（suì）：顺利成长。《韩非子·难二》：“六畜遂，五谷殖。”

⑦赋形：赋予人或物以某种形体。

⑧戴高履厚：头顶天，脚踩地。指人活在天地之间。

⑨真性：人体生命的自然本性。

## 古文今译

真君说：天为大父，地为大母。天地包容养育万物，以万物为同胞朋友。于是万物都得以顺利生长，各得其所。天地赋予形体以成就万物，人秉承性理以成之为人。于是人能够超过万物之上，成为万物之灵，脱离愚笨蠢物。人头顶天，脚立地，俯察于下，仰观于上，得以自然地顺从其本性。人们如果安于现实，不知不觉，就会迷失自己的自然本性。父母生育我的恩情最宏大。天地与父母两大，生成人身一小天地。世人不自省悟，完全不知道行孝。我今天清楚阐明，以警醒大众。

## 原文

**乾坤养物，劳而不劳；父母生子，不劳而劳。自字及妊[①]，自幼迄壮，心力所注，无有休歇。十月未生，在母胎中，母呼亦呼，母吸亦吸。耽娠如山[②]，筋疼血滞，寝处不舒，临盆性命，若不自保。父心关恻，母体担虞[③]。纵令易诞，费尽劳苦。若或迟久，不行分娩，艰难震恐。死中幸生，几舍其母，始获其子。一月暗居，三年乳哺。啼即怀抱，犹恐不调。睡令安寝，戒勿动摇。含食以饲，贴衣以裹。谅其饥饱[④]，适其寒暑。**

## 注释

①字：怀孕；生育。妊，音 rèn，妊娠怀孕。

②耽娠（shēn）：耽：忍，受。娠：胎儿在母体中微动，泛指怀孕。

③虞：忧虑，忧患。

④谅：体察；体谅。

## 古文今译

天地养育万物，似辛劳而又不辛劳；父母生育子女，似不辛劳而又辛劳。自怀孕到生产，自幼年至壮年，父母所倾注的心力，没有休止。胎儿在母腹中没生下来的十月间，母亲呼气，胎儿也呼气；母亲吸气，胎儿也吸气。母亲身怀妊娠之苦，如同身体压着一座山一样，周身筋骨疼痛，血脉凝滞，坐卧都不舒坦。分娩之时，母亲性命都难以自保。父亲关心悲伤，母亲身体担着忧患。即使容易生产，也是受尽各种忧劳苦楚。如果长久在母腹中，不能分娩，母亲就更艰难恐惧。死里逃生，几乎丢掉母亲的性命，方才得到孩子。母亲产后，闭门休养一月，乳哺孩子三年。婴儿啼哭，当即抱在怀里，仍怕有不舒服。睡觉就要使他安稳地睡着，一定不去动摇他。口含食物以喂养他，常解自己的衣服将他包裹着。揣度孩子的饥饱，让其冷热适中。

## 原文

**痘疹关煞[①]，急遽惊悸。咿唔解语，匍匐学行，手不释提，心不释护。子既年长，恐其不寿，多方保持。幸而克祐，筹划有无[②]，计其婚媾。厥龄方少，诸务未晓。一出一人，处处念之。绸缪咨**

**嗟，谆谆诫命。亲心惆怅，子方燕乐。教之生计，教之成业。母诞维艰，父诲匪易。**

## 注释

①痘疹：因患天花出现的疱疹，由天花病毒引起的烈性传染病。天花是最古老的传染病之一，也是死亡率最高的传染病之一。关煞：指孩子在成长过程中遇到的灾祸、疾病等。引申指各种困难、难关。也指谓命中注定的灾难。

②有无：指家计的丰或薄。

## 古文今译

在孩子出痘疹，犯关煞的时候，父母心中非常惊恐。当孩子呀呀学语，蹒跚学步之时，父母手不离左右，心里毫不放松对孩子的照顾。随着孩子年龄的增长，父母又恐怕其命不长久，多方设法护持。侥幸能够得到神灵庇佑，又要为其筹划家产衣食，设法婚配。此时孩子年纪尚轻，各种事务尚未明晓。不管是出门还是在家，各个方面，父母无不挂念。情意殷切，长吁短叹，恳切耐心地教诲劝告。正因为有父母的忧虑，才有了子女安乐美好的生活。教授子女谋生之计，教授子女如何成就事业。母亲生育子女非常艰难，父亲教诲子女也不容易。

## 原文

**虽至英年，恤若孩提。食留子餐，胜如己餐；衣留子衣，胜如己衣。子若有疾，甚于己疾。有可代者，己所甘受。子若远游，行旅风霜，梦寐通之。逾期不归①，睛裂肠断。子有寸善，夸扬乐与；**

**子有小过，回护遮盖，暗自伤心，恐其名败。子惟贤能，父母有赖；子若不肖，父母谁倚？子若妄为，父母身危。作事未事，俱切亲情。**

## 注释

①逾：超过，越过。

## 古文今译

尽管子女已经长大成人，父母仍然像对待幼童一样对其体贴入微。留作子女吃的饭食，胜过自己的食物；留作子女穿着的衣服，胜过自己的衣服。子女若有疾病，比自己得病还要担忧。如有能够代替子女承受的病痛，自己则甘愿忍受。子女如果远行，旅途风霜劳苦，父母放心不下，常在睡梦中梦到。逾期不归，父母则眼睛望穿，肝肠望断。子女有微小的优点，父母就会赞美宣扬；如果子女有小的过错，父母总会袒护遮掩，并暗自伤心，唯恐其名声败坏。子女只有贤良能干，父母才有依靠；子女如果无德无才，那么父母还能依靠谁呢？子女如果胡作妄为，就会连累父母，使其处于危险的境地。不管有无做事，都要贴合父母的心意。

## 原文

**芽栽苗培，堂基构植。母勤子生，父作子述①，其行其志，不厌其苦。怜子念子，何时放置。形或暂离，心恒无间。贵如帝王，神如天亶②；显如公卿，贱如编户③，愚如齐氓④，皆如是心。穷达愁乐，存殁明幽⑤，皆如是心。混沌初分⑥，亘古及今，普天匝地，**

**绵绵恻怛[7]，父母之心，无不如是。如乾覆物，如坤载物，和蔼流盈，充塞两间。莫大慈悲，无过亲心。**

## 注释

①述：传述，传承；遵循前人说法或继续前人事业。《论语·述而》："述而不作，信而好古。"

②天亶：《尚书·泰誓上》："亶聪明，作元后。元后作民父母。"蔡沈集传："亶，诚实无妄之谓。言聪明出于天性然也。"圣人天性聪明，先知先觉，首出庶物，故能作大君治于天下，又因此能成为万民之父母。

③编户：指中国古代除世家贵族、奴婢以外的编入户籍的平民，也称庶人。编户与不入户籍的王公大臣、官僚地主相比，必须按土地收入交纳一定的赋税。《史记·货殖列传》载有："夫千乘之王，万家之侯，百室之君，尚犹患贫，而况匹夫编户之民乎？"

④氓：古代称民为氓，此指未开化的人。

⑤明幽：人间和阴间。韩愈《赴江陵寄三学士》诗："病妹卧床褥，分知隔明幽。"

⑥混沌：指宇宙形成前天地未分、浑元一团的状态，古人想象中的天地开辟前的元气状态。《周易乾凿度上》："太易者，未见气也。太初者，气之始也。太始者，形之似也。太素者，质之始也。气似质具而未相离，谓之混沌。"

⑦恻怛（dá）：恳切。《伤寒节录·达序》："然心至诚恻怛，有与斯人同忧共患之意。"

## 古文今译

就像生物萌芽，就必须栽育；要让其茁壮成长，就必须培育；子女长大后，还要为他们建筑庭堂，植立根基。母亲勤劳，不过是希望子女能够顺利成长；父亲有所创造，无非是希望子女能够传承于后。父母养育子女，不厌其苦。父母怜惜挂念子女，没有放下之时。即使身体暂时分离，父母的心也永远不会远离子女。即使是如帝王般尊贵，如圣贤般聪明，如公卿般显赫，又或者如平民般贫贱，如未开化之人般愚钝，其爱子女之心，无不如此。不管是困厄还是显达，不管是愁苦还是喜乐，不管是活着的还是已经去世的，也不管是在人世还是在阴间，父母的心也都如此。天地初开，从古至今，普天遍地，爱子女之心真切连绵，做父母的无不如此。如同上天覆盖万物，如同大地承载万物，温和慈爱流盈，充满天地之间。再大的慈悲，也比不过父母爱子之心。

## 原文

**即说偈曰：万般劳瘁有时休，育子辛勤无尽头。字怀耐苦终无厌，训诲循徐不惮求。一叶灵根非易植，穷年爱护几曾优。子俱亲自身栽养，亲老心犹为子筹。**

## 古文今译

于是说偈道：万般劳累都有停止的时候，只有养育子女的辛劳没有尽头。怀孕生育，忍受苦痛，从不厌烦。训导告诫，循序渐进，不怕索求。培养子女智慧聪明不是容易的事情，父母终日爱护从来没有犹豫过。子女都是父母自身养育的，父母人老后心里仍在为子女操心筹划。

## 原文

**又说偈曰：真诚一片结成慈，全无半点饰虚时。慈中栽养灵根大，生生不已自无涯。**

## 古文今译

又说偈道：一片真诚结成慈爱心，完全没有半点矫饰虚伪。慈爱中养育子女聪慧成长，生生不已没有尽头。



## 原文

**灵慈神咒[①]：佛菩萨菩提心[②]，大罗会上陀罗尼[③]，一切救苦难，无过我亲心。圣主仁君，救济生灵，不忍一匹之不生，无如爱子心，靡所不至诚。推极仁惠者，孰能逾二人。**

## 注释

①神咒：即陀罗尼。为神秘的咒语，故名神咒。原文中有多处类似咒语。

②菩提心：菩提旧译为道，求真道的心即菩提心。新译为觉，求正觉的心即菩提心。

③陀罗尼：又称陀罗那，陀邻尼。译作持，总持，能持能遮。以名持善法不使散，持恶法不使起的力用。

## 古文今译

灵慈神咒：佛菩萨的菩提心，大罗会上的陀罗尼，一切救苦救难的菩萨，都不会超越我父母的爱心。圣明仁慈的君主，救济生灵，不忍心一个生物不能生长，这都不如父母的爱子之心，父母的爱子之心，没有不出于至诚之心的。就是推究极为仁慈惠爱的人，谁也不能够超越父母二人的爱心。

# 体亲章第二

## 原文

**真君曰：前章所言，不止育子，直将子心，亲曲体之。凡为人子，当以二亲，体我心者，还体亲心。体我此身，骨禀父生，肉禀母成。一肤一发，或有毁伤，亲心隐痛，子心何安？心为身主，太和蕴毓①，父兮所化，母兮所育。一有不孝，失亲本来。**

## 注释

①太和：太，为极至之义；和，即和谐。《周易·乾·象》："保合太和"。意为保持合顺，达到至极之和谐。一般指天地间冲和之气。毓：养育。

## 古文今译

真君说：前章所言，不只是讲养育子女，还有父母细微周到地体谅子女的心思。凡是作为子女的，应当以父母体谅自己的心情来体谅父母。体察我的身体，骨是秉受父母的精血而化生，肉是秉承父母的精血而生成。即使是一块皮肤，一根毛发，如果有所毁伤，父母心中都会隐隐作痛，那么子女又如何能够心安呢？心是身体的主宰，主宰天地的太和之气蕴藏其中。人身是父亲精血所化生，母亲精血所孕育的。子女一旦有不孝的行为，就失去禀自父母的本性。

## 原文

**孝先百行，根从心起，定省温清[①]，时以敬将。每作一事，思以慰亲；每发一言，思以告亲。人承亲颜，亲欢我顺，亲愁我解；出必告亲，恐有恶行，以祸亲身；归必省亲[②]，恐有恶声，以拂亲心。力行戒慝[③]，随时加惕，口业不干[④]，身业不作[⑤]。恐有意业[⑥]，欺亲欺身；恐有心业[⑦]，累身累亲。**

## 注释

①定省温清：指子女对父母应尽的孝道。侍奉父母要晚上服侍就寝，早晨及时问安，冬天温被，夏日扇凉。《礼记·曲礼上》："凡为人子之礼，冬温而夏清，昏定而晨省。"定，齐整床衽使亲体安定。省，探望、问候。后称子女早晚向亲长问安为"定省"。

②省亲：探望父母或其他尊长亲属。

③慝（tè）：邪恶，恶念。《三国志·魏志·武帝纪》："吏无苛政，民无怀慝。"

④口业：又名语业，即由口而说的一切善恶言语。业为造作之义，有善有恶，若妄语、离间语、恶语、绮语等为口恶业。

⑤身业：身之所作，如杀生、偷盗、邪淫、酗酒等事。

⑥意业：意之所思，如贪、嗔、痴等动念。

⑦心业：心思所造作的业。

## 古文今译

孝顺优先于其他品行，根起于人心中。侍奉父母要晚上服侍就寝，早晨及时问安，冬天温被，夏日扇凉，时刻恭敬服侍。每做一件事，都要想着慰藉父母；每说一句话，都有想着告知父母。入则侍奉父母，父母的欢乐我来顺承分享，父母的忧愁由我来化解；外出必定告知父母，恐怕有恶行，以连累父母。归来后必定要探望父母，恐怕家人有恶言恶语，不顺父母的心意。尽力做到戒除恶念，随时提高警惕，不造口业，不作身业。恐怕有意业，欺骗自己，欺骗父母；恐怕有心业，牵累自身，拖累父母。

## 原文

**我有手足，父母一体。异母兄弟，总属天伦，恐有参商①，残亲支体。叔伯同根，宗族一家，恐有乖戾②，伤亲骨肉。祖曾上人，恐失奉事，悖亲孝思。子孙后裔，恐失字育，断亲嗣脉；恐失教训，败亲家规。子侄世系，恐失敦睦③，贻亲庭衅④。我夫我妇，子媳之职，恐失和敬，致亲不安。我有姻娅⑤，属亲至戚，恐失夙好⑥，致亲不宁。上而有君，为亲所主⑦，恐有不忠，致亲以逆；下而民物，与亲并育，恐有不恤，损亲之福；外而友朋，为亲之辅，恐有不信，绝亲友道。师为我法，即为亲箴⑧，事恐失贤，以违亲训；匪人壬人⑨，亲之所远，交恐不择，以累亲志。'仰而天高，帝位乎上。日月星斗，亲所敬畏。恐有冒渎，妄干天怒，致重亲辜；俯而地厚，群生资始⑩，亲所奉履，恐有亵侮⑪，业积暴殄⑫，致延亲祸；中而神祇⑬，司我亲命。恐有过犯，致减亲纪。一举一动，总期归善，以成亲德。**

## 注释

①参（shēn）商：参星和商星，参星在西，商星在东，此出彼没，永不相见。古代神话传说，高辛氏二子不睦，因迁于两地，分主参商二星。后用“参商”比喻兄弟不睦或彼此对立。陈子昂《为义兴公求拜扫表》：“兄弟无故，并为参商。”

②乖戾：不和。《后汉书·范升传》：“各有所执，乖戾分争。”

③敦睦：亲厚和睦。李适《重阳日中外同欢以诗言志》：“至化自敦睦，佳辰宜宴胥。”

④衅（xìn）：嫌隙；争端。

⑤姻娅：亲家和连襟，泛指姻亲。韩愈《县斋有怀》：“名声荷朋友，援引乏姻娅。”

⑥夙好：老交情。

⑦所主：所寄居的主人。《孟子·万章上》：“吾闻观近臣，以其所为主；观远臣，以其所主。”

⑧箴（zhēn）：规劝，告诫。

⑨壬人：奸人，佞人。指巧言谄媚，不行正道的人。

⑩资始：借以发生、开始。《易·乾》：“大哉乾元，万物资始，乃统天。”

⑪亵侮：轻慢侮弄。

⑫暴殄：指任意浪费糟蹋，不知爱惜。殄，灭绝。

⑬神祇：泛指神。神，指天神；祇，指地神。

## 古文今译

我有兄弟，父母都一样相待。异母兄弟，总属天然的亲伦关系，恐怕有不和睦的情况发生，这样就如同伤害父母的肢体。叔伯兄弟，整个宗族都是一家，恐怕有不和的情况，这样会伤害父母的至亲。对于祖辈先人，恐怕有失侍奉，有悖父母孝亲之思。子孙后代，恐怕有失生育，断绝父母的后代血脉；恐怕有失教育，败坏父母的家规。子侄后辈，恐怕有失和睦，致使父母所建立的家庭生起祸端。夫妇二人要尽到为子为媳的职责，要和气逊顺，恐怕有失和顺恭敬，致使父母不安宁。我有姻亲，属于最亲近的亲属，恐怕失去老交情，使父母不安宁。向上则有君主，是父母所侍奉的主宰者，恐怕有所不忠，致使父母获叛逆之罪。向下有民众万物，与父母共同生育于天地之间，恐怕对其有失怜悯，损害双亲的幸福。外面有朋友，是父母的辅助者，恐怕有失信用，断绝父母与朋友交往的准则和道义。老师是我效法的对象，老师的劝诫即是父母的劝诫，侍奉老师恐怕有失贤德，违背父母的训导。行为不端和巧言谄媚的人，是父母所远离的，恐怕自己交友不慎，而连累了父母的心志。仰望则见天之高远，天帝位在其上，日月星斗，是父母所敬畏的，恐怕有所冒犯亵渎，轻易地触犯天怒，以致增加父母的罪过。俯察则见地之厚重，众生借此以生长发育，是父母所敬奉的，恐怕有所亵渎轻慢，恶业累积，损害浪费毫不顾惜，致使灾祸蔓延及父母。中间有天神地祇，主掌父母的生死，恐怕自己有过错，致使父母的阳寿减少。一举一动，都期望归于善，以成全父母的德行。



## 原文

**我亲有善，身顺其美。救人之难，即是亲救；济人之急，即是亲济；悯人之孤，即是亲悯；容人之过，即是亲容。种种不一，体亲至意。亲或有过，委曲进谏，俟其必改。以善规亲，犹承以养，养必兼善，方得为子。人各有亲，曷不怀思。**

## 古文今译

父母有善行，我要承顺他们的美德。救人于危难，也就好比是双亲施救；救济别人于危急之时，也就是双亲救济；怜悯别人的孤苦，也就是双亲怜悯；

宽容别人的过错，也就是双亲宽容。各种不同情况，都要体察双亲的心意。双亲如果有过错，就要委婉地提出意见，直到改正为止。用善规劝双亲，就好比承担起赡养的责任。赡养父母，同时一定要以善来劝谏，这才是为人子所应当做的。人们各自都有父母，怎么能不挂怀思念？

## 原文

**父母在日，寿不过百，惟德之长，垂裕弥遐[①]。是以至孝，亲在一日，得养一日。堂上皆存[②]，膝下完聚[③]，人生最乐。惜此光阴，诚不易得。玉食三殽[④]，勺水一菽[⑤]，各尽其欢[⑥]。加餐则喜[⑦]，减膳则惧[⑧]。贫富丰啬，敬无二心。愿亲常安，恐体失和。疾病休戚[⑨]，常系子心。一当有恙，能不滋虞。药必先尝，衣不解带，服劳侍寝。愈则徐调，食不轻进，相其所宜。倘或不痊，延医询卜。酒不沾唇，至心祷祝。殚厥念力[⑩]，以求必痊。终天之日，饮食不甘，哭泣失音。衣衾棺椁[⑪]，多方自尽。三年哀痛，晨昏设荐[⑫]。佳茔厚穴[⑬]，安置垄丘[⑭]。礼送归祠，亲魂有托。庙享墓祭，四时以妥。去亲日远，追思常在。形容面目，若闻若睹。动息语默，寻声觅迹，中心勿忘。抱慕如存，生死同情，幽明一理。孝道由基，大经斯彰[⑮]。嗟尔人子，纵能如是，体之亲心，未及万一。**

## 注释

①垂裕：为后人留下业绩或名声。遐，远。

②堂上：指父母。也称高堂。

③膝下：指人在幼年时，常依于父母膝旁，言父母对幼孩之亲爱。后用以借指父母。

④玉食三殽：玉食，指精美的饮食。殽：通“肴”。专指荤菜，即有肉的

菜肴。

⑤菽（shū）：豆；豆类。豆和水，指清贫人家供养父母的饮食。陆游《湖堤暮归》："俗孝家家供菽水。"

⑥尽其欢：即指孝养父母尊长，极意承欢。语出《礼记·檀弓下》："啜菽饮水，尽其欢，斯之谓孝。"孔颖达疏："谓使亲尽其欢乐。"

⑦加餐：多进饮食。

⑧减膳：减少肴馔。是古代帝王遇到天灾变异时自责的一种表示。肴馔，即丰盛的饭菜。

⑨休戚：喜乐和忧虑；亦指有利的和不利的遭遇。休，喜悦，欢乐；戚，悲哀，忧愁。

⑩念力：佛教所说的专念之力，即意念的力量。

⑪衣衾棺椁（guǒ）：衣衾：装殓死者的衣被。棺椁：礼所规定的葬具。装尸之器为棺，围棺之器为椁。棺，是棺材；椁，外棺，是棺外的套棺。

⑫荐：古代祭祀宗庙时奉献祭品叫"荐"，其礼稍逊于祭。《礼记·王制》："大夫士宗庙之祭，有田则祭，无田则荐。庶人春荐韭，夏荐麦，秋荐黍，冬荐稻。"

⑬茔（yíng）：坟墓，坟地。

⑭垄丘：坟墓。冢形象丘垄，故名。指墓葬的外部。

⑮大经：常道，常规。

## 古文今译

父母在世，长寿也不过百岁，惟有功德之人，才能声名久远。所以"至孝"，就是父母在世一天，就要赡养一天。父母都健在，子女依聚在父母身边，这才是人生最快乐的事情。应当珍惜这段时光，因为这实在是太难得了。不管是富贵人家多个荤菜美食的美味佳肴，还是贫贱人家一勺水、一盘豆食的粗茶淡饭，都能让各自父母尽其欢心。子女见父母多进饮食就高兴，见父母减少膳食就担心。不管是贫贱富贵，或者是丰裕贫困，孝敬父母的心意都没有改变。希望父母永远安康，恐怕父母身体有病痛。父母的疾病和喜忧，常常牵动子女的心。一旦父母身体有病，怎能不心生担忧。喂父母的药，要自己先尝味道的甘苦，衣不解带，辛勤侍奉，服侍父母休息。父母病好之后，要慢慢调养，食物不要乱吃，要弄清其是否适宜父母食用。如果不能痊愈，就要请医问药，占卜吉凶。滴酒不沾，诚心为父母祈祷。竭尽心力，以便祈求父母痊愈。父母逝世的时候，饮食不贪求美味，痛哭以至于失声。寿衣、被褥、棺椁，都要多方设法，尽力筹备。哀痛地服丧三年，早晚都要陈设祭品。选择好的陵园，墓地建筑得坚固厚实。把遗体礼送往墓地，把精魂迎回祠堂，父母的灵魂就有了归依。宗庙供奉，墓前祭祀，四季完备。父母离开时间久了，时常追思怀念。父母的形体容貌，就如同自己听到见到一样。于是就会常常停下行动，停止说话，顺着声音寻找父母的踪迹，心中时刻不忘。心怀敬慕，如同父母健在一样；不管生死，都同此心，不管在阴间或阳间，都是同一个道理。孝道从此根本上去做，则孝道人伦就会彰显。子女即使能够如此，体恤双亲之心，还是不及父母的万分之一。

## 原文

**偈曰：幼而得亲全，安乐不之晓。设无双亲在，饥寒难自保。遭此伶仃苦[①]，方思亲在好。**

## 注释

①伶仃：孤苦无依靠。陆游《幽居遣怀》："斜阳孤影叹伶仃，横案乌藤坐草亭。"

## 古文今译

偈说：幼小时父母双全，不知道安宁快乐。假如双亲不在，饥寒交迫，生命难以自保。只有遭受了孤独无依之苦，才想念双亲健在的好处。

## 原文

**又说偈曰：嬉嬉[①]怀抱中，惟知依二亲。何至长大后，渐失尔天真。我亲既生我，我全不能孝。云何我养儿，我又恤之深。反观觉愧悔，方知父母恩。**

## 注释

①嬉嬉：玩耍。

## 古文今译

又有偈说：在父母怀抱中玩耍，只知道依恋双亲。为什么长大后，渐渐丧失了天真。我的父母既然生育了我，我却完全不能尽孝。为什么我养育子女时，我又对他们怜恤至深。回头反省，感觉到惭愧后悔，这才知道父母的恩情有多大。

## 原文

**又说偈曰：室家是亲成[1]，岂是离亲地。莫道风光好，遂把亲欢易。贫贱是前因，岂是父母遗。生不托亲体，我并无人身。莫怨生我苦，修来自有畀。富贵是亲培，岂是骄亲具。亲若不教我，何有富贵遇。报本正在此，赤怛安可替。最易忘亲处，尤宜加省惕。**

## 注释

①室家：夫妇。《诗·周南·桃夭》："桃之夭夭，灼灼其华。之子于归，宜其室家。"孔颖达疏："《左传》曰：'女有家，男有室。'室家，谓夫妇也。"

## 古文今译

又有偈说：我们夫妇家庭是父母促成的，并不是作为远离双亲的地方。不要因为外边风景好，而把对父母的喜爱改变。贫贱缘于前世的因由，不是父母遗留的。我的出生如果不依托父母的身体，也就没有我的生命。不要抱怨出生在贫苦人家，只有努力修行，就能得到回报。富贵出于父母的栽培，并不是向父母炫耀的工具。父母如果不教导我，我怎么会有富贵际遇。报答父母的根本正在这里，赤诚之心没什么能够代替。最容易忘却父母的地方，更加要警醒谨慎。

## 原文

**真君曰：子在怀抱，啼笑嬉戏，俱关亲心，实惟真挚。为人子者，能如是否？试一念之，何能暂释。父母强健，能嬉能笑，能饮能食，子所幸见。父母渐衰，嬉笑饮食，未必如常，子心所惕。责我不楚①，怜亲力弱。嗔我声微，怜亲气怯。愈加安养，勿致暂劳。父母逝世，苦无嬉笑，及我颜色，苦无怒詈②，及我身受。纵有厚禄，亲不能食；纵有锦帛，亲不能被。生不尽欢，追思何及。逝者念子，存者念亲。祭享悠远，隔不相见。思一慰之，悲哀无地，言念斯苦③，实难为子。**

## 注释

①楚：痛苦。陆机《于承明作与弟士龙》诗："慷慨含辛楚。"

②詈（lì）：骂；责骂。

③言念：想念。《诗·秦风·小戎》："言念君子，温其如玉。"

## 古文今译

真君说：在父母怀抱中的幼儿，哭笑玩耍，都关系着父母的心，这完全出于真挚的情感。作为子女的，能够如此吗？试着想想父母的爱子之心，怎么能够将父母放得下一刻。父母身体强壮健康，能玩能笑，能吃能喝，子女能够见到这些就很喜欢。父母渐渐衰老，玩乐饮食，不见得同平常一样，子女心里应该有所警惕。父母责打我不疼，知道父母力气已经衰弱，父母骂我时的声音微弱，知道父母的气息不足。更要安息休养，不要使其有一点劳累。

父母逝世，苦于没有父母的嬉笑，能够使我喜笑颜开；苦于没有父母的怒骂，能让我身受。即使我有丰厚的俸禄，父母也不能吃；即使我有锦帛，父母也不能穿用。不能让父母生前尽欢，追念怎么会来得及呢。死去的父母还心系子女，在世的子女还在思念父母。只能遥遥供奉祭祀，幽明分隔不能相见。想着告慰父母，却悲痛哀切无处可寻。想念非常痛苦，作为子女也实在是难。

## 原文

**乃说偈曰：亲昔养儿日，岂比强壮年。我方学语处，亲疑我啼也。我方跬步时①，亲疑我蹶也②。我方咿唔处，亲疑我疾也。我方思食处，亲知我饥也。我方思衣处，亲知我寒也。安得本斯志，体恤在亲先。亲今且垂暮，亦岂强壮比。欲将饲我者，奉亲膳食时。欲将褓我者，侍亲寝息时。欲将顾我者，扶亲衰老时。欲将育我者，事亲终天时。何者我曾尽，全然不之觉。生我何为者，能不中自怍③。**

## 注释

①跬（kuǐ）步：古时称人行走，跨出一只脚为跬，犹今之半步，左右两足均跨一次称步。《荀子·劝学》："不积跬步，无以至千里；不积细流，无以成江海。"

②蹶：仆；跌倒。《淮南子·精神》："形劳而不休则蹶。"

③怍（zuò）：惭；惭愧。《孟子·尽心上》："仰不愧于天，俯不怍于人。"

## 古文今译

于是说偈道：以前父母抚养幼小的我，怎么能与现在正值强壮的我相比。我刚开始学说话，父母怕我是否在啼哭。我刚开始迈步时，父母怕我是否要跌倒。我刚开始发出咿唔之声时，父母怕我是否患病了。我刚想要吃东西，父母就知道我是饿了。我刚想要加衣服，父母就知道我是冷了。怎么能不以父母的情感为本，首先体恤父母。父母如今已经垂垂老矣，怎能再与强壮时相比。就像父母喂养我那样，侍奉父母的饮食。就像父母照顾我那样，将我包裹在襁褓中，服侍父母就寝休息。就像父母照顾我那样，搀扶衰老时的父母。就像父母抚育我那样，侍奉父母去世。这些我哪样曾经尽力做过？我完全不知觉。父母生我是为了什么，怎么不自我惭愧。



## 原文

**孝子明心宝咒：以此未及万一心，时时处处体亲心。当思爱养恩勤大，每想怀耽乳哺深①。日在生成俯仰中，覆载风光父母仁②。何殊群物向春晖③，切切终身抱至诚。**

## 注释

①怀耽：怀胎。

②覆载：庇养包容。

③春晖：春天的阳光。比喻父母的恩惠。孟郊《游子吟》：“谁言寸草心，报得三春晖。”

## 古文今译

孝子明心宝咒：以此未及父母万分之一的心思，时时处处体恤父母的心意。应当想到父母爱护养育我的恩情非常大，经常想到父母孕育乳哺我的深情。每日都生长在天地之中，覆载着风光和父母的仁爱。这与万物向往春天的阳光一样，没有什么不同，切记终生都要怀抱至诚之心。

# 辨孝章第三

## 原文

**真君曰：吾今阐教，以示大众。亲存不养，亲殁不葬[1]，亲祚不延[2]。无故溺女，无故杀儿。父母客亡，骸骨不收，为大不孝。养亲口体，未足为孝；养亲心志，方为至孝。生不能养，殁虽尽孝，未足为孝；生既能养，殁亦尽孝，方为至孝。生我之母，我固当孝；后母庶母[3]，我亦当孝。母或过黜，母或载嫁[4]，生我劳苦，亦不可负。生而孤苦，恩育父母，且不可忘，何况生我。同母兄弟，我固当爱；前母兄弟[5]，我亦当爱。同气姊妹[6]，我固当和，连枝妯娌[7]，我亦当和。我生之子，我固当恃；前室遗子[8]，我亦当恃。众善家修，无不孝推。如是尽孝，始克为孝。始知百行，惟孝为源。**

## 注释

①殁（mò）：寿终；死亡。杜甫《过故斛斯校书庄》诗二首之一："此老已云殁，邻人嗟未休。"

②祚（zuò）：福。《国语·周语》："若能类善物以混厚民人者，必有章誉番育之祚。"

③庶母：父之妾称为庶母。《尔雅·释亲》："父之妾为庶母。"与"嫡母"相对。

④载：再；重。陶渊明《停云》："东园之树，枝条载荣。"

⑤前母：继室所生的子女对父亲前妻的称呼。《晋书·礼志中》："前母既终，乃有继母，后子不及前母，故无制服之文。"

⑥同气：有血缘关系的亲属。

⑦妯娌：兄弟们的妻子的合称。

⑧前室：前妻。

## 古文今译

真君说：我今天阐明教法，以告知众人。父母在世时，不对其赡养；父母去世后，不将其安葬，父母的福泽就不会延长。无故溺死女婴，无故杀死儿子；父母客死他乡，不去收埋骸骨，这些都是最大的不孝。只是奉养父母的衣食，还不算是孝敬；只有能够体恤父母的心思，促成父母的志愿，才算是最大的孝敬。父母在世时，不能尽到赡养的责任，待去世后虽然尽孝，但不足以算是孝敬。既能在父母在世时，尽到赡养的责任，又能在父母去世后尽孝，这才算是"至孝"。我的生母，我固然应当尽孝；后母庶母，我也应该尽孝道。我的母亲或许因过失而被父亲休掉，或者改嫁，但母亲生育我的劳苦，也是不可以背弃的。幼年就失去父母而孤苦伶仃，恩爱养育我的养父母，都不可忘记，何况是亲生父母。同母兄弟，我固然应当友爱；前母所生兄弟，我也应当友爱。亲生姐妹，我固然应当和敬，对于妯娌，我也应当和敬。我的亲生子女，我固然保爱；前妻所生的子女，我也应当保爱。一切善行，家人一起身体力行，无不是由此孝心推及而来。按照这个样子来尽孝，才能够真正为孝。于是开始知道百般品行，孝才是源头。

## 原文

我孝父母，不敬叔伯，不敬祖曾，于孝有亏。我孝父母，不爱子孙，不敦宗族[1]，于孝有亏。我孝父母，不和姻娅[2]，不睦乡党[3]，于孝有亏。我孝父母，不忠君上，不信师友，于孝有亏。我孝父母，不爱人民，不恤物命，于孝有亏。我孝父母，不敬天地，不敬三光[4]，不敬神祇，于孝有亏。我孝父母，不敬圣贤，不远邪佞[5]，于孝有亏。我孝父母，财色妄贪，不顾性命，知过不改，见善不为，于孝有亏。淫毒妇女，破人名节，于孝有亏。力全名节，于孝更大。奉行诸善[6]，不孝吾亲，终为小善；奉行诸善，能孝我亲，是为至善。孝之为道，本乎自然，无俟勉强。不学而能，随行而达。读书明理，因心率爱，因心率敬，于孝自全。愚氓愚俗，不雕不琢，无乖无戾[7]，孝理自在。苟具灵根[8]，知爱率爱，知敬率敬，于孝可推。孝庭子容，孝壶妇仪[9]。孝男端方[10]，孝女静贞[11]。孝男温恭[12]，孝女顺柔。孝子诚悫[13]，孝妇明洁[14]。孝子开先，孝孙承后。孝治一身，一身斯立；孝治一家，一家斯顺；孝治一国，一国斯仁；孝治天下，天下斯升[15]；孝事天地，天地斯成。通于上下，无分贵贱。

## 注释

①敦：敦睦，互相友好和睦。

②姻娅：亲家和连襟，泛指姻亲。韩愈《县斋有怀》："名声荷朋友，援引乏姻娅。"

③乡党：泛指乡里、家乡。

④三光：指日、月、星。

⑤邪佞：奸邪小人。

⑥奉行：履行。

⑦乖：违背；不和谐；不协调。《荀子·天论》："父子相疑，上下乖离。"

⑧灵根：灵性之根。

⑨壸：宫里的道路，借指行孝的途径。妇仪：妇女的容德规范。

⑩端方：正直；端庄。

⑪静贞：娴静贞洁。

⑫温恭：温和恭敬。《尚书·舜典》："濬哲文明，温恭允塞。"

⑬悫（què）：诚实。

⑭明洁：清白；高洁。

⑮升：即升平。太平的意思。

## 古文今译

我孝敬父母，不敬爱叔伯，不敬爱祖先，有损孝德。我孝敬父母，不爱子孙，不敦睦宗族，有损孝德。我孝敬父母，不和爱姻亲，不与乡邻和睦，有损孝德。我孝敬父母，不效忠君上，对师友不讲信用，有损孝德。我孝敬父母，不爱人民百姓，不怜恤万物的生命，有损孝德。我孝敬父母，不礼敬天地，不礼敬日月星辰三光，不礼敬天地神明，有损孝德。我孝敬父母，不敬奉圣贤，不远离恶人，有损孝德。我孝敬父母，非分地贪求财色，不顾性命，知道过错而不悔改，见有善行可为而不去做，有损孝德。奸淫毒害妇女，破坏人家的名声和节操，有损孝德。极力成全别人的名节，这算是大的孝行。虽能奉行各种善行，但不孝敬父母，终究只是小善；奉行各种善行，而又能够孝敬父母，这才称得上是"至善"。为孝之道，本于人心自然本性，没有一点勉强。不通过学习就能实行，随着自己的良心去做，所作所为自然就合乎孝道。读书明白了道理，用良心统率爱，用良心统率敬，自然就能够使孝圆满。愚夫俗子，不经过雕琢，没有不和暴戾之气，自然合乎孝道。假使他们具有了灵明的根性，知道用爱心来统率爱，知道用敬心来统率敬，这样，孝行就可以推行于外了。想知道在父母之前的孝敬，看儿子的容颜，就可以知道；想知道闺中女子的孝行，看妇女的容德威仪，就可以知道。孝子的行为端重大方，孝女文静贞洁。孝子温良恭敬，孝女顺从柔和。孝子行事诚恳，孝妇持身清洁。孝子率先行孝，就必定会有孝孙继承孝行。通过尽孝来修身，一身的品行就可以立正；通过尽孝来治家，全家就会和顺；通过尽孝来治国，国家就会充满仁爱；通过尽孝来治理天下，天下就会升平；通过尽孝来事奉天地，天地就会太平。孝道可以通达于天地，不分贵贱，都要尽孝。

## 原文

**偈曰：世上伤恩总为财，诚比诸务尤为急。相通相让兄和弟，父母心欢家道吉。财生民命如哺儿，禄奉君享如养亲。本之慈孝为源流[1]，国阜人安万物熙[2]。**

## 注释

①源流：事物的本末。

②阜：丰富；富有。熙：兴盛。

## 古文今译

偈说：世上恩情的伤害总是由于金钱的缘故，这比其他各种事务尤为关键。兄弟之间应该相互通融，相互谦让，父母心里欢喜而家境也会吉祥。用钱财养育人民的生命就如哺乳幼儿，做高官事奉国君就如同赡养双亲一般。总之以慈爱孝道为源流，就会国家强盛，人民安居乐业，万物万事光明兴盛。

## 原文

**又说偈曰：子赖亲安享[1]，不思尽孝易。若或罹困苦[2]，方知尽孝难。难易虽不同，承顺是一般[3]。**

## 注释

①安享：安然享用。

②罹：遭受困难或不幸。

③承顺：敬奉恭顺。

## 古文今译

又说偈道：子女因为依赖父母而得以安享，而不想着尽孝是否容易。只有遭受了困苦，才会知道尽孝的困难，难和易虽然不相同，但敬奉恭顺父母却并没有不同。

## 原文

**又说偈曰：今为辨孝者，辨自夫妇始。孝子赖贤助，相厥内以治。后惟尽其孝，君得成其绪。妇惟尽其孝，夫得成其家。同气因之协，安亲无他意。自古贤淑妻，动即为夫规。上克承姑顺[1]，下克抚媳慈。从来嫉悍妇[2]，动即为所惑。承姑必不顺，抚媳必不慈。惟尽为妻道，方可为人媳；惟尽为媳职，方可为人姑。身有为媳时，亦有为姑日。我用身为法，后人无不格。**

**嫔妃与媵妾[③]，致孝以安命。妇德成夫行，化从阃中式[④]。所系重且大，淑训安可越[⑤]。**

## 注释

①克：能够。

②悍妇：泼妇；凶悍之妻。

③媵（yìng）妾：陪嫁之侍妾。古代诸侯女儿出嫁，要有陪嫁之人，这些陪嫁之人通称为“媵”。《汉书·平帝纪》：“诏出媵妾，皆归家得嫁，如孝文时故事。”

④阃（kǔn）：门槛，内室，借指妇女的道德规范。

⑤淑训：指对女子的教育。晋·常璩《华阳国志·汉中士女赞·礼硅》：“惠英亦有淑训，母师之行者也。”



## 古文今译

又说偈道：今天我分辨什么是孝，是从夫妇关系开始着手的。孝子有赖贤惠妻子的帮助，互相帮助就能够使家庭得到治理。做皇后的惟有尽孝，做皇帝的才能继承好先皇传下的事业。做妻子的惟有尽孝，丈夫才能把家治理好。夫妻因为孝才能同气相协，安养双亲也并无别的心思。自古以来贤惠善良的妻子，其行动能成为丈夫规范。对上能够顺承婆婆的欢心，对下能够安抚慈爱媳妇。而自古以来嫉妒心强生性泼悍的媳妇，其丈夫的行动就会被她所迷惑，不能够顺承婆婆的心意，对媳妇亦不能安抚慈爱。惟有尽力按照做妻子的规范行事，才可以做人家的媳妇；惟有尽力履行做媳妇的职责，方才可以做人家的婆婆。既有做媳妇的时候，也有做婆婆的时候。只要自己能够以身作则，自己的后人才有行为的标准。作嫔妃的和作侍妾的，只有行孝才能安身立命。妻子的德行能够促成丈夫的品行，一切都是从内室行为标准而来。牵涉关系重大，怎么可以轻越做女人的训条。

## 原文

**又说偈曰：辨之以其心，毋使有不安。辨之以其行，毋使有或偏。辨之以其时，毋使有或迁。辨之以其伦，毋使有或间。大小各自尽，内外罔所愆[①]。诚伪在微茫，省惕当所先。**

## 注释

①愆（qiān）：罪过，过失。

## 古文今译

又说偈道：从心来辨别孝，千万不能使其心有所不安分。从行为辨别孝，千万不能使行为有所偏颇。从时间来辨别孝，千万不要使其孝行有所改变。从伦常之理来辨别孝，千万不要使其孝行错乱。男女老少各自尽孝，家里家外都无有过失。真诚和虚伪只在微茫之间，在行动之前应当反省警惕。



## 原文

**又说偈曰：亲怀为己怀，至性实[①]绵绵，即是佛菩萨，即是大罗仙。**

## 注释

①实：诚实。

## 古文今译

又说偈道：以双亲的情怀为自己的情怀，最真诚的本性实在是绵绵不绝，这就是佛、菩萨，这就是成道的大罗仙。

## 原文

**纯孝阐微咒：万般切己应为事，俱从一孝参观[①]到。胸中认得真分晓，孝上行来总是道。**

## 注释

①参观：观察。

## 古文今译

纯孝阐微咒：万种关系自己的应当做的事，全都可以由孝来观察到。只要认清了它真正的道理，本于孝道而行动，就一定会合乎道。

# 守身章第四

## 原文

真君曰：所谓孝子，欲体亲心，当先立身[①]。立身之基，贵审其守。无身之始，身于何始？有身之后，身于何育？有挟俱来，不可或昧，当思在我。设处亲身，爱子之身，胜于己身。菩菩乳哺，望其萌芽，冀其成材。寸节肢体，日渐栽培。何一非亲，身自劳苦，得有此身。亲爱我身，如是之切。保此亲身，岂不重大？守此亲身，尤当倍笃。遵规合矩，如前所为。矜骄不形[②]，淫佚不生[③]，嗜欲必节。父母之前，声不高厉，气不粗暴[④]；神色温静，举止持祥。习久自然。身有光明，九灵三精[⑤]，保其吉庆；三尸诸厌[⑥]，亦化为善。凡有希求，悉称其愿。兢兢终身[⑦]，保此亲体，无亏而归，是谓守身。苟失其守，块然躯壳[⑧]，有负父母，生而犹死。

## 注释

①立身：安身处世，立身处世。

②不形：不显露。

③淫佚：纵欲放荡。

④粗暴：粗鲁暴躁。

⑤九灵：指身中的九位神灵。《九天应元雷声普化天尊玉枢宝经》所载为：一叫天生，二叫无英，三叫玄珠，四叫正中，五叫子丹，六叫回回，七叫丹元，八叫太渊，九叫灵童。据称召此身中九灵则吉利。三精：日、月、星。《后汉书·光武帝纪·赞》："九县飙适，三精雾塞。"

⑥三尸：亦称"三虫""三彭"。道教认为，人体内有三条虫，或称"三尸神"。

⑦兢兢：谨慎小心的样子。

⑧块然：木然无知貌。《庄子·应帝王》："于事无与亲，彫琢后朴，块然独以其形立。"成玄英疏："块然，无情之貌也。"

## 古文今译

真君说：所谓孝子，要想体恤双亲的心志，首先应当立身处世。立身的基始，最为重要的是要慎重自己的操守。没有人身的初始之时，我的身体是从何处而来的呢？有了人身之后，身体又是怎么得以抚育的呢？我有从出生挟持同来的良心，此心不可暗昧，我应当仔细想想。以父母的立场设身处地地想想，父母怜爱子女的身体，胜过爱护自己的身体。艰难地哺乳，期望他渐渐成长，希冀他能够成为有用的人。一寸一节肢体，日渐栽育培养。哪一点不是靠双亲勤劳保护，才得以有了我的存在？父母爱我此身，是如此的关切，好好保护此身，怎能不关系重大？守持好双亲给我的身体，尤其应当加倍地坚定。遵守规则符合规范，效法前人的行为。骄横傲慢之貌不显，淫欲放荡之心不生，节制自己的不良嗜好和欲望。在父母面前，声音不要太高，气息不要粗大。神色温柔娴静，行动举正舒缓。坚持久了就成为自然的事情。这样，身体就有光明，九灵三精等神就会保佑你吉祥。而三尸等邪神，也会化恶为善。凡有希望得到的东西，都会称心如愿。众生都小心谨慎，保护好双亲给我的身体，没有一点亏损而返归原初，这就是守身。如果不能持守，徒具躯壳，就会辜负父母，虽生犹死。

## 原文

**抑知人生，体相完备，即有其神，每日在身，各有处所。一身运动，皆神所周。神在脏腑，欲不可纵；神在四肢，刑不可受。纵欲犯刑，非伤即死。凡有身者，所当守护。守真为上①；守心次之；守形为下②。愚夫匹妇③，无所作为，亦足保身。何尔聪明，奸伪妄作，昧性忘身，沉溺欲海④，全不省悟。大罗天神，观见斯苦，发大慈悲，降生圣人，以时救度⑤。惟兹圣人，躬先率孝。加检必谨，加恤必至。不忍斯人，堕厥亲身。一切栽持，遂其所守。种种孝顺，当身体物⑥。体在一身，化在众生。畀兹凡有，同归于道。身居不动，肆应常普⑦。如是守身，是为大孝。**

## 注释

①守真：保持真元精气；保持本性。语出《庄子·渔父》：“慎守其真，还以物与入，则无所累矣。”

②守形：专注于形体。《庄子·山木》：“吾守形而忘身，观于浊水而迷于清渊。”

③匹妇：古代指平民妇女。

④欲海：爱欲之深广譬如海。比喻贪欲或情欲的深广。

⑤救度：救助众生出尘俗，使脱离苦难。

⑥当身：自身，本人。

⑦肆应：指善于应付各种事情。

## 古文今译

哪里会懂得人生，形体相貌完备，就会有神，它每天都在人身中，身体各部位都是它的处所。整个身体的运动，都是由神主宰。神存在于五脏六腑，不可以纵欲；神存在于四肢，不可以受到刑罚。放纵欲望，触犯刑律，非死即伤。凡是有身体的人，都应当守护。保守真性是最上乘的，守持良心次之，保守形体最次。一般的平民百姓，没有什么作为，也可以做到保身。为什么你这么聪明，却去做奸佞之事，蒙昧心性，忘了自身，沉溺于欲海，却全然不知反省醒悟。天帝神仙看到这些，发大慈悲心，降生圣人，以便能够随时救度世人。只有这样的圣人，亲自率先躬行孝道。谨慎加倍地检查自己，加倍地爱恤自身。不忍心看到世人，将父母给予他们的身体堕落毁坏。一切栽培扶植，无非帮助他们实现保守身体的目的。种种孝顺的行为，当以自身体恤万物。体道虽是圣人一人，却能够感化众生。将此道理授给所有有身体的人，使其同归于孝道。守身不动，而又能广泛地应接事物，如此守身，那才是大孝。

原文

**即说偈曰：亲视子身重，常视己身轻。人何反负己，损身背吾亲。莫将至性躯①，看作血肉形。今生受用者，夙世具灵根②。**

注释

①至性：指天赋的卓绝的品性。

②夙世：前世。佛教所指的已过去的一生。

古文今译

即说偈道：双亲非常看重子女的身体，常常将自己的身体看轻。人们为什么反而背叛自己，损坏自身而违背父母。不要将充满灵性的身躯，看作是血肉形体。今生之所以能够享受一切，是因为前世所造就的灵根。

原文

**又说偈曰：一切本来相，受之自父母。谓身即亲身，人犹不之悟。谓亲即身是，重大不可误。完厥惺惺体①，尽我所当务②。无量大道身，圆满随处足。**

## 注释

①惺惺：聪明，机灵。敦煌曲子词《定风波》之四："时当五六日，言语惺惺精神出。"

②当务：当前应作之要务。《孟子·尽心上》："知者无不知也，当务之为急。"

## 古文今译

又说偈道：一切本来体相，从父母那里禀受而来。说自己身体即是双亲的身体，人们仍然不能明白这个道理。所谓父母即是自身，此理重大不可有误。保全这个聪明的躯体，完成我当前应做的要务。成就无量大道身，随处都圆满充足。

## 原文

**又说偈曰：同此亲禀受，一般形体具。善哉孝子身，超出浮尘世。以兹不磨守，保炼中和气①。真培金液形②，元养玉符体。广大不可限，生初岂有异。**

## 注释

①中和气：指元气。道教经典一般认为，元气为"无上大道"所化生，混沌无形，由元气产生阴阳二气，阴阳和合，产生万物。《太平经·和三气兴帝王法》："元气有三名，太阳、太阴、中和。"

②金液：指金液还丹之气，遍运四体，与道合真。其中金液还丹，指通过练功，使元精、元熙、元神化合而成大药。

## 古文今译

又说偈道：每个人的形体都是禀自父母，形体具备。好啊，孝子的身体，能够超越尘世。不磨灭自己的对身心的保养守护，保持炼养和谐的元气。以真气培养长生不死的身体，以元气涵养神仙体身。广大不可限量，有生之后的形体与原初的本性没有差异。

## 原文

**孝子金身咒：惟此光明孝子身，果是金刚不坏身[1]。化成即在当身内，现出千千万亿身。**

## 注释

①金刚不坏身：指修成正果的法身，不老不坏，万劫长存。

## 古文今译

孝子金身咒：惟有这个光明的孝子身，果真是金刚不坏身。一旦修化成就，即在自己身内显现千千万亿个化身。

# 教孝章第五

## 原文

**真君曰：孝自性具，教为后起。世多不孝，皆因习移。意既罔觉[1]，智又误用。圣人在上，惟教为急。教之之责，重在师傅，尤当慎择。贤良之师，化恶为善；不贤之师，变善为恶。师而不教，过且有归；教之不善，其罪尤大。不贤之师，导之匪僻[2]，引之邪佞，养成不肖，流为凶顽[3]，越礼犯纪[4]，妄作无忌。虽欲救之，急难格化。如是为教，罪实非轻。**

## 注释

①意：清刻本《文昌孝经注解》中为“愚”。本书采用其说法。罔觉：无知。

②匪僻：邪恶。《明史·刘最传》：“寻请帝勤圣学，於宫中日诵《大学衍义》，勿令左右近习诱以匪僻。”

③凶顽：凶狂且不易制伏。

④越礼：不遵循礼仪法度。

## 古文今译

真君说：孝是人性中本来自有的，教育尽孝则是后来出现的。世人多半不孝，都是因为习俗使其改变。愚笨之人不明道理，聪明的人又错用心思。圣人在上，惟独对于孝道而着急。教习孝道的责任，重要的是在师傅，尤其应当慎重选择。贤良的师傅，能将恶人化导成善人；不贤明的师傅，却能将善人变成恶人。作为师傅而不教导学生，师傅有过错，并对过错负有责任；而如果教导不好的东西，其罪过就更加重大了。不贤明的师傅，会教导人行为邪恶，引到奸邪的道路上，教成品行不端之人，流变为凶狂顽劣之人，毁越礼法，违犯法纪，胡作非为而没有忌惮。虽然想拯救这样的人，但急切间也难以改正变化。如果像这样为师教人，罪过实在是不轻。

## 原文

**药石之师①，惟贤是与。行己端庄②，导人忠信，教不他设。孝无畸形，因其本然，还所固有。朝敦夕诲③，幼育长循，惟兹孝弟，化行是先。虽至愚氓，无不晓习。如是为教，功实不少。为功为罪，职岂易任。惟名尊严，其实如何？孝弟是宗④。能乎孝者，弟亦本诸。助君为理，转移风俗，全在师儒。教不可误，师不可违。自重在师，率教在弟⑤。孝原自具，有觉斯兴。**

## 注释

①药石：古时指治病的药物和砭石，后比喻规劝别人改过向善。

②行己：谓立身行事。《论语·公冶长》："子谓子产：'有君子之道四焉：其行己也恭，其事上也敬，其养民也惠，其使民也义。'"

③敦：敦促；督促。《诗·邶风·北门》："王事敦我。"

④弟（tì）：同"悌"，遵从兄长。

⑤率教：听从指教，遵从教导。

## 古文今译

能够导人向善的师傅，只教人以贤良的品德。立身行事端正庄重，以忠信引导人，其他不合乎孝道的事情，不敢教人。孝道更没有技巧，不过依于人的自然本性，复归人的固有善性。朝夕不断地敦促教导，长幼都依循而行，总要用此孝弟之道，先行教育化导。虽是愚笨之平民百姓，也没有不熟悉的。像这样教育学生，功德实在是不少。既能立功也能获罪，师傅一职不是那么容易胜任的。师傅的名称甚是尊贵威严，其实质又是什么呢？就是以"孝""弟"为根本。如果能够以孝服人，"弟"的品质也就本于此而立了。帮助国君治理国家，移风易俗，完全在于以儒为师。师傅不可误人子弟，子弟不可以违背师傅。师傅应当自重自爱，弟子应当遵从教导。孝本来都是自性具备的，但有了师傅的提醒，孝心才得以兴起。

## 原文

**偈曰：孝弟虽天性，良师当时省。一或干不孝，何能全弟行。罪愆有攸归①，师实难卸任。能作如是观，训之方有定。**

## 注释

①罪愆（qiān）：罪过；过失。

## 古文今译

偈说：孝悌虽然都是源自天性，但也有赖良师的时时警醒。一干不孝的事情，怎么能使“弟”行圆满。罪愆有所源自，师傅实在难于推卸责任。能够有这样的认识，训导弟子才能有确定的准则。

## 原文

**又说偈曰：教虽赖良师，人亦当自谨[①]。无自干不孝，徒然费师训。**

## 注释

①谨：谨慎。

## 古文今译

又有偈说：教化虽然有赖好的师傅，人们也应当自己谨慎。无故做不孝的事情，就白白地浪费了师傅的教训。

# 孝感章第六

## 原文

帝君曰：吾证道果，奉吾二亲，升不骄境，天上聚首，室家承顺，玉真庆宫，逍遥自在。吾今行化，阐告大众：不孝之子，百行莫赎；至孝之家，万劫可消。不孝之子，天地不容，雷霆怒殛[1]，魔煞祸侵；孝子之门，鬼神护之，福禄畀之。惟孝格天，惟孝配地，惟孝感人，三才化成。惟神敬孝，惟天爱孝，惟地成孝。水难出之，火难出之，刀兵刑戮，疫疠凶灾，毒药毒虫，冤家谋害，一切厄中，处处祐之。孝之所至，地狱沉苦，重重救拔；元祖宗亲，皆得解脱；四生六道[2]，饿鬼穷魂，皆得超升；父母沉疴，即时痊愈。三十六天[3]，济度快乐；七十二地[4]，灵爽逍遥[5]。是以斗中，有孝弟王，下有孝子，光曜乾坤，精贯两仪[6]，气协四维，和遍九垓[7]，星斗万象，莫不咸熙[8]。神行河岳，海波不扬；遐荒是奠[9]，遐迩均孚[10]。孝之为道，功德普遍。

## 注释

①殛（jí）：诛灭；杀死。《尚书·舜典》："殛鲧于羽山。"

②四生：佛教将世界众生分为四大类：一、胎生，如人畜；二、卵生，如禽鸟鱼鳖；三、湿生，如某些昆虫；四、化生，无所依托，唯借业力而忽然出现者，如诸天与地狱及劫初众生。六道：也称"六趋"。道，道路；趋，趋往。指归趋之处。佛教认为，一切众生都因业报而在六道中轮回。六道指地狱、鬼、畜生、阿修罗、人和天。

③三十六天：道家谓神仙所居天界有欲界六天、色界十八天、无色界四天、四梵天、三清天、大罗天，共三十六天。

④七十二地：道教认为，在大地名山之间，上帝命真人治理，其间多得道之所。《云笈七签》二七："七十二福地，在大地名山之间，上帝命真人治之，其间多得道之所。"

⑤灵爽：指神灵，神明。

⑥两仪：指天地，谓宇宙本体太极分而为天地，天地则生春夏秋冬四时。

⑦九垓（gāi）：道教中指九重天，即中央与八极之地。又称九陔、九阂。

⑧熙：兴起；兴盛。《尚书·尧典》："庶绩咸熙。"

⑨遐（xiá）荒：边远广阔的地方。曹植《五游》："逍遥八绂外，游目历遐荒。"

⑩遐迩（ěr）：远近。孚（fú）：信服；为人信服。《左传·庄公十年》："小信未孚，神弗福也。"

## 古文今译

帝君说：我证得道果，侍奉我的双亲，升入不骄帝境，家人在天上聚首，妻妾遵奉顺从，在玉真庆宫里，逍遥自在。我今天施行教化，阐述告知大众：

不孝的子女，百种善行都不能救赎他的罪过；达到至孝的人家，万般劫难都能够消除。不孝的子女，天地不容，雷霆怒击，魔鬼恶煞用各种灾祸侵袭他；孝子之家，鬼神保护他，福禄赐予他。惟有孝能够感通天，惟有孝能够配享地，惟有孝能够感化人，天地人三才得以化生长成。惟有神敬重孝，惟有天热爱孝，惟有地成就孝。无论是出现水灾，出现火灾，刀兵刑戮，疾病瘟疫，毒药毒虫，冤家谋害，一切灾厄中，处处都能得到神灵的佑护。孝所到之处，沉沦于地狱的苦难，都会得到解救；始祖宗族，都会得到解脱；四生六道中的恶鬼穷魂，都能得到超升；父母的重病，即时痊愈。三十六天中，以济度为快乐；七十二福地，魂灵逍遥自在。所以在斗星之中，有孝弟王，在下界有孝子，光耀天地，精气贯通天地，协调四方，协和九重天之内的万物，星斗万象，无不兴盛。神行遍江河山岳，海波不扬；遥远的地方进献贡物，远近的人们都信服可见。孝作为道，其功德广布，遍及一切。

## 原文

**偈曰：迹显心亦显，感应固神妙[①]。若有心不孝，盗名以为孝，假以欺世人，中实难自道。迹或似不孝，身心实尽孝，世人竞黜之，心惟天可告。独此两等人，感不漏纤毫。天鉴不可欺[②]，祸福时昭报。**

## 注释

①感应：众生因礼拜供养祈念观修等机缘，感通佛菩萨，以神通法力加被，满足愿求，给予利益，称为感应，也称为感通。一般说有四种感应方式：一、冥机冥应。众生因宿世善根，今生虽未必祈念佛菩萨，而冥冥中为佛菩萨护念加被，但这种感应无明显表征，不被众生所觉察。二、冥机显应。众生因宿世善根，今生虽未必祈念佛菩萨，但明显遇佛菩萨度化，明显受益。三、显机冥应。今生祈念佛菩萨，精勤修行，虽然不见有明显的感应，而实

际上得到佛菩萨的护念加持，实际获益。四、显机显应，今生祈念佛菩萨，精勤修行，感佛菩萨明显之加被护念。以上四句一一又各具四句：冥机冥应、冥机显应、冥机亦冥亦显应、冥机非冥非显应，共成一十六种感应。总之，有感必应，是大乘经中所说佛菩萨证得的利益众生之功德。

②天鉴：上天的鉴视。《后汉书·张衡传》："天鉴孔明，虽疏不失。"

## 古文今译

偈说：行迹显现，人心也就会显现，善恶感应也固然神妙。如果心里不孝，而为了窃取声名而行孝，这是假借孝之名欺骗世人，中间的道理实在难以说明。有人行为好像是不孝，而身心却实在是尽孝，世人竟相贬低攻击他，其心思只能告知上天。唯独这两种人，感应不漏一丝一毫。天的鉴察不可欺瞒，祸福报应时常昭显。



## 原文

**真君曰：凛哉！凛哉！今劝世人，遵吾修行。感应之机，速于众善。背吾所言，天条不赦[①]，万劫受罪[②]。**

**夫人之生，养亲有缺，且难为子，何况世人，毁骂父母，腹诽父母[③]。亲且毁骂，殴叔詈伯，弑君凌师，无所不为。**

**子在怀抱，气不忍吹。及其长也，爱之者真，训之者严。以爱子心，用之挞楚[④]，挞亦是爱，嗔亦是爱。即有盛怒，子惟柔顺。欲再杖时，手不能下。何尔世人，拒亲责己，如抗大敌。天怒地变，岂容大逆。**

**子有病厄，亲处不安。何于亲疾，绝不关心。子有劳苦，亲关痛痒。何况我体，犯法极刑。子苟不育[⑤]，泪不曾干，冀其重生，伤人七情[⑥]。何尔世人，父母终天，未及三年，思慕中衰。飨祭失**

**时，亲骨不葬，且干不孝。何尔世人，贫发亲冢，卖穴暴露。嗟尔父母，念念及子。何尔世人，凡事用心，独于父母，有口无心⑦，不肯实为。人之一身，诸般痛楚，何处可受？何尔化外⑧，火焚亲尸，全无隐恻，美名火葬，于心最忍。夫人之死，口不能言，肢体难动，心实未死，犹知痛苦。过七七日⑨，心之形死，其形虽死，此心之灵，千年不死。火焚而炽，碎首裂骨，烧筋炙节，立时牵缩，心惊肉跳，若痛苦状。俄顷之间，化为灰烬。于人且惨，何况我亲？**

**抑知冥狱，首重子逆。阎罗本慈，人自罪犯，多致不孝，自罹冥法。人尽能孝，多致善行，地狱自空。一节之孝，冥必登记，在在超生。诵是经者，各宜省悟。苟无父母，乌有此身。报恩靡尽，衔慈莫极⑩。人果孝亲，惟以心求。生集百福，死列仙班⑪；万事如意，子孙荣昌；世系绵延，锡自斗王。是经在处，可镇经藏，可概万行，厌诸魔恶，成大罗仙，长保亨衢⑫，何乐不从？**

## 注释

①天条：上天的律令、法规。

②万劫：佛经谓世界有成、住、坏、空四期，皆称为劫。万劫为万世。

③腹诽：亦作“腹非”。口里不言，而内心里反对。专制时代有所谓“腹诽之法”。《史记·平准书》：“汤奏当异九卿见令不便，不入言而腹诽，论死。自是之后，有腹诽之法。”

④挞（tà）楚：鞭打。楚：落叶灌木，枝干坚劲，可以做杖。古代多指刑杖，或学校责罚学生的小杖。

⑤不育：夭折。

⑥七情：人的感情。中国伦理史上有儒家与佛教两种七情说。儒家把喜、怒、哀、惧、爱、恶、欲作为七情（见《礼记·礼运》）。佛教把喜、怒、

忧、惧、爱、憎、欲作为七情。

⑦有口无心：指没经过认真考虑的随便乱说，或者嘴上爱说而心里没什么。

⑧化外：指政令教化所达不到的地方。《唐律疏议·名例·化外人相犯》："诸化外人，同类自相犯者，各依本俗法。"

⑨七七：人死后每七天祭奠一次，最后一次是第四十九天，叫"七七"。也叫"尽七""满七""断七"。"七七"的风俗，源于佛教因果轮回之说。佛教认为人命终后，转生前为"中有"（也称"中阴"）阶段。其间以"七日"为一期，寻求生缘，最多至七七四十九日止，必得转生。故佛教丧俗盛行七七四十九日中，营斋修福，以祈求死者转生胜处。

⑩衔：含在心里。蔡琰《胡笳十八拍》："衔悲畜恨兮何时平。"

⑪仙班：天上仙人的行列。

⑫亨衢（qú）：亨：通达，顺利。衢：大路，四通八达的道路。比喻官运亨通。

## 古文今译

真君说：畏惧啊！畏惧啊！现在我劝化世人，遵照我所说的去修行。天人感应的征兆，快于孝之外的各种善行。违背我的教导，上天的法则也不会赦免他，就会万劫不复，永远受到罪罚。

人生在世，不能圆满地奉养双亲，尚且难以成为合格的子女，更何况现今之人，诋毁咒骂父母，嘴里虽不说，而在心里非议父母。双亲都敢诋毁咒骂，更不用说殴打咒骂叔伯，弑害君主，凌辱老师，以至于无所不为。

子女在父母怀抱中时，父母都不忍心气息吹到他们。等到子女长大，对他们爱得真切，教训得也很严厉。从爱护子女的心出发，鞭挞教训子女，这样的鞭挞是对子女的爱，嗔怒也是对子女的爱。父母就是对子女勃然大怒，子女也只有婉柔顺从。父母再想痛打时，也下不了手。为什么现今之人，拒绝双亲责备自己，与父母抗衡，如面临大敌一样。此时，天地也会动怒，岂能容忍这样大逆不道的人。子女有了病痛灾难，父母坐立不安。奈何对于父母的疾苦，子女却完全不放在心上。子女有了劳苦，都事关父母的痛痒，何况我犯了王法，身体受了极刑。子女如果夭折，父母眼泪就未曾干过，希望他能够获得重生，伤心痛彻心扉。为什么现今之人，在父母亡故后，还不到三年，对父母的思念敬慕就已经中断了，供奉祭祀不及时，父母的骨骸久停不葬，并且干不孝的事情。为什么现今之人，贫穷后就发掘双亲的坟墓，出卖墓穴，使父母的尸骨暴露。可叹你们的父母，念念都想到你们。为什么现今之人，对事关自己的一切事情都非常用心地去做，惟独对事关父母的事情，有口无心，不肯实在用力去做。人的一身，对于各种痛苦，哪一处能够承受？为什么没受教化的化外之人，用火焚烧父母的尸体，一点都没有恻隐之心，并且还冠以火葬的美名，这样的心肠是最狠毒的。人死之后，口不能说话，肢体不能活动，但人的心却实在还没有死，仍然能够感知痛苦。过了七七之后，心的肉体死去。虽然心的肉体已经死去，但心的灵魂，千年不死。用火焚烧的非常炽烈，头颅碎裂，骨骼破裂，燃烧筋脉，炙焚关节，尸体立刻就收缩，心惊肉跳，就好比是痛苦的情况。转瞬之间，化成灰烬。这对于人来说都是凄惨的，更何况是我的父母？

可知道，地狱首先重责忤逆之罪。阎罗王本来是慈悲的，只是人自己主动犯罪，从而导致不孝，触犯冥界律法。如果人都能够尽孝，多做各种善行，地狱自然就空了。每一件孝的行为，冥神必会登记，从而处处超生。诵读此经的人，各自都应当反省觉悟。如果没有父母，就没有我身，报答父母的恩情没有尽头，感激父母的慈爱没有终极。人们果真孝敬父母，只有用心去求取。活着就会百福聚集，死后就能位列仙班；万事如意，子孙尊荣昌盛，祖宗的血脉绵延永存。这都是得自北斗星君的恩赐。有这部经所在的地方，可以镇守佛藏道经，可以概括各种行为，镇压一切魔鬼恶神，成为大罗神仙，长久保持通达顺利，为什么不乐于听从呢。

## 原文

**孝感神应咒：禔唎禔唎[1]，人子心曲，仰事俯育[2]，一家气和。飞鸾广度，乐恺先歌，如意宝光，普照长忒[3]。**

**禔唎禔唎，尽孝靡他，解尽亲厄，消尽亲过，罪灭福生。孝思不磨，超脱九幽[4]，永离网罗。欲报亲慈，惟心常慕。**

**禔唎禔唎，至孝诚孚，亲生福禄寿增多，归去逍遥升天都，孝思不磨，乐永，佗娑唵娑诃。**

**但愿人子心，常如在母腹，一呼一吸中，吮血茹膏液；一血一脉间，俱属在父怙[5]。情虽性发，依为命府，阴阳日月从此觧[6]，乾坤翕辟从此觧，五声六律五行觧，五伦妙道从此觧。太虚有尽处[7]，孝愿无嗟磨。佗娑佗娑娑佗娑佗唵唎娑唎。**

## 注释

①禔（zhī）啝（hé）：提，安定，福祚。啝，顺。此处“禔啝”为咒语，不作词义解。

②仰事俯育：即仰事俯畜。意为对上能奉养父母，对下能抚育妻小。《孟子·梁惠王上》：“明君制民之产，必使仰足以事父母，俯足以畜妻子。”

③怣：喜悦；快乐。

④九幽：道家所称九地之下、九方幽暗之处，是为人死后鬼魂所居之地。其南为幽阴、西为幽夜、北为幽酆、东北幽都、东南幽冶、西南幽关、西北幽府、中为幽狱。

⑤怙：依靠；依仗。《诗·小雅·蓼莪》：“无父何怙？无母何恃？”

⑥龢（hé）：“和”的异体，调和的意思。

⑦太虚：指无垠的宇宙。《素问·天元纪大论》：“太虚寥廓，肇基化源。”

## 古文今译

孝感神应咒：禔啝禔啝，人子的心事是，对上能奉养父母，对下能抚育妻小，一家人和气。神人驾着鸾鸟普度众生，欢快的乐曲到处飘荡，如意的祥光，普照永远喜乐之人。

禔啝禔啝，尽孝不是为了别的，而是要解除双亲的所有的灾厄，消除双亲所有的过错，从而罪过灭尽，福气多生。孝的心念不灭，就能超脱鬼域，永离灾难的罗网。想要报答双亲的慈恩，只有心里常常慕恋孝道。

禔啝禔啝，尽孝诚信，可以使父母的福禄滋生，寿命增长，死后能够逍遥升至天府，孝亲之思不灭，福乐永远，佗娑啼娑诃。

但愿子女的心，常常像在母亲腹中一样，一呼一吸，吸食母亲的脂膏和血液；一血一脉，都倚仗父亲的扶持。情虽然是发自心性，是命的依靠，阴阳日月都是从这里得到协调，天地的运行是从这里得到调和，五声六律五行和谐，五伦妙道也是从这里得到协调。宇宙有尽头，孝的心愿不磨灭。佗娑佗娑娑佗娑佗唵喇娑娑啊。

## 原文

**孝子文印偈曰：至文本无文，韫之孝道中，发现自成章，司之岂容泄。天聋与地哑，非聋亦非哑，特将天地秘，不使人尽解。朱衣与魁光①，变幻文人心。遇彼不孝子，塞其聪明路；遇彼纯孝子，开其智慧途。凡才作仙品，仙品作凡才。文虽有高下，黜陟岂人操。或因前生报，或因今生报，今生或后报，必当为孝显。文章作证明，阐扬在大道。**



## 注释

①朱衣：官员。有“朱衣点头”的典故，指穿着朱衣的神人点头；借指科举考试得中。也指试卷被考官看中。魁光：即魁星，亦称奎星。为主科名、主宰文章兴衰的神。《重修纬书集成》：“奎主文章。”

## 古文今译

孝子文印偈说：非常好的文章本自无文，蕴藏在孝道中，发现它的道理就能自然成章，实行起来是不能有一点泄露。天聋和地哑，并不是真的聋，也不是真的哑，是特别为了使天地的秘密，不尽被人所解知。朱衣神和魁星，变幻文人心智。遇到不孝的子女，就会阻塞其聪明的道路；遇到纯洁的孝顺子女，就会开辟其智慧的道路。平凡才智的人可以列入仙品，具有仙品的人也会成为凡才。文章的好坏虽有高下之分，贬斥和提升都不是人所能操控的。

或者是因为前生今报，或者因为今生今报，今生报或后世报，都必定是通过孝而得到显扬。用文章作证明，说明和宣扬在于大道。

## 原文

**孝子桂苑天香心印偈曰：我有蟾宫桂[1]，仙品真足贵。禀蕴斗星灵，包含月华精。元和钟妙蕊[2]，枝根挺天衢[3]。苍龙覆七曲[4]，光辉连玉宇[5]。栽得大灵根，吐兹百宝芬。一萼自天逗，大地万花稠。流化在人间，所到无不周。纷纷世上胄，植香岂不茂。易茂亦易落，暂而不能久。无如天上桂，一萼盛千薮。愈散觉愈远，愈久觉愈悠。香随九天翔，浩荡风清飙[6]。馨怀万会秋，真妙永无量。名之为金粟，载之在奎斗。珍贮庆宫中，高占璧楼头。不是擎元叟，莫得主其有。若非植善手，莫得攀兹秀。勿与轻薄子，必以孝为首。莫下害良笔，莫使亵字手。孝子之所为，我当赉赐厚。千祥凝聚处，早把天香授。果是诚孝子，不求而自授。不孝不弟人，求攀终莫有。变孝妄行逆，有必夺其有。悔逆猛从孝，无仍赐其有。圣人孝天地，大位帝眷佑[7]。须知世所贵，必从天上酬。祈游桂苑者[8]，宜认此来由。中间莫错路，自有非常遗。亿色花香里，重重宝光覆。洞明万户玲，天天叠文秀。凝成篆籀章[9]，结合五霞构。秘策列缤纷，仙韵不停流。悉在光中过，遍照大神洲。盘旋观不尽，群仙晤且逅。花随步履扬，馥自冠裳透。略嗅云霄桂，洗尽尘俗垢。千孔与百窍，感香俱灵牖。心腑也充满，福缘无不偶。人圃独推元，垂芳能不朽。宝哉勿轻锡，慎重待孝友。**

## 注释

①蟾宫：月宫。

②元和：金浆玉醴。钟：积聚。《左传·昭公二十八年》："子貉早死无后，而天钟美于是。"

③天衢：天街。形容天地广阔。

④苍龙：四象之一，东方七宿的合称，即角、亢、氐、房、心、尾、箕七宿。

⑤玉宇：传说中神仙的住所。

⑥飙（biāo）：暴风、疾风。

⑦大位：显贵的官位。

⑧桂苑：古代文人以"桂苑"借喻科举考场，能遨游桂苑，也即能通过科举取得功名，享有清誉。

⑨籀（zhòu）：籀文，古代一种字体，即大篆。



## 古文今译

孝子桂苑天香心印偈说：我有蟾宫的桂枝，仙品是非常珍贵的，禀藏着斗星的灵气，包含月亮的精华。元和之气聚集在奇妙的花蕊，枝根挺向广阔天空。苍龙覆含着东方七宿，光辉连着宇宙。栽培大灵根，吐出百宝的芬芳。一个花萼就能看到天的尽头，大地万花稠密。流化于人间，所到之处无不周全。尘世上众多的后代，种植后怎能不繁茂。容易繁茂，也容易衰落，只能暂时而不能长久。不如天上的桂枝，一萼就胜过尘世的成千上万个。越发散就越觉得远，时间越长，就越觉得悠香。香气在九天飞翔，随着清风飙风浩浩荡荡。馨香包藏万秋，真实奇妙永远不可限量。以金粟为名，装载在奎斗。珍藏在玉真庆宫中，高高地占据璧楼顶。不是持守善的长者，是不能主宰它的。如果不是行善人的手，是不能攀摘这样的美丽花朵的。不能给予轻薄的人，必定给予行孝为首的人。不要下笔损害忠良，不要使用亵渎文字的手。对于孝子的所作所为，我必定对其厚加奖赏。在千祥凝聚的地方，早点把芳香的桂花授给他。如果真是至诚的孝子，不用祈求我自然就会授给他。不孝不弟的人，就是攀求也不会得到。改变孝行，倒行逆施，即使有了也必定会被剥夺。悔改违逆而大力行孝，即使原本没有这福分，上天也会赐予。圣人孝敬天地，文昌帝君就会眷顾保佑他得到显贵的官位。必须知道尘世所贵重的东西，必定来自上天的酬报。祈望遨游桂苑的人，应当认清楚这个缘由。在里面不要认错道路，自然会有非常的遭遇。裹身在亿种花香里，覆盖在重重宝光中。照亮千家万户，每天都增加文才。凝结成各种文章，结成五彩云霞。奥妙文书缤纷排列，神仙的声韵不停地漂流。全都在光明中流过，遍照神州大地。徘徊停留而看不完，群仙不期而遇。花朵随着脚步纷扬，芳香从衣帽中透散出来。略微闻过天上的桂香，就能洗尽尘俗的污垢，千孔百窍，感受到香味都获得灵气。心肝脏腑也充满灵气，福分没有不成双成对而至的。入围被推为魁首，流芳万世而不朽。宝贵的东西啊，不轻易赐予，慎重地等待孝顺父母友爱兄弟的人。



## 原文

**吾奉九天元皇帝君律令，乃说赞曰：纯孝本性生，无不备于人。体之皆具足，践履无难循。以此瞻依志，无忝鞠育心[①]。在地自为纪，在天即为经。生民安饮食，君子表言行，父母天亲乐[②]，无奇本率真。人人若共遵，家国贺太平。放之充海宇，广之塞乾坤，孝行满天下，尘寰即玉京[③]。**

## 注释

①忝：辱；辱没。引申为愧；惭愧。《诗·小雅·小宛》："无忝尔所生。"鞠育：抚养；养育。语本《诗·小雅·蓼莪》："父兮生我，母兮鞠我，拊我畜我，长我育我。"

②天亲：指父母、兄弟、子女等血亲。

③玉京：指白玉京。道家传说，在天的中心处，有玉京山，是元始天尊所居之处，山中的宫殿有七宝官、七宝台等，都是用黄金白玉等建成的，作为三十二帝之都。

## 古文今译

我奉九天元皇帝的律令，就此说赞：纯粹的孝来自人的本性，人人无不具备。用心体究，人人具备，实践起来也不难遵循。从这里看其心志，无愧于父母养育的用心。在地就成为法度法则？在天就成为纲纪准则。人民安然饮食，君子彰显言行。父母天伦之乐，这些都平淡无奇，而是本自率真的心性。如果人人都遵守，家国共贺太平。放之则可以充塞宇内，广布则可以塞满天地。孝行布满天下。尘世即是仙境。

## 原文

**说赞未毕，声周三界①。惠日蔼风，一时拥护。尔时，有朱衣真君，恭敬稽首②，深会妙旨，演为慈孝钧天大罗妙乐③，以广圣化。爰命金童玉女④，著五色霞衣，按歌起舞，奏曰：**

**教孝有传经，奏恺成声。母慈昱昱⑤，父爱甄甄⑥，子色循循。妻婉婉，夫訚訚⑦；兄秩秩⑧，弟恂恂⑨，姑仁媳敬承。父携子，祖**

**携孙，恩勤[10]。室蔼蔼，家溱溱，俱是父母一般心。乐衎衎[11]，何地不生。至性中笃[12]，实天情[13]。欢腾普天下亿兆馨蒸，气洽门屏，俱如家人父母一般心。有身有亲，始信有君有臣有民。师弟良朋，咸归于贞，邦家总孝成。愿人生过去父母，早升紫庭[14]；现在父母，祺禄享遐龄。化遍乾坤，中和瑞凝，九光雯[15]，百和音。漠漠天钧[16]，灏灏六宇[17]，听雝鸣[18]，并坐长春，并坐鸾笙，直上瑶京[19]，达帝闻。**

**尔时，乐舞三寻，天龙凤族，声和翔集，众籁腾空，香花围绕。真君喜悦，手举如意，更示大众：我方演教，宣扬妙道。慈孝感洽，化应嚖征[20]。遂如是观。众等宝之，传写广劝。劝一人孝，准五百功。劝十人孝，准五千功。自身克孝，当准万功。事后母孝，准万万功。亲亡事祖，如孝父母，准万万功。善哉善哉！谛听吾言。于是朱衣魁星，天聋地哑[21]，及诸仙众，欢喜踊跃，命诸掌籍[22]，载之玉册[23]，信受奉行。**

## 注释

①三界：欲界、色界、无色界的合称。皆处在“生死轮回”的过程中，是有情众生存在的三种境界。欲界是最低一层，为具有食欲与淫欲的众生所住之地。色界位于欲界之上，为已绝食、淫二欲而享受种种精妙物质的众生所住之地。无色界更位于色界之上，为脱离物质享受、心地清净的众生所住之地。

②稽首：古人最恭敬的一种礼节。行礼时，跪直，双手合抱至胸前，头低到手上，后双手掌朝上放在膝前地上，头也至地。《尚书·尧典》：“禹拜稽首。”

③钧天：天的中央。古代神话传说中天帝住的地方。《吕氏春秋·有始》：“中央曰钧天。”大罗：指大罗天，道教以大罗天为最高的天界。《元始经》

曰："大罗之境，无复真宰，惟大梵之气包罗诸天。"

④金童玉女：道教把供仙人役使的童男童女称为“金童玉女”。

⑤昱昱：明亮。

⑥甄甄：小鸟飞的样子。

⑦訚（yín）訚：谦和恭敬的样子。

⑧秩秩：肃敬的样子。

⑨恂恂：恭顺的样子。《论语・乡党》："孔子于乡党，恂恂如也，似不能言。"

⑩恩勤：指父母抚育子女的慈爱与辛劳。《诗・豳风・鸱鸮》："恩斯勤斯，鬻子之闵斯。"

⑪衎衎：和乐的样子。

⑫中笃：即深中笃行。谓内心廉正，行为淳厚。

⑬天情：人自然具有的情感。犹是天理，天意。

⑭紫庭：神仙所住宫阙。

⑮九光：五光十色，形容光芒色彩绚烂。《海内十洲记・昆仑》。

⑯漠漠：云气弥漫不清晰。

⑰瀜瀜（róngróng）：和畅的样子。

⑱雝（yōng）：同“雍”，和谐。

⑲瑶京：玉京，天帝所居。泛指神仙世界。

⑳曛：昏黑。

㉑天聋地哑：道教民俗神梓潼帝君的陪侍神童。据称，天聋名叫玄童子，地哑名叫地母。之所以由此二位作为文昌帝君侍从，是因为帝君为文章司命，关系读书人一生前途，科举考题的天机不可泄露，故以言者不知的天聋与知者不言的地哑侍卫，可免漏题。一说文昌帝君为读书人的守护神，用聋哑二童负责登记和收藏文人禄运的簿册，可免向凡人泄漏其中秘密；此二神之残缺造型为象征性地喻示世人耳不进乱言，远离是非，口不出恶言，以免祸从口出，人在特定环境下应学会装聋作哑。

㉒掌籍：掌经籍、教学、笔纸、几案等事。

㉓玉册：指仙道之书。

## 古文今译

说赞尚未完毕，声音已传遍三界。和煦的阳光与轻风，立即围上拥护。这时，有个朱衣真君，恭敬地跪拜作礼，深深地领会了其中的精深旨意，演绎为慈孝钧天大罗妙乐，以广泛传播圣人的教化。于是命令金童玉女穿上五色霞衣，闻歌起舞，演奏唱道：教化孝道有相传的经典，奏出动听的乐曲。母亲的慈爱放出光明，父亲慈爱飞扬涌动，子女循规蹈矩。妻子委婉和顺，丈夫谦和恭敬；兄长肃敬，弟弟恭顺；婆婆仁爱，媳妇恭顺。父亲提携子女，祖父提携孙子，恩爱勤劳，家庭和睦繁盛，都与父母一样的心。和和乐乐，无处不在。内心廉正，行为淳厚的品性，是与生俱来的。欢腾遍及天下亿兆人民，家家和气融洽，都如家人父子一般心。有己身有双亲，才开始相信有君主、臣子、人民。老师、弟子和好友，同归于正直，家国总是由孝而成就的。希望人们去世的父母，早日升到天庭。现时的父母，福禄双全，享有长寿。教化遍及天地，中和祥瑞之气凝聚，有五光十色的云彩，和谐的乐音。云蒸霞蔚的天空，和畅的天地四方，听雝融音乐和鸣声。同坐长春宫，听笙的乐声，直升到玉京仙境，知晓帝君的说法。

当时，音乐歌舞演了三遍，天龙凤鸟，声音和在一起，飞集在一处。各种声响升空，香花围绕。文昌帝君欢心喜悦，手举如意，再次开示大众：我正致力于弘扬教义，宣扬高妙的道法，慈孝互相感通融洽，随顺化除昏暗。就作如此看法。大家珍爱这部经书，广泛地传写劝化。劝一人行孝，准有五百功德。劝十人行孝，准有五千功德。自己能够恪守孝道，应该准有万个功德。孝敬后母，准有万万个功德。双亲亡故后侍奉祖先，如同孝敬父母一样，准有万万个功德。好啊！好啊！注意地听我说的话。于是朱衣魁星，天聋地哑，及众多神仙，欢喜雀跃，命令各位掌籍，记载在玉册之上，相信接受，并且遵照实行。

## 原文

**又赞：元皇孝道，万古心传，通天彻地妙行圆，仙佛亦同然。化度无边[1]，中和位育全[2]。南斗文昌元皇大道真君。**

## 注释

①化度：指感化众生，使之过渡到佛道乐土。

②中和：儒家伦理思想。指不偏不倚的谐调适度。用来形容具体事物谐和的性质或状态。《礼记·中庸》："喜怒哀乐之未发谓之中，发而皆中节谓之和。中也者，天下之大本也；和也者，天下之达道也。致中和，天地位焉，万物育焉。"

## 古文今译

源自元皇的孝道，万古以来心心相传，通天彻地妙行圆满，仙佛也都是与此相同，感化救度众生法力无边，中正平和，万物都能够各得其所而生长发育。南斗文昌元皇大道真君。

# 附录二　劝孝歌

## 百孝篇

天地重孝孝当先
一个孝字全家安

为人须当孝父母
孝顺父母如敬天

孝子能把父母孝
下辈孝儿照样传

自古忠臣多孝子
君选贤臣举孝廉

要问如何把亲孝
孝亲不止在吃穿

孝亲不教亲生气

爱亲敬亲孝乃全

可惜人多不知孝
怎知孝能感动天

福禄皆因孝字得
天将孝子另眼观

孝子贫穷终能好
不孝虽富难平安

诸事不顺因不孝
回心复孝天理还

孝贵心诚无他妙
孝字不分女共男

男儿尽孝须和悦
妇女尽孝多耐烦

爹娘面前能尽孝
尽孝才是好儿男

翁婆身上能尽孝
又落孝来又落贤

和睦兄弟就是孝
这孝叫作顺气丸

和睦妯娌就是孝
这孝家中大小欢

男有百行首重孝
孝字本是百行原

女得淑名先学孝
三从四德孝为先

孝字传家孝是宝
孝字门高孝路宽

能孝何在贫和富
量力尽心孝不难

富孝鼎烹能致养
贫孝菽水可承欢

富孝孝中有乐趣
贫孝孝中有吉缘

富孝瑞气满潭府
贫孝祥光透清天

孝从难处见真孝
孝心不容一时宽

赶紧孝来孝孝孝
亲由我孝寿由天

亲在当孝不知孝
亲殁知孝孝难全

生前尽孝亲心悦
死后尽孝子心酸

孝经孝义把孝劝
孝父孝母孝祖先

为人能把祖先孝
这孝能使子孙贤

贤孝子孙钱难买
这孝买来不用钱

孝字正心心能正
孝字修身身能端

孝字齐家家能好
孝字治国国能安

天下儿孙尽学孝
一孝就是太平年

戒淫戒赌都是孝
孝子成材亲心欢

戒杀放生都是孝
能积亲寿孝通天

惜谷惜字都是孝
能积亲福孝非凡

真心为善是真孝
万善都在孝里边

孝子行孝有神护
为人不孝祸无边

孝子在世声价重
孝子去世万古传

# 善孝为先歌

（一）

人生五伦孝为先
自古孝是百行原

为人子女应孝顺
不孝之人罪滔天

父母恩情深似海
人生莫忘报亲恩

世上惟有孝字大
孝顺父母为一端

好饭先尽爹娘用
好衣先尽爹娘穿

穷苦莫教爹娘受
忧愁莫教爹娘耽

出入扶持须谨慎
朝夕伺候莫厌烦

爹娘都调莫违阻
吩咐言语记心间

呼唤应声不敢慢
诚心敬意面带欢

大小事情须禀命
禀命再行莫自专

时时体贴爹娘意
莫教爹娘心挂牵

宝局钱场我休往
花街柳巷莫游玩

保身惜命防灾病
酒色财气不可贪

为非作歹损阴德
惹骂爹娘心怎安

每日清晨来相问
冷热好歹问一番

到晚莫往旁处去
侍奉爹娘好安眠

夏天爹娘要凉快
冬天宜暖不宜寒

爹娘一日三顿饭
三顿茶饭留心观

恐怕饮食失调养
有了灾病后悔难

休说自己劳苦大
爹娘劳苦更在先

人子一日长一日
爹娘一年老一年

劝人及时把孝尽
兄弟虽多不可扳

此篇劝孝逢知己
趁早行孝莫迟延

父母恩情似海深
人生莫忘父母恩

生儿育女循环理
世代相传自古今

为人子女要孝顺
不孝之人罪逆天

家贫才能出孝子
鸟兽尚知哺乳恩

养育之恩不图报
望子成龙白费心

幼儿咒骂我
我心好喜欢

父母嗔怒我
我心反不甘

一喜欢
一不甘

待儿待亲何相悬
劝君今后逢怒
也将亲作小儿看

儿辈出千言
君听常不厌

父母一开口
便道多管闲

非闲管
亲挂牵

皓首白头多谙练
劝君钦奉老人言
莫教乳口胡乱言

夫妻携钱包
买衣又买糕

罕见供父母
多说饲儿曹

亲未膳
儿先饱

爱护心肠何颠倒
劝君多为老人想
供养父母光阴少

市上检药物
只买肥儿丸

老亲虽病弱
不买还少丹

儿固瘦
亲亦残

医儿如何在父先
割股还是亲的肉
劝君及早驻亲颜

富贵孝亲易
双亲未曾安

贫贱养儿难
儿女无饥寒

一条心
分两般

亲则推贫儿不言
劝君莫推家不富
薄食先亲自然安

（二）

天地重孝孝当先
一个孝字全家安
孝顺能生孝顺子
孝顺子弟必明贤

孝是人道第一步
孝子谢世即为仙
自古忠臣多孝子
君选贤臣举孝廉

尽心竭力孝父母
孝道不独讲吃穿
孝道贵在心中孝

孝亲亲责莫回言

惜乎人间不识孝
回心复孝天理还
诸事不顺因不孝
怎知孝能感动天

孝道贵顺无他妙
孝顺不分女共男
福禄皆由孝字得
天将孝子另眼观

人人都可孝父母
孝敬父母如敬天
孝子口里有孝语
孝妇面上带孝颜

公婆上边能尽孝
又落孝来又落贤
女得淑名先学孝
三从四德孝在前

孝在乡党人钦敬
孝在家中大小欢

孝子逢人就劝孝
孝化风俗人品端

生前孝子声价贵
死后孝子万古传
处事惟有孝力大
孝能感动地和天

孝经孝文把孝劝
孝父孝母孝祖先
父母生子原为孝
能孝就是好男儿

为人能把父母孝
下辈孝子照样还
堂上父母不知孝
不孝受穷莫怨天

孝子面带太和相
入孝出悌自然安
亲在应孝不知孝
亲死知孝后悔难

孝在心孝不在貌
孝贵实行不在言
孝子齐家全家乐
孝子治国万民安

五谷丰登皆因孝
一孝即是太平年
能孝不在贫和富
善体亲心是子男

兄弟和睦即为孝
忍让二字把孝全
孝从难处见真孝
孝容满面承亲颜

父母双全正宜孝
孝思鳏寡亲影单
赶紧孝来光阴快
亲由我孝寿由天

生前能孝方为孝
死后尽孝枉徒然
孝顺传家孝是宝
孝性温和孝味甘

羊羔跪乳尚知孝
乌鸦反哺孝亲颜
为人若是不知孝
不如禽类实可怜

百行万善孝为先
当知孝字是根源
念佛行善也是孝
孝仗佛力超九天

大哉孝乎大哉孝
孝矣无穷孝无边
此篇句句不离孝
离孝人伦颠倒颠

念得十遍千个孝
念得百遍万孝全
千篇万篇常常念
消灾免难百孝篇

# 孝顺歌

母氏怀胎十月时
高低踏步恐伤儿

子将此意终身记
正己尊亲两不亏

医儿作热与颠寒
恨不抠心搌肺肝

父母倘然烦恼处
也须百计去承欢

怒来吓鬼与惊神
一见孩提满面春

为子也须常若此
对亲莫带半分瞋

抱儿教语学声音
笑骂爹娘也快心

他日堂前来听训
纵然杖责莫呻吟

爹娘儿子莫分居
试看刑曹滴血书

更有不堪离异处
一声啼破脱胎初

兄弟原来本一根
天生枝叶好扶撑

若思割裂分家计
便是推开父母恩

富贵贫穷在此身
王侯仆隶不相因

劝君穷莫呼亲怨
富贵勿忘生我人

孝道常移夫妇情
劝君独认二亲明

夫死妇亡重嫁娶
那能亲殁再投生

父母原来树木同
那能免得落秋风

劝君尽力生时养
死后悲啼总是空

七尺躯儿世上存
终天难报二人恩

劝君葬祭勤时节
常到山头扫墓门

# 孝顺经

人生天地间
百善孝为先

孝顺父母亲
行孝第一贤

作为儿女身
自觉孝双亲

全心意敬亲
尽力食敬亲

甜语喜敬亲
善行报亲恩

孝心是真金
真孝万事顺

# 孝顺诀

父母恩情似海深
人生莫忘父母恩

生儿育女循环理
世代相传自古今

为人子女要孝顺
不孝之人罪逆天

家贫容易出孝子
鸟兽尚知哺育恩

父子原是骨肉情
爹娘不敬敬何人

养育之恩不图报
望子成龙白费心

人人若能都孝顺
老人乐观多寿星

代代教育要尽孝
人人遵行孝顺经

家家敬老又爱幼
社会家庭乐融融

全民提倡孝德观
文明家庭社会安

尽孝奉养自得福
知恩图报福自增

# 劝孝篇

世有不孝子
浮生空碌碌

不念父母恩
何殊生枯木

百骸未成人
十月居母腹

渴饮母之血
饥餐母之肉

儿身将欲生
母身如刀戮

父为母悲辛
妻对夫啼哭

唯恐生产时
身为鬼眷属

一旦见儿面
母命喜再续

自是慈母心
日夜勤抚鞠

母卧湿箪席
儿眠干裀褥

儿眠正安稳
母不敢伸缩

全身在臭秽
不暇思沐浴

横簪与倒冠
形容不顾渥

动步忧坑井
举足畏颠覆

乳哺经三年
汗血计几斛

心苦千万端
年至十五六

性气渐刚强
行止难拘束

朋友外遨游
酒色恣所欲

日暮不归家
倚门至昏旭

儿行千里程
母心千里逐

一娶得好妻
鱼水情和睦

母若责一言
含怒嗔双目

妻或骂百般
赔笑不为辱

母被旧衫裙
妻著新罗襦

父母或鳏寡
长夜守孤独

健则与一饭
病则与一粥

弃之在空房
犹如客寄宿

将为泉下鬼
命苦风中烛

怏怏至五常
孤棺殡山谷

暴露在草中
谁念茔坟窟

才得父母亡
兄弟分财屋

不识二亲恩
惟念我之福

或谓此等人
不如禽与畜

慈乌尚反哺
羔羊犹跪足

劝汝为人子
经史曾览读

黄香夏扇枕
冬则温衾褥

王祥卧寒冰
孟宗哭枯竹

郭巨尚埋儿
丁兰曾刻木

如何今世人
不学故风俗

勿以不孝头
枉戴人间屋

勿以不孝身
枉著人衣服

勿以不孝口
枉食人五谷

天地虽广大
不容忤逆族

早早悔前非
莫待鬼神录

# 报恩歌

天下孝子如繁星
报恩方式有万般

古今孝行书不尽
千家万户述大同

享乐须在父母后
吃苦应于父母前

子德淡薄燕窝苦
亲情浓厚菜根甜

早顾起居晚顾睡
冬予温暖夏予凉

出入扶持勤关照
朝夕侍候未厌烦

辛酸莫教爹娘受
忧愁勿分父母担

爹娘良言勿逆耳
子女遵循带笑颜

内外事务须禀命
商定行止莫自专

凡事多顺父母意
勿令爹娘心挂牵

爹娘偏心护闺女
莫与姐妹结仇冤

父母偏心顾兄弟
只当自身有不贤

好男不得父母业
好女无需嫁时妆

勿与手足争财产
迫使爹娘当家难

烟馆赌场休驻足
花街柳巷莫流连

破财伤身累亲属
违法损德辱亲颜

务农做工经商贸
安分守己切勿贪

奉公守法少灾祸
心安理得亲开颜

父母年迈牙齿坏
粗硬切莫往上端

起居饮食细调养
不然染病后悔难

一旦双亲身患病
赶紧医治莫等闲

熬汤煮药细护理
端屎倒尿从不嫌

不惜自身心力瘁
但求父母早安康

万一爹娘有过错
一勿恶语伤高堂

转弯抹角相规劝
和风细雨诲椿萱

宁可自身受委屈
莫使爹娘太难堪

为阻双亲陷不义
十劝百劝不厌烦

二勿是非全不辨
曲意逢迎岂那般

若使双亲铸大错
乃是不孝又不贤

须知奉养与劝谏
皆为孝敬义相同

勿重财帛轻父母
莫厚妻儿薄爹娘

爹娘双全当庆幸
父母鳏寡须慰怜

日间清冷常沉闷
夜里寂寞叹孤单

单亲有意寻老伴
儿当支持莫阻拦

民主新风多树立
封建陋习应推翻

请君细看檐前燕
新雏老鸟各成双

枯树亦盼春雨润
晚霞常伴夕阳红

忍得一时风浪静
退让数步天地宽

宁可自身受委屈
不使爹娘太心伤

继父继母有偏见
冷言冷语等闲看

爹娘不幸身丧世
无须鼓乐闹喧天

扶柩送终尽子职
按节祭扫把坟添

父母生前不孝敬
死后讲孝成空谈

灵前千滴怜离泪
不及一句慰亲言

墓前百杯祭亲酒
莫如敬亲一碗汤

山珍海味灵前摆
亡灵何能到嘴边

不如在生敬一口
即使淡饭亦香甜

扪心自问无愧疚
举头三尺有青天

拙笔写出世情事
警钟敲醒梦中人

善恶因果无差错
孝逆报应有承传

为人时常敬父母
便是世间好儿男

但愿世人皆孝道
和风瑞气满人间

# 二十四孝简歌

二十四孝古人言
简明扼要谈一番

书有三千八百卷
卷卷不离圣人言

大舜耕田孝感天
戏彩娱亲父母欢

郯子鹿乳医亲眼
仲由负米性笃孝

曾参打柴不辞艰
芦衣顺母家和睦

文帝尝药孝母亲
蔡顺采葚与娘餐

郭巨埋儿富贵全
董永卖身把父葬

刻木事亲有丁兰
涌泉跃鲤真情现

陆绩怀橘奉家慈
黄香扇枕孝亲眷

行佣供母贤江革
王裒守墓显至孝

孟宗哭竹冬笋鲜
王祥卧冰鱼自现

杨香扼虎救父难
吴猛恣蚊孝义全

黔娄尝粪心虔诚
唐氏乳姑多淑娴

亲涤溺器黄庭坚
千里寻母朱寿昌

二十四孝古今传
留于大家作典范